智能优化算法与MATLAB编程实践

主编◎陈克伟　魏曙光

参编◎范　旭　张嘉曦　金东阳

王素云　谭玉彬　张　明

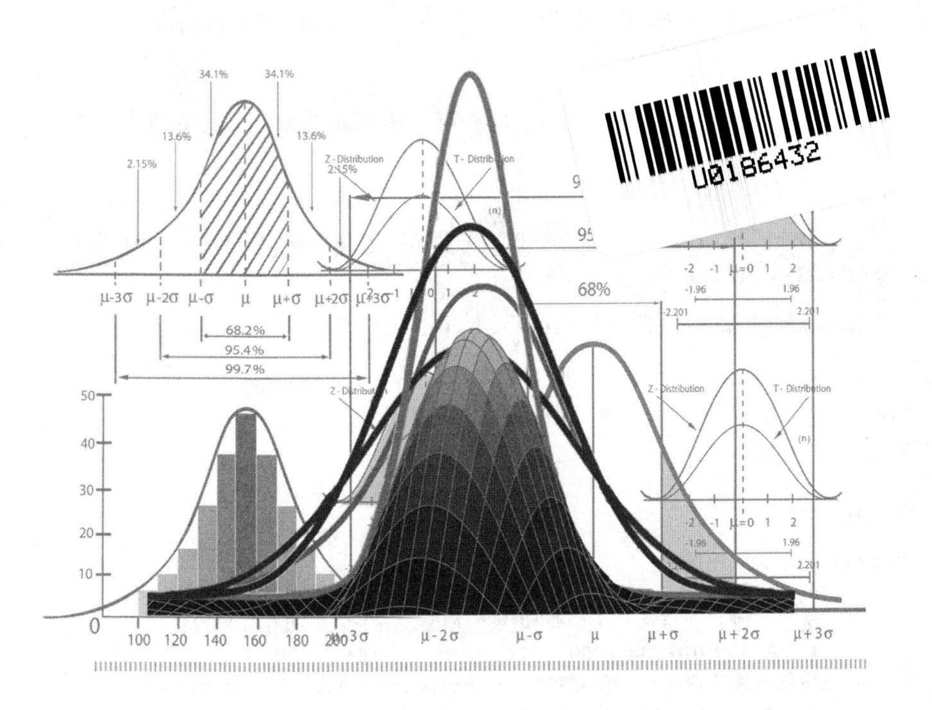

清華大學出版社

北京

内 容 简 介

本书介绍了国内外新研发的 10 种智能优化算法，对每种算法的灵感来源、实现过程、函数编程、案例应用都进行了细致描述并给出详细的 MATLAB 代码，使读者快速掌握智能优化算法的学习和应用方法。

全书共分为 12 章，前 10 章分别介绍 10 种智能优化算法的原理、MATLAB 实现、具体函数寻优求解过程和应用案例；第 11 章列举了 23 种衡量智能优化算法性能的常见测试函数，并给出 MATLAB 代码；第 12 章重点介绍智能优化算法的评价指标体系，选取部分测试函数和文中算法进行测试与分析，并给出完整 MATLAB 代码，供读者参考。

本书的主要特点为算法新颖，要素齐全，案例丰富，可移植性和实战性强。理论研究和工程技术人员可通过本书快速理解、掌握书中算法，节省大量时间，感兴趣的读者可以在此基础上进行深入研究。

本书可作为本科生、研究生和教师的学习用书，也可以作为广大科研工作者、工程技术人员的参考用书。

图书在版编目（CIP）数据

智能优化算法与 MATLAB 编程实践 / 陈克伟，魏曙光主编. —北京：清华大学出版社，2023.10

ISBN 978-7-302-64826-0

Ⅰ. ①智… Ⅱ. ①陈… ②魏… Ⅲ. ①最优化算法 ②Matlab 软件—程序设计 Ⅳ. ①O242.23 ②TP317

中国国家版本馆 CIP 数据核字（2023）第 202372 号

责任编辑： 贾小红
封面设计： 姜 龙
版式设计： 文森时代
责任校对： 马军令
责任印制： 曹婉颖

出版发行： 清华大学出版社
网　　址： https://www.tup.com.cn，https://www.wqxuetang.com
地　　址： 北京清华大学学研大厦 A 座　　**邮　　编：** 100084
社 总 机： 010-83470000　　**邮　　购：** 010-62786544
投稿与读者服务： 010-62776969，c-service@tup.tsinghua.edu.cn
质量反馈： 010-62772015，zhiliang@tup.tsinghua.edu.cn
印 装 者： 涿州汇美亿浓印刷有限公司
经　　销： 全国新华书店
开　　本： 170mm×240mm　　**印　　张：** 16.75　　**字　　数：** 319 千字
版　　次： 2023 年 10 月第 1 版　　**印　　次：** 2023 年 10 月第 1 次印刷
定　　价： 89.80 元

产品编号：099704-01

前　言

近年来，为了在一定程度上解决大空间、非线性、全局寻优、组合优化等复杂问题，智能优化算法得到了快速发展和广泛应用。智能优化算法又称为元启发式算法，包括粒子群算法、遗传算法、模拟退火算法、禁忌搜索算法、蚁群算法等。智能优化算法的常见灵感来源通常为生物、物理、化学、社会等系统或领域中相关的行为、功能、经验、规则、作用机理等，因其独特的优点和机制，在国内外得到广泛关注。智能优化算法正在不断演化和飞速发展，在信号图像处理、生产任务分配、路径规划、自主自动控制等众多领域得到了成功应用。

本书介绍了 10 种智能优化算法，包括蜉蝣优化算法、哈里斯鹰优化算法、狮群优化算法、樽海鞘群算法、秃鹰搜索算法、乌燕鸥优化算法、平衡优化器算法、海洋捕食者算法、算术优化算法和蝠鲼觅食优化算法。全书共分为 12 章，前 10 章分别对应上述一种智能优化算法，每章分为 4 节，第一节主要对算法来源、原理、过程和流程进行详细介绍，第二节给出算法完整的 MATLAB 实现代码，第三节针对某一具体的函数模型进行 MATLAB 编程寻优，第四节针对某一具体应用问题进行 MATLAB 主函数设计。第 11 章列出了 23 种用于衡量智能优化算法性能的常见测试函数，并给出了每种测试函数的 MATLAB 编程代码。第 12 章重点介绍了智能优化算法评价指标体系，选取了 8 种测试函数以及 10 种工程案例，对前 10 章介绍的部分智能优化算法进行测试与分析，给出完整 MATLAB 代码，供读者参考。

本书主要特点为算法新颖，要素齐全，案例丰富，可移植性强。本书涉及的算法均为国内外新开发研究的算法，包含完整的建模过程和 MATLAB 代码案例，对于初学者具有较强的启发作用。本书实战性强，对于要应用算法工具解决具体问题的理论研究和工程技术人员来说，通过阅读本书可以节省大量查询资料和编写程序的时间，通过 MATLAB 仿真实例更加深入地理解、快速地掌握算法。每种算法的优化目标可以很多，感兴趣的读者可以在此基础上进行深入研究。

在本书编写过程中，除了引用智能优化算法的原始文献，还参考了国内外相关研究的文献及有价值的博士、硕士学位论文等，感谢被本书直接或间接引用文献资料的同行学者们！

本书的出版得到清华大学出版社的大力支持，在此表示由衷感谢！

由于编著者水平有限，书中难免存在不足之处，诚挚希望各位专家和读者批评指正。

编　者

目　　录

第 1 章　蜉蝣优化算法

本章首先概述蜉蝣优化算法的基本原理，然后使用 MATLAB 实现蜉蝣优化算法的基本代码，最后将蜉蝣优化算法应用于函数寻优问题和减速器设计问题。

1.1　基 本 原 理

蜉蝣优化算法（mayfly optimization algorithm，MOA）是由 Konstantinos Zervoudakis 等于 2020 年提出的一种新型群体智能优化算法，其灵感源于蜉蝣的社会行为，特别是它们的交配过程。

图 1.1　蜉蝣

如图 1.1 所示为蜉蝣。蜉蝣是一种体量很小的昆虫，生长于水泽地带。幼虫期稍长，个别种类有存活两三年的。成虫有两对翅，常在水面飞行，在空中飞舞交配，完成其物种的繁衍后便死亡。成虫寿命很短，只有几小时至一星期左右。

MOA 包含雌性蜉蝣群体和雄性蜉蝣群体，在蜉蝣交配行为中，雄性蜉蝣的最优个体和雌性蜉蝣的最优个体进行交配，得到一个最优子代；同理，雄性蜉蝣次优个体和雌性蜉蝣次优个体进行交配得到次优子代，依此类推。这一过程符合优胜劣汰规律，逐步淘汰适应度较差的个体。

假设每个蜉蝣在 d 维搜索空间中的位置为 $x=(x_1,x_2,\cdots,x_d)$，并根据预先确定的目标函数或适应度函数对其进行搜索性能评价。同样，假设每个蜉蝣在 d 维的搜索空间中的速度为 $v=(v_1,v_2,\cdots,v_d)$，每个蜉蝣的飞行方向是个体和社会飞行经验的动态交互，蜉蝣都会朝向目前为止个体历史最优位置（*pbest*），以及当前蜉蝣群体的全局历史最优位置（*gbest*）调整自己的轨迹。

1.1.1　雄性蜉蝣的运动

当雄性蜉蝣投放在一个固定的区域内时容易发生聚集行为，向着群体中心位置靠近。蜉蝣个体的位置是按照自身经验或邻近个体的行为进行调节的。

假设 x_i^t 是在第 t 次迭代时雄性蜉蝣 i 在搜索空间中的当前位置，雄性蜉蝣 i 的位置更新是第 $t+1$ 次的迭代速度 v_i^{t+1} 加上第 t 次迭代的位置之和，其位置表达式如下：

$$x_i^{t+1} = x_i^t + v_i^{t+1} \tag{1.1}$$

雄性蜉蝣向中心不断地聚集和移动，并在水面上的一定距离内表演舞蹈，其速度更新如下：

$$v_{ij}^{t+1} = v_{ij}^t + a_1 \mathrm{e}^{-\beta r_p^2}(pbest_{ij} - x_{ij}^t) + a_2 \mathrm{e}^{-\beta r_g^2}(gbest_j - x_{ij}^t) \tag{1.2}$$

式中，v_{ij}^t 为雄性蜉蝣 i 在 j 维度第 t 次迭代的速度；x_{ij}^t 为雄性蜉蝣 i 在 j 维度第 t 次迭代的位置；a_1 和 a_2 为雄性蜉蝣移动行为的吸引系数；$pbest_{ij}$ 为迄今为止雄性蜉蝣 i 的个体历史最优位置；$gbest_j$ 为迄今为止雄性蜉蝣群体的全局历史最优位置；β 为雄性蜉蝣的能见度系数，用于控制雄性蜉蝣的能见范围；r_p^2 为当前位置与 $pbest_{ij}$ 的距离；r_g^2 为当前位置与 $gbest_j$ 的距离。其距离的计算公式如下：

$$\| x_i - X_i \| = \sqrt{\sum_{j=1}^{n}(x_{ij} - X_{ij})^2} \tag{1.3}$$

式中，X_i 为 $pbest$ 或者 $gbest$ 的位置；X_{ij} 为 $pbest$ 或者 $gbest$ 在 j 维度的位置；x_i 为雄性蜉蝣个体 i；x_{ij} 为雄性蜉蝣个体 i 在 j 维度的位置；n 为雄性蜉蝣的维度上限。

为了得到最优雄性蜉蝣个体的位置，雄性蜉蝣须不断更新速度，其速度更新如下：

$$v_{ij}^{t+1} = v_{ij}^t + dr \tag{1.4}$$

式中，d 为舞蹈系数，用于不断吸引异性；r 为[−1,1]之间的随机数。

1.1.2 雌性蜉蝣的运动

雌性蜉蝣不会像雄性蜉蝣一样成群结队地聚集，但当雌性蜉蝣被雄性蜉蝣吸引时，雌性蜉蝣会向雄性蜉蝣飞行靠近并交配繁殖，否则雌性蜉蝣会随机飞行。假设 y_i^t 为在第 t 次迭代时雌性蜉蝣 i 在搜索空间中的当前位置，雌性蜉蝣 i 的位置更新是第 $t+1$ 次的迭代速度 v_i^{t+1} 加上第 t 次迭代的位置之和，其位置更新如下：

$$y_i^{t+1} = y_i^t + v_i^{t+1} \tag{1.5}$$

雌性蜉蝣被雄性蜉蝣吸引的过程是随机的，但是在 MOA 中将这一吸引过程简化为一个确定性过程，即根据蜉蝣的适应度规定，最优的雌性蜉蝣应该被最优的雄性蜉蝣吸引，次优的雌性蜉蝣应该被次优的雄性蜉蝣吸引，以此类推。因此，雌性蜉蝣的速度更新如下：

$$v_{ij}^{t+1}=\begin{cases}v_{ij}^{t}+a_2\mathrm{e}^{-\beta r_{\mathrm{mf}}^2}\left(x_{ij}^{t}-y_{ij}^{t}\right), & \text{若 } f(y_i)>f(x_i)\\ v_{ij}^{t}+fl\times r, & \text{若 } f(y_i)\leqslant f(x_i)\end{cases} \tag{1.6}$$

式中，v_{ij}^{t} 为雌性蜉蝣 i 在 j 维度第 t 次迭代的速度；y_{ij}^{t} 为雌性蜉蝣 i 在 j 维度第 t 次迭代的位置；a_2 为雌雄蜉蝣吸引系数；β 为一个固定的能见度系数；r_{mf} 代表雌性蜉蝣 i 距离雄性蜉蝣 i 的距离；fl 是一个随机游走系数，只有雌性蜉蝣没有被雄性蜉蝣吸引时起作用；r 为[−1,1]之间的随机数；$f(\cdot)$ 为适应度函数。

1.1.3　雌雄蜉蝣的交配过程

雌雄个体交配是生物自身的特点，蜉蝣亦是如此。蜉蝣的交配过程可用交叉算子表示，其交配过程为，从雄性蜉蝣群体中选择一个父本，从雌性蜉蝣群体中选择一个母本，选择父本的方式与雌雄蜉蝣吸引的方式一致。雌雄蜉蝣按照适应度的大小选择交配个体并进行交配，雄性蜉蝣的最优个体与雌性蜉蝣的最优个体进行交配，雄性蜉蝣的次优个体与雌性蜉蝣的次优个体进行交配，交配后得到最优和次优的两个子代，其子代如下：

$$offspring1=L\times male+(1-L)\times female \tag{1.7}$$

$$offspring2=L\times female+(1-L)\times male \tag{1.8}$$

式中，$male$ 为父本；$female$ 为母本；L 为[−1,1]之间的随机数。

1.1.4　蜉蝣优化算法流程

蜉蝣优化算法的流程图如图 1.2 所示，具体步骤如下。

步骤 1：设定参数，初始化雌性蜉蝣和雄性蜉蝣种群位置以及速度。

步骤 2：计算适应度并排序，获取个体历史最优位置 $pbest$ 和全局历史最优位置 $gbest$。

步骤 3：更新雄性蜉蝣和雌性蜉蝣速度及位置。

步骤 4：计算适应度。

步骤 5：根据适应度对雄性蜉蝣和雌性蜉蝣进行排序。

步骤 6：雌雄性蜉蝣交配产生子代蜉蝣。

步骤 7：计算子代蜉蝣适应度。

步骤 8：随机将子代分配给雄性和雌性。

步骤 9：用较优的子代替换较差的雄性和雌性。

步骤 10：计算适应度，更新个体历史最优位置 $pbest$ 和全局历史最优位置 $gbest$。

步骤 11：判断是否满足停止条件，如果满足则输出全局最优解和适应度，否则重复步骤 3～步骤 11。

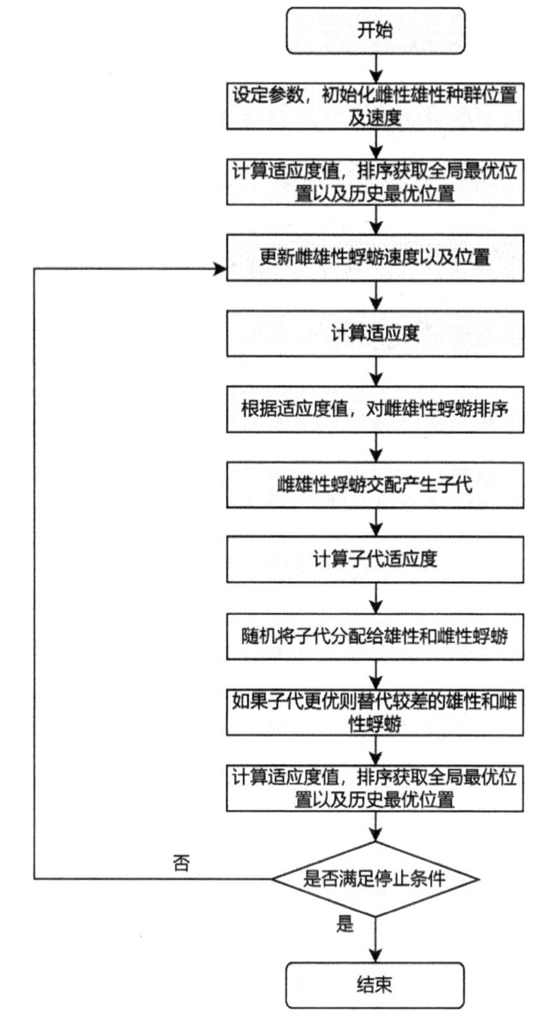

图 1.2　蜉蝣算法流程图

1.2　MATLAB 实现

本节主要介绍蜉蝣优化算法的 MATLAB 代码具体实现，主要包括种群初始化、适应度函数、边界检查和约束函数，以及蜉蝣优化算法代码几个部分。

1.2.1　种群初始化

1. MATLAB 随机数生成函数

随机数的生成采用 MATLAB 自带的随机数生成函数 rand()，rand()会生成

[0,1]之间的随机数。

```
>> rand()
```

运行结果如下：

```
ans =

    0.6740
```

如果要一次性生成多个随机数，可以使用 rand(row, col)，其中 row 和 col 分别代表行和列，如 rand(3,4)表示生成 3 行 4 列的范围在[0,1]之间的随机数。

```
>> rand(3,4)
```

运行结果如下：

```
ans =

    0.8147    0.9134    0.2785    0.9649
    0.9058    0.6324    0.5469    0.1576
    0.1270    0.0975    0.9575    0.9706
```

如果要生成指定范围内的随机数，其表达式如下：

$$r = lb + (ub - lb) \times \mathrm{rand}()$$

式中，ub 代表范围的上边界，lb 代表范围的下边界。如在[0,3]范围内生成 5 个随机数：

```
ub = 3; %上边界
lb = 0; %下边界
r = (ub - lb).*rand(1,5) + lb
```

运行结果如下：

```
r =

    2.7472    2.3766    2.8785    1.9672    0.1071
```

2. 蜉蝣优化算法种群初始化函数编写

将蜉蝣优化算法种群初始化函数单独定义为一个函数，命名为 initialization。利用随机数生成方式生成初始种群。

```
%% 初始化函数
function X = initialization(pop,ub,lb,dim)
    %pop 为种群数量
    %dim 为每个个体的维度
    %ub 为每个维度的变量上边界，维度为[1,dim]
    %lb 为每个维度的变量下边界，维度为[1,dim]
```

```
    %X 为输出的种群，维度[pop,dim]
    X = zeros(pop,dim); %为 X 事先分配空间
    for i = 1:pop
        for j = 1:dim
            X(i,j) = (ub(j) - lb(j))*rand() + lb(j);   %生成[lb,ub]之间的随机数
        end
    end
end
```

例如，设定种群数量为 5，每个个体维度为 3，每个维度的边界为[-3,3]，利用初始化函数初始化种群。

```
pop = 5; %种群数量
dim = 3; %每个个体维度
ub = [3,3,3]; %上边界
lb = [-3,-3,-3]; %下边界
position = initialization(pop,ub,lb,dim)
```

运行结果如下：

```
position =


    2.6040    1.0724    1.5464
    1.4588   -0.6466    0.9329
   -1.9729    1.2363   -2.8090
   -1.3385   -2.7230   -2.4172
    1.9407    1.1690   -1.0974
```

从运行结果可以看出，通过初始化函数得到的种群均在设定的上下边界范围内。

为了更加直观地表现随机初始化函数的效果，设定种群数量为 20，每个个体维度为 2，维度边界分别设置为[0,1]、[-2,-1]、[2,3]，绘制 3 种范围的随机数生成结果，如图 1.3 所示。

```
pop = 20; %种群数量
dim = 2; %每个个体维度
ub = [1,1]; %上边界
lb = [0,0]; %下边界
position0 = initialization(pop, ub, lb, dim);
ub = [-1,-1]; %上边界
lb = [-2,-2]; %下边界
position1 = initialization(pop, ub, lb, dim);
ub = [3,3]; %上边界
lb = [2,2]; %下边界
position2 = initialization(pop, ub, lb, dim);
figure
```

```
plot(position0(:,1),position0(:,2),'bo');
hold on
plot(position1(:,1),position1(:,2),'b.');
plot(position2(:,1),position2(:,2),'bo');
grid on
title('不同随机数范围生成结果')
xlabel('X')
ylabel('Y')
legend('[0,1]','[-2,-1]','[2,3]')
```

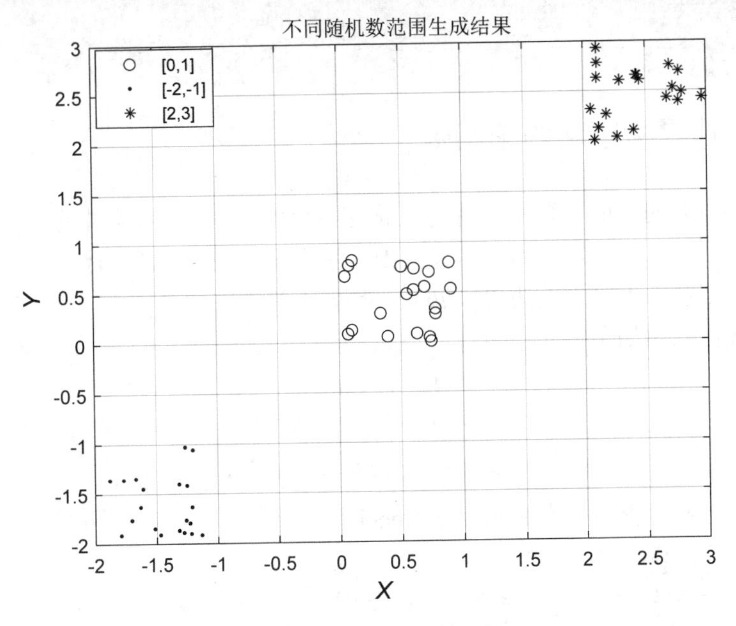

图 1.3　程序运行结果

从图 1.3 可以看出，生成的种群均在相应的边界范围内产生。

1.2.2　适应度函数

在学术研究与工程实践中，优化问题是多种多样的，需要根据不同的问题优化目标设计相应的适应度函数（也称目标函数）。为了便于后续优化算法调用适应度函数，通常将适应度函数单独写成一个函数，命名为 fun()。如定义一个适应度函数 fun()，并存放在 fun.m 中，适应度函数 fun()定义如下：

```
%% 适应度函数
function fitness = fun(x)
%x 为输入一个个体，维度为 dim
%fitness 为输出的适应度
    fitness = sum(x.^2);
```

```
end
```

可以看到，适应函数 fun()是 x 所有维度的平方和，如 x=[2,3]，那么经过适应度函数计算后得到的值为 13。

```
x=[2,3];
fitness = fun(x)
```

运行结果如下：

```
fitness =

    13
```

1.2.3　边界检查和约束函数

边界检查的目的是防止变量超过预先指定的范围，具体逻辑是当变量大于上边界（ub）时，将变量置为上边界；当变量小于下边界（lb）时，将变量置为下边界；当变量小于等于上边界（ub），且大于等于下边界（lb）时，变量保持不变。形式化描述如下：

$$val = \begin{cases} ub, \text{若 } val > ub \\ lb, \text{若 } val < lb \\ val, \text{若 } lb \leqslant val \leqslant ub \end{cases}$$

定义边界检查函数为 BoundaryCheck。

```
%% 边界检查函数
function [X] = BoundaryCheck(x,ub,lb,dim)
    %x 为输入数据，维度为[1,dim]
    %ub 为数据上边界，维度为[1,dim]
    %lb 为数据下边界，维度为[1,dim]
    %dim 为数据的维度大小
    for i = 1:dim
        if x(i)>ub(i)
            x(i) = ub(i);
        end
        if x(i)<lb(i)
            x(i) = lb(i);
        end
    end
    X = x;
end
```

如 x=[0.5,2,-2,1]，定义的上边界为[1,1,1,1]，下边界为[-1,-1,-1,-1]，经过边界检查和约束后，x 应该为[0.5,1,-1,1]。

```
x = [0.5,1,-1,1];
ub = [1,1,1,1];
lb = [-1,-1,-1,-1];
x = BoundaryCheck(x)
```

运行结果如下：

```
x =

    0.5000    1.0000   -1.0000    1.0000
```

1.2.4　蜉蝣优化算法代码

由 1.1 节蜉蝣优化算法的基本原理编写蜉蝣优化算法的基本代码，定义蜉蝣优化算法的函数名为 MOA。

```
%%-------------蜉蝣优化算法函数--------------------%%
%% 输入
%    pop 为种群数量
%    dim 每个个体的维度
%    ub 为个体上边界信息，维度为[1,dim]
%    lb 为个体下边界信息，维度为[1,dim]
%    fobj 为适应度函数接口
%    maxIter 为算法的最大迭代次数，用于控制算法的停止
%% 输出
%    Best_Pos 为蜉蝣优化算法找到最优位置
%    Best_fitness 为最优位置对应的适应度值
%    IterCure 用于记录每次迭代的最佳适应度，即后续用来绘制迭代曲线
function [Best_Pos,Best_fitness,IterCurve] = MOA(pop,dim,ub,lb,fobj,maxIter)
    %% 参数设置
    nPop = pop;             %雄性蜉蝣数量
    nPopf = pop;            %雌性蜉蝣数量
    g = 0.8;                %惯性权重
    a1 = 1;                 %雄性蜉蝣移动行为的吸引系数
    a2 = 1.5;               %雄性蜉蝣移动行为的吸引系数
    a3 = 1.5;               %雌性蜉蝣移动行为的吸引系数
    beta = 2;               %雄性蜉蝣的能见度系数
    dance = 5;              %舞蹈系数
    fl = 1;                 %随机游走系数
    nc = 20;                %子代数量
    VelMax = 0.1*(ub-lb); %最大速度
    VelMin = -VelMax; %最小速度
    %% 雄性蜉蝣种群初始化
    Mayfly = initialization(nPop,ub,lb,dim);
    %% 计算适应度值
```

```
fitness = zeros(1,nPop);
for i = 1:nPop
    fitness(i) = fobj(Mayfly(i,:));
end
%雄性速度初始化
MayflyV = initialization(nPop,VelMax,VelMin,dim);
%获取雄性种群最优个体及适应度
[fitnessBest,indexMin] = min(fitness);
MayflyBest = Mayfly(indexMin,:);
%记录历史最优位置
MayflyPBest = Mayfly;
MayflyPfitness = fitness;

%% 雌性种群初始化
Mayflyf = initialization(nPopf,ub,lb,dim);
%% 计算适应度
fitnessf = zeros(1,nPopf);
for i = 1:nPopf
    fitnessf(i) = fobj(Mayflyf(i,:));
end
%雌性速度初始化
MayflyfV = initialization(nPopf,VelMax,VelMin,dim);
%获取雌性种群最优个体及适应度
[fitnessBestf,indexMinf] = min(fitnessf);
MayflyBestf = Mayflyf(indexMinf,:);

%% 记录最优解
Best_fitness = inf;
Best_Pos = zeros(1,dim);
if fitnessBest<Best_fitness
     Best_fitness=fitnessBest;
     Best_Pos = MayflyBest;
end
if fitnessBestf<Best_fitness
     Best_fitness=fitnessBestf;
     Best_Pos = MayflyBestf;
end
%% 迭代
for t=1:maxIter
     %更新雄性历史最优
     for i = 1:nPop
          if fitness(i)<MayflyPfitness(i)
               MayflyPfitness(i)=fitness(i);
               MayflyPBest(i,:)=Mayfly(i,:);
          end
```

```
    end

    %% 更新雄性
    for i = 1:nPop
        rpBest = norm(MayflyPBest(i,:)-Mayfly(i,:),2);
        rgBest = norm(MayflyBest-Mayfly(i,:),2);
        e = 2*rand(1,dim)-1; %[-1,1]之间的随机数
        if fitness(i)>fitnessBest
            MayflyV(i,:)=g.*MayflyV(i,:)+a1.*exp(-beta*rpBest^2).*(MayflyPBest
(i,:)-Mayfly(i,:))+a2.*exp(-beta*rgBest^2).*(MayflyBest-Mayfly(i,:));
        else
            MayflyV(i,:) = MayflyV(i,:) + dance*e;
        end
        %速度边界检查
        MayflyV(i,:)=BoundaryCheck(MayflyV(i,:),VelMax,VelMin,dim);
        %位置更新
        Mayfly(i,:) = Mayfly(i,:) + MayflyV(i,:);
        %位置边界检查
        Mayfly(i,:)=BoundaryCheck(Mayfly(i,:),ub,lb,dim);
        %s 适应度计算
        fitness(i)=fobj(Mayfly(i,:));
        if fitness(i)<fitnessBest
            fitnessBest = fitness(i);
            MayflyBest=Mayfly(i,:);
        end
    end

    %% 更新雌性
    for i=1:nPopf
        e=2*rand(1,dim)-1; %[-1,1]之间的随机数
        if fitnessf(i)>fitness(i)
            rmf = norm(Mayfly(i,:)-Mayflyf(i,:),2); %雌性和雄性之间的距离
            % 速度更新
            MayflyfV(i,:)=g.*MayflyfV(i,:)+a3.*exp(-beta*rmf^2).*(Mayfly(i,:)
-Mayflyf(i,:));
        else
            %速度更新
            MayflyfV(i,:)=g.*MayflyfV(i,:)+fl*e;
        end
        %速度边界检查
        MayflyfV(i,:)=BoundaryCheck(MayflyfV(i,:),VelMax,VelMin,dim);
        %位置更新
        Mayflyf(i,:) = Mayflyf(i,:) + MayflyfV(i,:);
        %位置边界检查
        Mayflyf(i,:)=BoundaryCheck(Mayflyf(i,:),ub,lb,dim);
```

```
            %s 适应度计算
            fitnessf(i)=fobj(Mayflyf(i,:));
            if fitnessf(i)<fitnessBestf
                fitnessBestf = fitnessf(i);
                MayflyBestf=Mayflyf(i,:);
            end
        end
        %更新全局最优
        if fitnessBest<Best_fitness
            Best_fitness=fitnessBest;
            Best_Pos = MayflyBest;
        end
        if fitnessBestf<Best_fitness
            Best_fitness=fitnessBestf;
            Best_Pos = MayflyBestf;
        end
        %% 排序
        %雄性排序
        [~,SortIndex] = sort(fitness);
        %雌性排序
        [~,SortIndexf] = sort(fitnessf);
        %% 交配
        MayflyOffspring = zeros(nc,dim);
        fitnessOffspring = zeros(1,nc);
        for k = 1:2:nc
            L=2.*rand(1,dim)-1; %[-1,1]之间的随机数
            MayflyOffspring(k,:)=L.*Mayfly(SortIndex(k),:)+(1-L).*Mayflyf
(SortIndexf(k),:);%交配
            MayflyOffspring(k,:)=BoundaryCheck(MayflyOffspring(k,:),ub,lb,dim);
%边界检查
            fitnessOffspring(k)=fobj(MayflyOffspring(k,:));%计算适应度
            %跟本代雄性雌性比较，如果更优，则替换原始雄性雌性
            if fitnessOffspring(k)<fitness(SortIndex(k))
                Mayfly(SortIndex(k),:)=MayflyOffspring(k,:);
                fitness(SortIndex(k)) = fitnessOffspring(k);
            elseif fitnessOffspring(k)<fitnessf(SortIndexf(k))
                Mayflyf(SortIndexf(k),:)=MayflyOffspring(k+1,:);
                fitnessf(SortIndexf(k)) = fitnessOffspring(k+1);
            end
            L=2.*rand(1,dim)-1;%[-1,1]之间的随机数
            MayflyOffspring(k+1,:)=L.*Mayflyf(SortIndexf(k),:)+(1-L).*Mayfly
(SortIndex(k),:);%交配
            MayflyOffspring(k+1,:)=BoundaryCheck(MayflyOffspring(k+1,:),ub,lb,dim);
%边界检查
            fitnessOffspring(k+1)=fobj(MayflyOffspring(k+1,:));%计算适应度
```

```
                %跟本代雄性雌性比较，如果更优，则替换原始雄性雌性
                if fitnessOffspring(k+1)<fitnessf(SortIndexf(k))
                    Mayflyf(SortIndexf(k),:)=MayflyOffspring(k+1,:);
                    fitnessf(SortIndexf(k)) = fitnessOffspring(k+1);
                elseif fitnessOffspring(k+1)<fitnessf(SortIndex(k))
                    Mayfly(SortIndex(k),:)=MayflyOffspring(k+1,:);
                    fitness(SortIndex(k)) = fitnessOffspring(k+1);
                end
            end
            %寻找子代最小适应度
            [minfitOffspring,minIndexOffspring]=min(fitnessOffspring);
            %如果比全局更优，则替换全局最优
            if minfitOffspring<Best_fitness
                Best_fitness = minfitOffspring;
                Best_Pos = MayflyOffspring(minIndexOffspring,:);
            end

            %记录当前迭代的最优解适应度
            IterCurve(t) = Best_fitness;
        end
    end
```

综上，蜉蝣优化算法的基本代码编写完成，可以通过函数 MOA 进行调用。下面将讲解如何使用上述蜉蝣优化算法来解决优化问题。

1.3　函数寻优

本节主要介绍如何利用蜉蝣优化算法对函数进行寻优，主要包括寻优函数问题描述、适应度函数设计、主函数设计几个部分。

1.3.1　问题描述

求解一组 x_1,x_2，使得下面函数的值最小，即求解函数的极小值。

$$f(x_1,x_2)=x_1^2+x_2^2$$

式中，x_1 与 x_2 的取值范围分别为[−10,10]，[−10,10]。

待求解函数的搜索空间是怎样的呢？为了直观、形象、生动地展现待求解函数的搜索空间，可以使用 MATLAB 绘图的方式进行查看，以 x_1 为 X 轴，x_2 为 Y 轴，$f(x_1,x_2)$ 为 Z 轴，绘制该待求解函数的搜索空间，代码如下，效果如图 1.4 所示。

```
%% 绘制 f(x1,x2)的搜索曲面
x1 =-10:0.01:10; %以 0.01 步长，生成[-10,10]的 x1 的值
x2 = -10:0.01:10;%以 0.01 步长，生成[-10,10]的 x2 的值
for i= 1:size(x1,2)
    for j = 1:size(x2,2)
        X1(i,j) = x1(i);
        X2(i,j) = x2(j);
        f(i,j) = x1(i)^2 + x2(j)^2;%函数 f(x1,x2)的值
    end
end
surfc(X1,X2,f,'LineStyle','none'); %绘制曲面
xlabel('x1');
ylabel('x2');
zlabel('f(x1,x2)')
title('f(x1,x2)函数搜索空间')
```

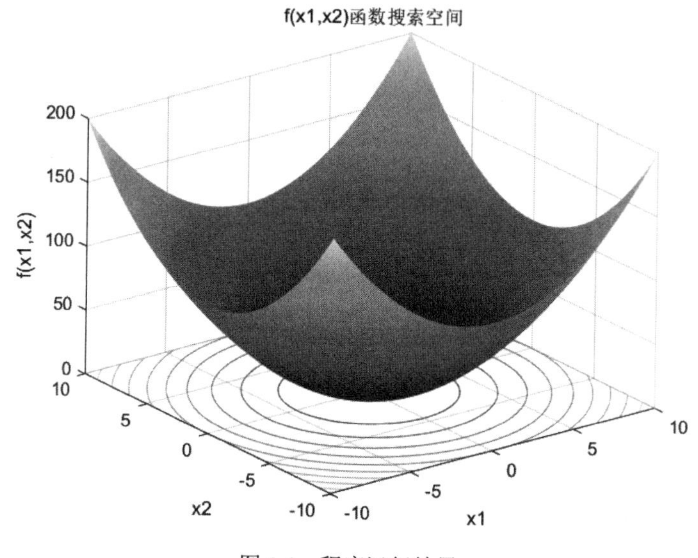

图 1.4　程序运行结果

1.3.2　适应度函数设计

在该问题中，变量范围的约束条件如下：

$$-10 \leqslant x_1 \leqslant 10$$

$$-10 \leqslant x_2 \leqslant 10$$

可以通过设置蜉蝣个体的维度和边界条件进行设置，即设置蜉蝣个体的维度 *dim* 为 2，蜉蝣个体上边界 *ub* =[10,10]，蜉蝣个体下边界 *lb*=[-10,-10]。

根据问题设定适应度函数 fun.m 如下：

```
%% 适应度函数
function fitness = fun(x)
%x 为输入一个个体，维度为[1,dim]
%fitness 为输出的适应度值
    fitness = x(1)^2 + x(2)^2;
end
```

1.3.3　主函数设计

设置蜉蝣优化算法的参数如下。

蜉蝣雌性雄性种群数量 *pop* 为 50，最大迭代次数 *maxIter* 为 100，蜉蝣个体的维度 *dim* 为 2，蜉蝣个体上边界 *ub* =[10,10]，蜉蝣个体下边界 *lb*=[-10,-10]。使用蜉蝣优化算法求解待求解函数极值问题的主函数 main.m 如下：

```
%% 蜉蝣优化算法求解 x1^2 + x2^2 的最小值
clc;clear all;close all;
%参数设定
pop = 50;%种群数量
dim = 2;%变量维度
ub = [10,10];%个体上边界信息
lb = [-10,-10];%个体下边界信息
maxIter = 100;%最大迭代次数
fobj = @(x) fun(x);%设置适应度函数为 fun(x)
%蜉蝣优化算法求解问题
[Best_Pos,Best_fitness,IterCurve] = MOA(pop,dim,ub,lb,fobj,maxIter);
%绘制迭代曲线
figure
plot(IterCurve,'r-','linewidth',1.5);
grid on;%网格开
title('蜉蝣优化算法迭代曲线')
xlabel('迭代次数')
ylabel('适应度')

disp(['求解得到的 x1，x2 为',num2str(Best_Pos(1)),'    ',num2str(Best_Pos(2))]);
disp(['最优解对应的函数值为：',num2str(Best_fitness)]);
```

程序运行得到的蜉蝣优化算法迭代曲线如图 1.5 所示。

运行结果如下：

```
求解得到的 x1，x2 为-3.2187e-05    -0.00030331
最优解对应的函数值为：9.3033e-08
```

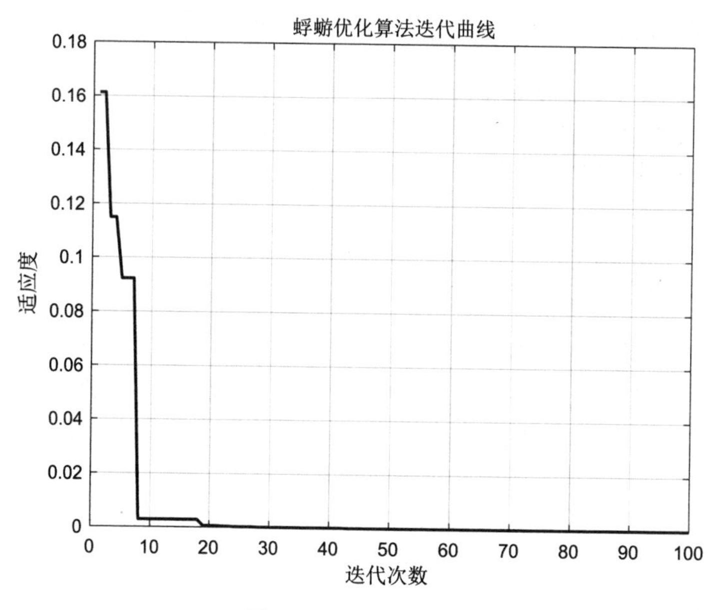

图 1.5　程序运行结果

从蜉蝣优化算法寻优的结果来看，最终的求解值为(-3.2187e-05, -0.00030331)，十分接近理论最优值(0,0)，表明蜉蝣优化算法具有较好的寻优能力。

1.4　减速器设计

本节主要介绍如何利用蜉蝣优化算法对减速器设计工程问题进行参数寻优，主要包括问题描述、适应度函数设计、主函数设计几个部分。

1.4.1　问题描述

在机械系统中，齿轮箱的一个重要部件是减速器，它可用于多种应用，如图 1.6 所示。在这个优化问题中，减速器的重量设计应在 11 个约束条件下最小化。该优化问题一共涉及 7 个变量：齿宽 $b(=x_1)$，齿模 $m(=x_2)$，小齿轮齿数 $z(=x_3)$，轴承之间第一根轴的长度 $l_1(=x_4)$，轴承之间第二轴的长度 $l_2(=x_5)$，第一轴的直径 $d_1(=x_6)$，第二轴的直径 $d_2(=x_7)$。该问题的数学公式如下。

最小化：

$$f(x)=0.7854x_1x_2^2(3.3333x_3^2+14.9334x_3-43.0934)$$
$$-1.508x_1(x_6^2+x_7^2)+7.4777(x_6^3+x_7^3)+0.7854(x_4x_6^2+x_5x_7^2)$$

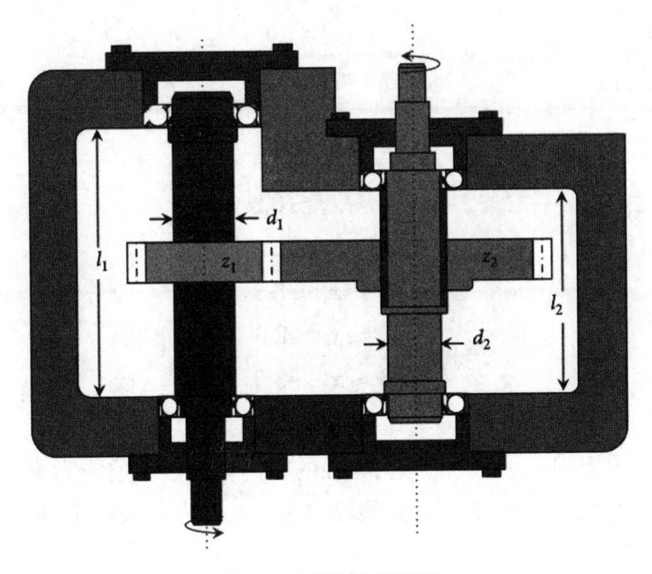

图 1.6　减速器示意图

约束：

$$g_1(X)=\frac{27}{x_1x_2^2x_3}-1\leqslant 0$$

$$g_2(X)=\frac{397.5}{x_1x_2^2x_3^2}-1\leqslant 0$$

$$g_3(X)=\frac{1.93x_4^3}{x_2x_6^4x_3}-1\leqslant 0$$

$$g_4(X)=\frac{1.93x_5^3}{x_2x_7^4x_3}-1\leqslant 0$$

$$g_5(X)=\frac{\sqrt{(745x_4/x_2x_3)^2+16.9\times 10^6}}{110x_6^3}-1\leqslant 0$$

$$g_6(X)=\frac{\sqrt{(745x_5/x_2x_3)^2+157.5\times 10^6}}{85x_7^3}-1\leqslant 0$$

$$g_7(X)=\frac{x_2x_3}{40}-1\leqslant 0$$

$$g_8(X)=\frac{5x_2}{x_1}-1\leqslant 0$$

$$g_9(X)=\frac{x_1}{12x_2}-1\leqslant 0$$

$$g_{10}(X)=\frac{1.5x_6+1.9}{x_4}-1\leqslant 0$$

$$g_{11}(X)=\frac{1.1x_7+1.9}{x_5}-1\leqslant 0$$

变量范围：

$$2.6\leqslant x_1\leqslant 3.6$$
$$0.7\leqslant x_2\leqslant 0.8$$
$$x_3\in\{17,18,19,\ldots,28\}$$
$$7.3\leqslant x_4\leqslant 8.3$$
$$7.3\leqslant x_5\leqslant 8.3$$
$$2.9\leqslant x_6\leqslant 3.9$$
$$5\leqslant x_7\leqslant 5.5$$

基于轮齿的弯曲应力、表面应力、轴的横向偏转、轴的应力来考虑，本工程问题包括 11 个约束，其中 7 个为非线性约束，4 个为非线性不等式约束。

1.4.2 适应度函数设计

在该问题中，变量范围的约束条件如下：

$$2.6\leqslant x_1\leqslant 3.6$$
$$0.7\leqslant x_2\leqslant 0.8$$
$$x_3\in\{17,18,19,\ldots,28\}$$
$$7.3\leqslant x_4\leqslant 8.3$$
$$7.3\leqslant x_5\leqslant 8.3$$
$$2.9\leqslant x_6\leqslant 3.9$$
$$5\leqslant x_7\leqslant 5.5$$

可以通过设置蜉蝣个体的边界条件来进行设置，即设置蜉蝣个体的上边界为 ub=[3.6, 0.8, 28, 8.3, 8.3, 3.9, 5.5]，蜉蝣个体的下边界为 lb =[2.6, 0.7, 17, 7.3, 7.3, 2.9, 5]。针对约束 $g_1(X)$-$g_{11}(X)$，在适应度函数中进行处理。针对不满足约束条件的情况，采用增加惩罚数的方式来对适应度进行求解。当满足约束条件时，不增加惩罚数，反之则增加。使得不满足条件个体的适应度比较大，竞争力减弱。定义不满足约束条件的个数为 n，惩罚系数为 P，惩罚数的计算如下：

$$V=nP$$

适应度的计算如下：

$$fitness=f(x)+V$$

定义适应度函数 fun 如下：

```
%% 适应度函数
function [fitness,g] = fun(x)
```

```
    P=10E4;%惩罚系数
    x1=x(1);
    x2=x(2);
    x3=round(x(3)); %x3 根据约束条件为整数，取整
    x4=x(4);
    x5=x(5);
    x6=x(6);
    x7=x(7);
    f=0.7854*x1*x2^2*(3.3333*x3^2+14.9334*x3-43.0934)...
        -1.508*x1*(x6^2+x7^2)+7.4777*(x6^3+x7^3)+0.7854*(x4*x6^2+x5*x7^2);
    %约束条件计算
    g(1)=27/(x1*x2^2*x3)-1;
    g(2)=397.5/(x1*x2^2*x3^2)-1;
    g(3)=1.93*x4^3/(x2*x6^4*x3)-1;
    g(4)=1.93*x5^3/(x2*x7^4*x3)-1;
    g(5)=sqrt((745*x4/(x2*x3)^2+16.9*10^6))/(110*x6^3)-1;
    g(6)=sqrt((745*x4/(x2*x3)^2+157.5*10^6))/(85*x7^3)-1;
    g(7)=x2*x3/40-1;
    g(8)=5*x2/x1-1;
    g(9)=x1/(12*x2)-1;
    g(10)=(1.5*x6+1.9)/x4-1;
    g(11)=(1.1*x7+1.9)/x5-1;
    V = P*sum(g>0);%惩罚数计算
    fitness=f + V;%计算适应度
end
```

1.4.3 主函数设计

通过上述分析，可以设置蜉蝣优化算法参数如下。

设置蜉蝣雌雄性种群数量 *pop* 为 30，最大迭代次数 *maxIter* 为 100，个体的维度 *dim* 为 7（即 x_1，x_2，x_3，x_4，x_5，x_6，x_7），个体上边界 *ub* =[3.6, 0.8, 28, 8.3, 8.3, 3.9, 5.5]，个体下边界 *lb*=[2.6, 0.7, 17, 7.3, 7.3, 2.9, 5]。蜉蝣优化算法求解减速器设计问题的主函数 main 设计如下：

```
%% 基于蜉蝣优化算法的减速器设计
clc;clear all;close all;
%参数设定
pop = 30;%种群数量
dim = 7;%变量维度
ub = [3.6, 0.8, 28, 8.3, 8.3, 3.9, 5.5];%个体上边界信息
lb = [2.6, 0.7, 17, 7.3, 7.3, 2.9, 5];%个体下边界信息
maxIter = 100;%最大迭代次数
fobj = @(x) fun(x);%设置适应度函数为 fun(x)
%蜉蝣优化算法求解问题
```

```
[Best_Pos,Best_fitness,IterCurve] = MOA(pop,dim,ub,lb,fobj,maxIter);
%绘制迭代曲线
figure
plot(IterCurve,'r-','linewidth',1.5);
grid on;%网格开
title('蜉蝣优化算法迭代曲线')
xlabel('迭代次数')
ylabel('适应度')
disp(['求解得到的 x1 为：',num2str(Best_Pos(1))]);
disp(['求解得到的 x2 为：',num2str(Best_Pos(2))]);
disp(['求解得到的 x3 为：',num2str(round(Best_Pos(3)))]);
disp(['求解得到的 x4 为：',num2str(Best_Pos(4))]);
disp(['求解得到的 x5 为：',num2str(Best_Pos(5))]);
disp(['求解得到的 x6 为：',num2str(Best_Pos(6))]);
disp(['求解得到的 x7 为：', num2str(Best_Pos(7))]);
disp(['最优解对应的函数值为：',num2str(Best_fitness)]);
%计算不满足约束条件的个数
[fitness,g]=fun(Best_Pos);
n=sum(g>0);%约束的值大于 0 的个数
disp(['违反约束条件的个数',num2str(n)]);
```

程序运行结果如图 1.7 所示。

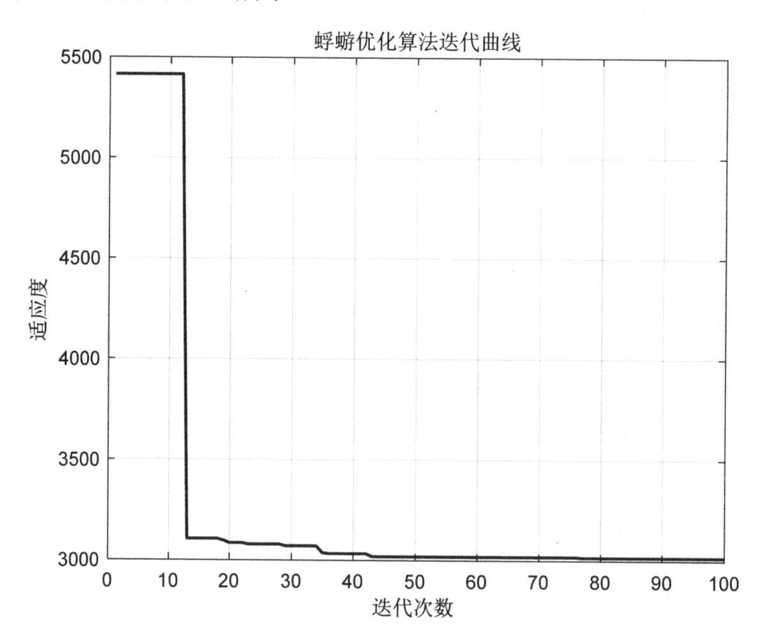

图 1.7　程序运行结果

运行结果如下：

```
求解得到的 x1 为：3.5
求解得到的 x2 为：0.7
求解得到的 x3 为：17
求解得到的 x4 为：8.054
求解得到的 x5 为：7.9878
求解得到的 x6 为：3.3663
求解得到的 x7 为：5.2934
最优解对应的函数值为：3015.6084
违反约束条件的个数 0
```

从收敛曲线上看，适应度函数值随着迭代次数不断减小，表明蜉蝣优化算法不断地对参数进行优化。最后，在约束条件范围内，得到了一组满足约束条件的参数，对减速器的优化设计具有指导意义。

参考文献

[1] Zervoudakis K, Tsafarakis S. A mayfly optimization algorithm[J]. Computers & Industrial Engineering, 2020, 145: 106559.

[2] 王义，张达敏，张琳娜，等. 基于黄金正弦与自适应融合的蜉蝣优化算法[J]. 计算机应用研究，2021，38（10）：3072-3077.

[3] 高智强，张亚加，邱啟蒙，等. 改进蜉蝣算法及其在防火墙策略配置中的应用[J]. 陕西理工大学学报（自然科学版），2022，38（02）：41-48.

[4] 王克逸，符强，陈嘉豪. 偏移进化蜉蝣优化算法[J]. 计算机系统应用，2022，31（03）：150-158.

[5] 陈伟超，符强. 基于倒位变异的蜉蝣优化算法[J]. 计算机系统应用，2021，30（08）：157-163.

[6] 吴霄，江海新，吴芸，等. 基于佳点集和莱维飞行原理的蜉蝣优化算法[J]. 高师理科学刊，2022，42（03）：36-41+51.

[7] 徐焕增，徐文倩，孔政敏. 基于 Tent 混沌序列改进的蜉蝣算法及其应用[J]. 控制工程，2022，29（03）：435-440.

[8] 杨嘉. 面向移动边缘计算的计算卸载与资源分配问题研究[D]. 西南交通大学，2021.

[9] 张达敏，王义，邹诚诚，等. 认知异构蜂窝网络中改进蜉蝣算法的资源分配策略[J]. 通信学报，2022，43（06）：156-167.

[10] 王义，张达敏，邹诚诚. 增强全局搜索和自适应蜉蝣算法[J/OL]. 哈尔滨工业大学学报：1-14[2022-08-15]. http://kns.cnki.net/kcms/detail/23.1235.T.20220505.1416.028.html.

第 2 章　哈里斯鹰优化算法

本章首先概述哈里斯鹰优化算法的基本原理；然后，使用 MATLAB 实现哈里斯鹰优化算法的基本代码；最后，将哈里斯鹰优化算法应用于函数寻优问题和拉伸/压缩弹簧设计问题。

2.1　基 本 原 理

哈里斯鹰优化（harris hawk optimization，HHO）算法是由 Heidari 等于 2019 年提出的仿生智能优化算法，其灵感源于哈里斯鹰的群体狩猎的突袭围捕行为。

如图 2.1 所示为哈里斯鹰。哈里斯鹰与其他猛禽相比最大的特点是以团队形式合作狩猎，其狩猎对象大多数为野兔，在搜寻目标时，哈里斯鹰首先会各自飞向不同区域四处巡视，并以一种类似"蛙跳"的方式在各树梢间对猎物进行观察；在追逐猎物时，主要采取"突袭围捕"。当鹰群发现猎物时，几只鹰将尝试从不同方向合作突袭猎物，同时向猎物周围汇聚，通常此过程只需要几秒，便可捕获受到惊吓的猎物，但当猎物拥有足够的体力逃脱时，突袭围捕则是在短时间内在猎物附近多次、短距离的快速突袭，哈里斯鹰会根据场景特性和猎物的逃跑模式（猎物的反应和躲避方向）改变追逐策略。

图 2.1　哈里斯鹰

可以将哈里斯鹰狩猎行为划分为 3 个阶段：第一阶段为搜索阶段，这个阶段哈里斯鹰处于搜寻猎物的状态，采用的是机会对等策略搜索猎物位置；第二阶段为从搜索到开发转换阶段，这个阶段哈里斯鹰处于发现猎物的状态；第三阶段为开发阶段，这个阶段哈里斯鹰处于对猎物进行捕捉的状态，它们采用软围攻、硬围攻、渐进式快速俯冲的软包围和渐进式快速俯冲的硬包围 4 种策略对猎物进行捕捉。

2.1.1　搜索阶段

在搜索阶段，哈里斯鹰出现在任意位置对猎物进行搜索，其搜索猎物的过程主要是通过敏锐的眼睛对猎物进行探测和跟踪。在这个阶段中，HHO 算法通过机会对等策略模拟哈里斯鹰寻找猎物的过程，如果每种机会对等策略中的机会 q 均等，则当 $q\geqslant 0.5$ 时，此时还没有任何一只鹰发现猎物，因此将会随机选择种群中的个体，朝它飞行，更新自身位置；当 $q<0.5$ 时，哈里斯鹰发现猎物，以猎物为目标，在其附近盘旋，并更新位置，其位置更新如下：

$$X(t+1)=\begin{cases}X_{\text{rand}}(t)-r_1\left|X_{\text{rand}}(t)-2r_2X(t)\right|,q\geqslant 0.5\\ \left[X_{\text{rabbit}}(t)-X_m(t)\right]-r_3\left[lb+r_4(ub-lb)\right],q<0.5\end{cases}\tag{2.1}$$

式中，$X(t),X(t+1)$ 分别为当前和下一次迭代时哈里斯鹰个体的位置；t 为迭代次数；$X_{\text{rand}}(t)$ 为随机选出的个体位置，$X_{\text{rabbit}}(t)$ 为猎物位置，即拥有最优适应度的个体位置，r_1,r_2,r_3,r_4,q 为[0,1]之间的随机数，q 用来随机选择要采用的策略，ub 和 lb 分别为搜索空间的上界和下界；$X_m(t)$ 为哈里斯鹰的平均位置，其表示如下：

$$X_m(t)=\sum_{k=1}^{M}X_k(t)/M\tag{2.2}$$

式中，$X_k(t)$ 为种群中第 t 代的每只鹰个体的位置；M 为种群规模。

2.1.2　从搜索到开发的转换阶段

在从搜索到开发的转换阶段，HHO 根据猎物的逃逸能量 E 来实现这种转换。现实中猎物的逃逸能量是逐渐减小的过程，因此 E 随着迭代次数的增加而减少，基于猎物逃逸能量行为的数学模型表示如下：

$$E=2E_0\left(1-\frac{t}{T}\right)\tag{2.3}$$

式中，E_0 是猎物的初始能量，为[-1,1]之间的随机数，每次迭代时自动更新；t 为迭代次数，T 为最大迭代次数。当 E_0 从 0 减小到-1 时，猎物野兔处于萎靡不振的状态；而当 E_0 从 0 增加到 1 时，意味着猎物野兔正在变得强壮。在迭代过程中，逃逸能量 E 呈下降趋势，当逃逸的能量 $|E|\geqslant 1$ 时，猎物的逃逸能量较大，鹰群持续监视和定位猎物，处于搜索阶段；当 $|E|<1$ 时，猎物的逃逸能力降低，鹰群开始追逐猎物，进入开发阶段。

假设最大迭代次数 T=500，绘制猎物的逃逸能量曲线，曲线如图 2.2 所示。

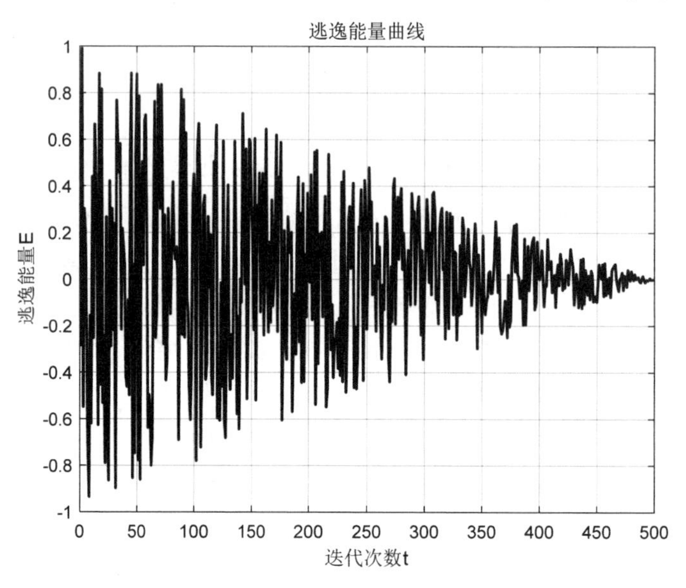

图 2.2　程序运行结果

MATLAB 绘制程序如下：

```
%绘制逃逸能量
T=500;%最大迭代次数
for t=1:T
    E0=2*rand()-1; %初始能量[-1,1]之间的随机数
    E(t)=E0*(1-t/T);
    E0=E(t);
end
figure
plot(1:T,E,'r-','LineWidth',1.5);
grid on
xlabel('迭代次数 t')
ylabel('逃逸能量 E')
title('逃逸能量曲线')
```

2.1.3　开发阶段

哈里斯鹰会采用突袭的方式猎捕前一阶段探测到的目标猎物。在实际的捕食过程中，猎物经常试图逃脱，假设 r 是猎物在突袭前逃脱的机率，逃脱成功（r<0.5）或逃脱失败（r≥0.5），不论猎物做什么，鹰都会以强硬或轻柔的围攻来捕获猎物，这意味着它们将根据猎物的保留能量从不同方向强硬或轻柔地包围猎物。鹰会越来越接近探测到的猎物，并通过合作突袭增加杀死猎物的机会，几分钟后，

逃逸的猎物将失去越来越多的能量；然后，鹰加强围攻过程，从而抓住疲惫的猎物。

因此，在实际情况中哈里斯鹰会根据猎物的逃跑行为采用不同的追逐策略。HHO 在开发阶段提出了 4 种可能的策略来模拟哈里斯鹰对猎物的攻击阶段，分别为软围攻、硬围攻、渐进式快速俯冲的软包围和渐进式快速俯冲的硬包围，根据猎物的逃逸能量 E 和猎物逃离概率 r 决定 4 种追逐方式。

1. 软围攻

当 $|E| \geqslant 0.5, r \geqslant 0.5$ 时，猎物有足够的能量尝试通过一些随机的误导性跳跃逃脱。此时，哈里斯鹰使用软围攻策略缓慢包围猎物，使猎物更加疲惫，然后进行突袭。软围攻策略位置更新公式如下：

$$X(t+1) = \Delta X(t) - E\left|JX_{\text{rabbit}}(t) - X(t)\right| \tag{2.4}$$

$$\Delta X(t) = X_{\text{rabbit}}(t) - X(t) \tag{2.5}$$

$$J = 2(1 - r_5) \tag{2.6}$$

式中，$\Delta X(t)$ 为野兔位置与当前位置的差；J 为猎物在逃跑过程中的跳跃强度，其值为[0,2]之间的随机值；r_5 为[0,1]内的随机变量。

2. 硬围攻

当 $|E| < 0.5, r \geqslant 0.5$ 时，猎物非常疲惫，逃逸能量低。猎物既没有足够的能量摆脱，也没有逃脱的机会，哈里斯鹰会快速地对猎物进行捕捉，这种捕捉猎物的方式称为硬围攻策略。硬围攻策略位置更新公式如下：

$$X(t+1) = X_{\text{rabbit}}(t) - E\left|\Delta X(t)\right| \tag{2.7}$$

硬围攻下的位置变化如图 2.3 所示。

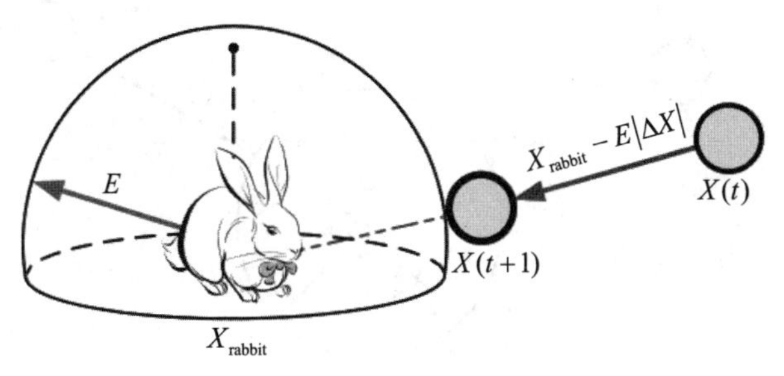

图 2.3　硬围攻下的位置变化示例图

3. 渐进式快速俯冲的软包围

当 $|E| \geqslant 0.5, r < 0.5$ 时，猎物有充足的体力逃跑且有很大的机会从哈里斯鹰包围中逃脱，此时哈里斯鹰非常聪明，哈里斯鹰在对猎物进行捕捉之前，会对猎物实施更加严密的软围攻，以此来防止猎物逃脱，随后通过慢慢消耗猎物体力，等

到猎物体力快消耗殆尽时，通过突袭的方式对猎物进行捕捉，这种捕捉猎物的方式称为渐进式俯冲软包围策略。这种策略是通过引入 Levy 飞行函数实现对猎物更加严密的软围攻。渐进式俯冲软包围策略位置更新公式如下：

$$X(t+1)=\begin{cases}Y,f(Y)<f(X(t))\\ Z,f(Z)<f(X(t))\end{cases} \tag{2.8}$$

$$Y=X_{\text{rabbit}}(t)-E\left|JX_{\text{rabbit}}(t)-X(t)\right| \tag{2.9}$$

$$Z=Y+\boldsymbol{S}\times LF(D) \tag{2.10}$$

式中，$f(\cdot)$为适应度函数；D为问题的维度；$\boldsymbol{S}$为$1\times D$的随机向量，$LF(\cdot)$是 Levy 飞行函数，其表达式为：

$$LF(D)=0.01\times\frac{u\times\sigma}{|v|^{\frac{1}{\beta}}},\sigma=\left(\frac{\Gamma(1+\beta)\times\sin\left(\frac{\pi\beta}{2}\right)}{\Gamma\left(\frac{1+\beta}{2}\right)\times\beta\times2^{\left(\frac{\beta-1}{2}\right)}}\right)^{\frac{1}{\beta}} \tag{2.11}$$

式中，β是一个默认变量，通常情况下β取 1.5，μ和v是一个[0,1]范围内的随机变量。

渐进式快速俯冲的软包围位置变化如图 2.4 所示。

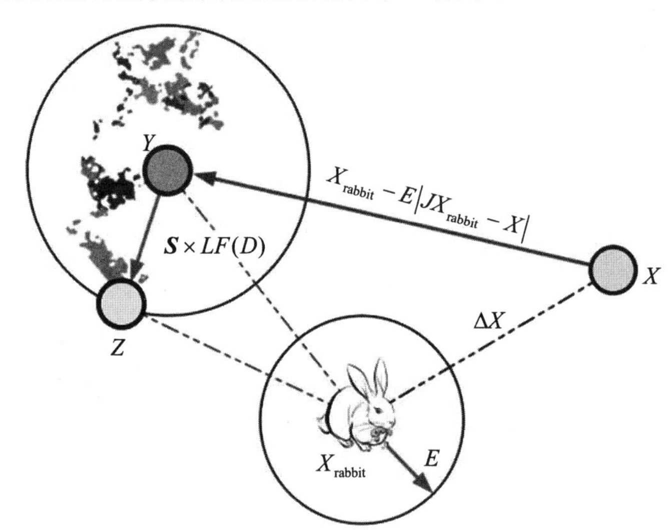

图 2.4　渐进式快速俯冲的软包围位置变化示例图

4．渐进式快速俯冲的硬包围

当$|E|<0.5,r<0.5$时，猎物有机会逃逸，但逃逸能量不足，哈里斯鹰则在突袭前形成了一个硬包围圈，尽量减少自己的平均位置与逃跑猎物的距离，等到猎物体力快消耗殆尽时，对猎物进行突袭，迅速捕捉到猎物。这种捕捉猎物的

方式称为渐进式快速俯冲硬包围策略。渐进式快速俯冲硬包围策略位置更新公式如下：

$$X(t+1)=\begin{cases}Y, f(Y)<f(X(t))\\ Z, f(Z)<f(X(t))\end{cases} \tag{2.12}$$

$$Y=X_{\text{rabbit}}(t)-E\left|JX_{\text{rabbit}}(t)-X_m(t)\right| \tag{2.13}$$

$$Z=Y+\boldsymbol{S}\times LF(D) \tag{2.14}$$

式中，$X_m(t)$为哈里斯鹰的平均位置，由式（2.2）获得；$\boldsymbol{S}$、D和$LF(\cdot)$的含义与式（2.10）保持一致。

渐进式快速俯冲的硬包围位置变化示例如图 2.5 所示。

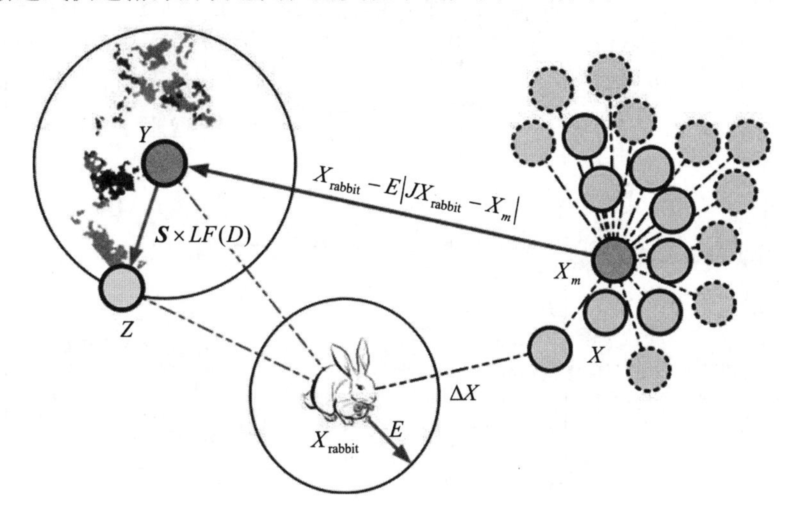

图 2.5　渐进式快速俯冲的硬包围位置变化示例图

2.1.4　哈里斯鹰优化算法流程

哈里斯鹰优化算法的流程图如图 2.6 所示，具体步骤如下。

步骤 1：种群初始化。根据搜索空间每一维的上界和下界，初始化每个个体。

步骤 2：计算初始适应度。将适应度最优的个体位置设为当前猎物位置。

步骤 3：位置更新。计算猎物逃逸能量，根据逃逸能量和生成的随机数执行搜索或开发行为中对应的位置更新策略。

步骤 4：计算适应度。计算位置更新后的个体适应度，并与猎物适应度进行比较，若位置更新后的个体适应度优于猎物，则以适应度更优的个体位置作为新的猎物位置。

重复步骤 3 和步骤 4，当算法迭代次数达到最大迭代次数时，输出当前猎物位置作为目标的估计位置。

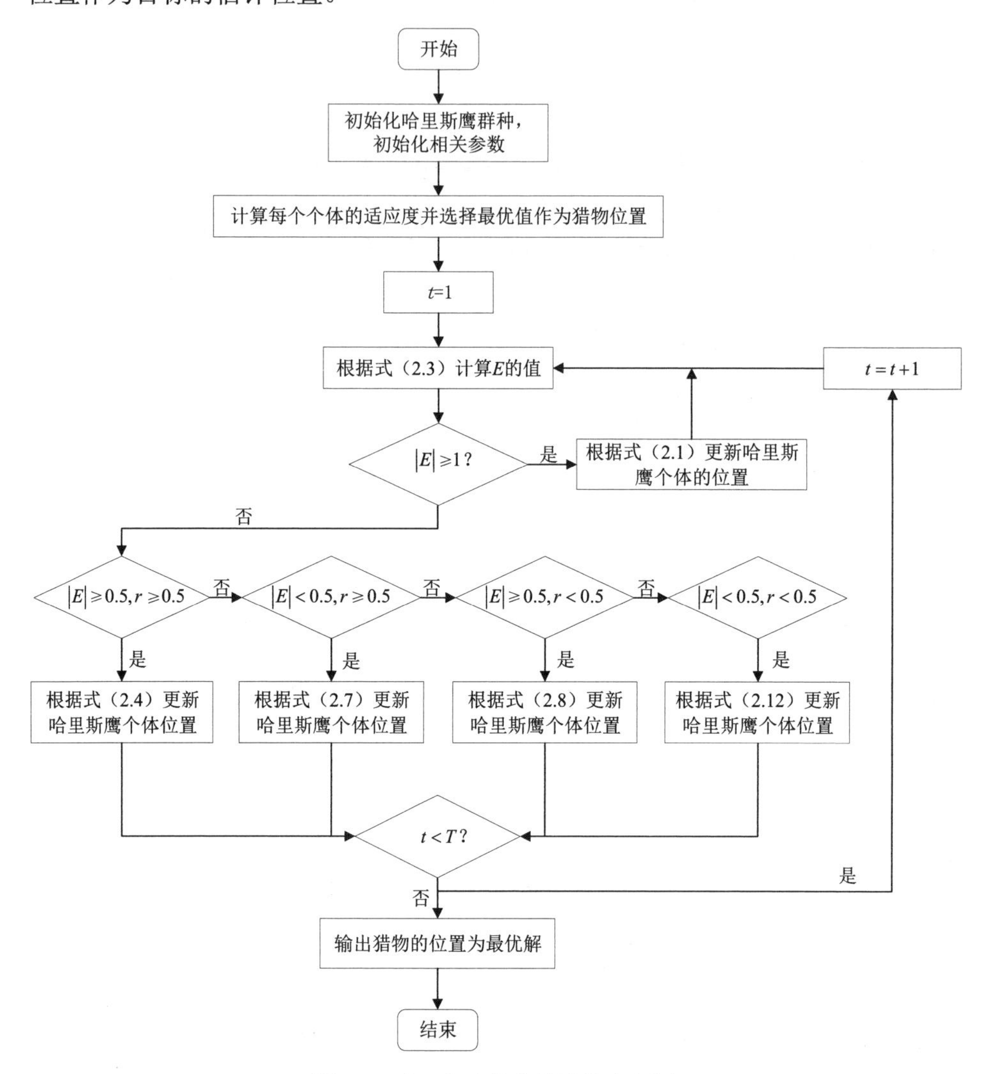

图 2.6　哈里斯鹰优化算法的流程图

2.2　MATLAB 实现

本节主要介绍哈里斯鹰优化算法的 MATLAB 代码具体实现，主要包括种群初始化；适应度函数；边界检查和约束函数；Levy 飞行函数；哈里斯鹰优化算法代码几个部分。

2.2.1　种群初始化

1．MATLAB 随机数生成函数

随机数的生成采用 MATLAB 自带的随机数生成函数 rand()，rand()生成[0,1]之间的随机数。

```
>> rand()
```

运行结果如下：

```
ans =

    0.5540
```

如果要一次性生成多个随机数，可以使用 rand(row, col)，其中 row，col 分别代表行和列，如 rand(3,4)表示生成 3 行 4 列的范围在[0,1]之间的随机数。

```
>> rand(3,4)
```

运行结果如下：

```
ans =

    0.5147    0.9334    0.4785    0.8649
    0.7058    0.4324    0.5449    0.3576
    0.1670    0.2975    0.9585    0.9706
```

如果要生成指定范围内的随机数，其表达式如下：

$$r = lb + (ub - lb) \times \mathrm{rand}()$$

式中，ub 代表范围的上边界，lb 代表范围的下边界。如在[0,3]范围内生成 5 个随机数：

```
ub = 3; %上边界
lb = 0; %下边界
r = (ub - lb).*rand(1,5) + lb
```

运行结果如下：

```
r =

    2.5472    1.3766    3.8785    2.9672    0.2071
```

2．哈里斯鹰优化算法种群初始化函数编写

将哈里斯鹰优化算法种群初始化函数单独定义为一个函数，命名为 initialization。利用随机数生成方式生成初始种群。

```
%% 初始化函数
function X = initialization(pop,ub,lb,dim)
    %pop 为种群数量
    %dim 为每个个体的维度
    %ub 为每个维度的变量上边界，维度为[1,dim]
    %lb 为每个维度的变量下边界，维度为[1,dim]
    %X 为输出的种群，维度[pop,dim]
    X = zeros(pop,dim); %为 X 事先分配空间
    for i = 1:pop
        for j = 1:dim
            X(i,j) = (ub(j) - lb(j))*rand() + lb(j);    %生成[lb,ub]之间的随机数
        end
    end
end
```

例如，设定种群数量为 5，每个个体维度为 3，每个维度的边界为[-3,3]，利用初始化函数初始种群。

```
pop = 5; %种群数量
dim = 3; %每个个体维度
ub = [3,3,3]; %上边界
lb = [-3,-3,-3]; %下边界
position = initialization(pop,ub,lb,dim)
```

运行结果如下：

```
position =

    2.6040    1.0724    1.5464
    1.4588   -0.6466    0.9329
   -1.9729    1.2363   -2.8090
   -1.3385   -2.7230   -2.4172
    1.9407    1.1690   -1.0974
```

从运行结果可以看出，通过初始化函数得到的种群均在设定的上下边界范围内。

为了更加直观地表现随机初始化函数的效果，设定种群数量为 20，个体维度为 2，维度边界分别设置为[0,1]、[-2,-1]、[2,3]，绘制 3 种范围的随机数生成结果，如图 2.7 所示。

```
pop = 20; %种群数量
dim = 2; %每个个体维度
ub = [1,1]; %上边界
lb = [0,0]; %下边界
position0 = initialization(pop, ub, lb, dim);
ub = [-1,-1]; %上边界
```

```
lb = [-2,-2]; %下边界
position1 = initialization(pop, ub, lb, dim);
ub = [3,3]; %上边界
lb = [2,2]; %下边界
position2 = initialization(pop, ub, lb, dim);
figure
plot(position0(:,1),position0(:,2),'bo');
hold on
plot(position1(:,1),position1(:,2),'b.');
plot(position2(:,1),position2(:,2),'bo');
grid on
title('不同随机数范围生成结果')
xlabel('X')
ylabel('Y')
legend('[0,1]','[-2,-1]','[2,3]')
```

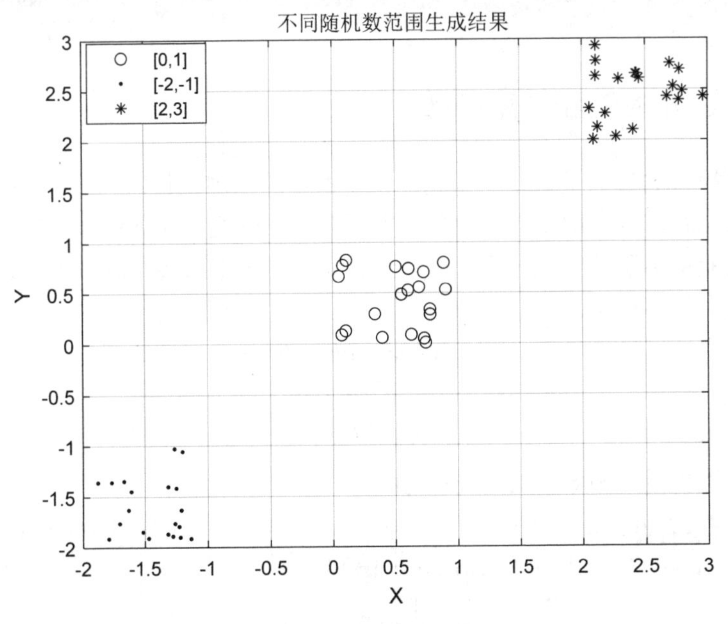

图 2.7　程序运行结果

从图 2.7 可以看出，生成的种群均在相应的边界范围内产生。

2.2.2　适应度函数

在学术研究与工程实践中优化问题是多种多样的，需要根据问题优化目标的不同设计相应的适应度函数（也称目标函数）。为了便于后续优化算法调用适应度函数，通常将适应度函数单独写成一个函数，命名为 fun()。如定义一个适应度函数 fun()，并存放在 fun.m 中，适应度函数 fun()定义如下：

```
%% 适应度函数
function fitness = fun(x)
%x 为输入一个个体，维度为 dim
%fitness 为输出的适应度
    fitness =sum(x.^2);
end
```

可以看出，适应函数 fun()是 x 所有维度的平方和，如 $x=[2,3]$，那么经过适应度函数计算后得到的值为 13。

```
x=[2,3];
fitness = fun(x)
```

运行结果如下：

```
fitness =

    13
```

2.2.3　边界检查和约束函数

边界检查的目的是防止变量超过预先指定的范围，具体逻辑是当变量大于上边界（ub）时，将变量设为上边界；当变量小于下边界（lb）时，将变量设为下边界；当变量小于等于上边界（ub），且大于等于下边界（lb）时，变量保持不变。形式化描述如下：

$$val=\begin{cases} ub, 若\ val>ub \\ lb, 若\ val<lb \\ val, 若\ lb\leqslant val\leqslant ub \end{cases}$$

定义边界检查函数为 BoundaryCheck。

```
%% 边界检查函数
function [X] = BoundaryCheck(x,ub,lb,dim)
    %x 为输入数据，维度为[1,dim]
    %ub 为数据上边界，维度为[1,dim]
    %lb 为数据下边界，维度为[1,dim]
    %dim 为数据的维度大小
    for i = 1:dim
        if x(i)>ub(i)
            x(i) = ub(i);
        end
        if x(i)<lb(i)
            x(i) = lb(i);
        end
    end
```

```
    X = x;
end
```

如 x = [0.5,2,-2,1]，定义的上边界为[1,1,1,1]，下边界为[-1,-1,-1,-1]，经过边界检查和约束后，x 应该为[0.5,1,-1,1]。

```
x = [0.5,1,-1,1];
ub = [1,1,1,1];
lb = [-1,-1,-1,-1];
x = BoundaryCheck(x)
```

运行结果如下：

```
x =

    0.5000    1.0000   -1.0000    1.0000
```

2.2.4　Levy 飞行函数

在 2.1.3 节中的渐进式快速俯冲的软包围和渐进式快速俯冲的硬包围策略中，已使用 Levy 飞行函数，其表达式如下：

$$LF(D)=0.01\times\frac{u\times\sigma}{|v|^{\frac{1}{\beta}}},\sigma=\left(\frac{\Gamma(1+\beta)\times\sin\left(\frac{\pi\beta}{2}\right)}{\Gamma\left(\frac{1+\beta}{2}\right)\times\beta\times2^{\left(\frac{\beta-1}{2}\right)}}\right)^{\frac{1}{\beta}} \tag{2.15}$$

式中，β是一个默认变量，通常情况下β取 1.5，u 和 v 是一个[0,1]范围内的随机变量。

为了方便调用将 Levy 飞行函数单独写成一个函数，命名为 Levy。

```
%% Levy 飞行函数
%输入：d 为产生 Levy 飞行函数数据的个数
%输出：o 为 Levy 飞行函数生成的数据，维度为 d 维
function o=Levy(d)
    beta=1.5;
    sigma=(gamma(1+beta)*sin(pi*beta/2)/(gamma((1+beta)/2)*beta*2^((beta-1)/2)))^
(1/beta);
    u=randn(1,d)*sigma;
    v=randn(1,d);
    step=u./abs(v).^(1/beta);
    o=0.01*step;
end
```

用 Levy 飞行函数生成 20 组二维数据，观察其变化，二维 Levy 飞行函数变化图如图 2.8 所示。

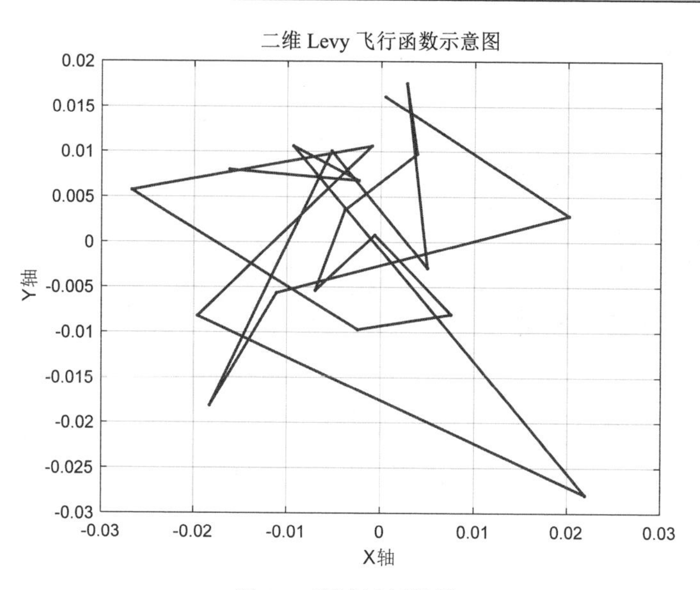

图 2.8　程序运行结果

```
%Levy 飞行函数示意图
X=Levy(20);%20 组数据的横坐标
Y=Levy(20);%20 组数据的纵坐标
figure
plot(X,Y,'.-','LineWidth',1.5);
xlabel('X 轴');
ylabel('Y 轴');
grid on
title('二维 Levy 飞行函数示意图')
```

从图 2.8 可以看出，Levy 飞行函数的轨迹随机性较强，有利于帮助哈里斯鹰的探索。

2.2.5　算法代码

由 2.1 节哈里斯鹰优化算法的基本原理编写哈里斯鹰优化算法的基本代码，定义哈里斯鹰优化算法的函数名称为 HHO。

```
%%-------------哈里斯鹰优化算法函数---------------------%%
%% 输入
%    pop 为种群数量
%    dim 为每个个体的维度
%    ub 为个体上边界信息，维度为[1,dim]
%    lb 为个体下边界信息，维度为[1,dim]
%    fobj 为适应度函数接口
%    maxIter 为算法的最大迭代次数，用于控制算法的停止
```

```
%% 输出
%    Best_Pos 为哈里斯鹰优化算法找到的最优位置
%    Best_fitness 为最优位置对应的适应度
%    IterCure 为用于记录每次迭代的最佳适应度，后续用来绘制迭代曲线
function [Best_Pos,Best_fitness,IterCurve] = HHO(pop,dim,ub,lb,fobj,maxIter)
    %% 哈里斯鹰种群初始化
    X = initialization(pop,ub,lb,dim);
    %% 计算适应度
    fitness = zeros(1,pop);
    for i = 1:pop
        fitness(i) = fobj(X(i,:));
    end
    %获取种群最优个体及适应度，最优个体位置即为猎物位置
    [fitnessBest,indexMin] = min(fitness);
    Xrabbit = X(indexMin,:);
    Best_Pos = Xrabbit;
    Best_fitness = fitnessBest;

    %% 迭代
    for t=1:maxIter
        for i =1:pop
            E0=2*rand()-1;%初始逃逸能量,[-1,1]之间的随机数
            EscapingEnergy=2*E0*(1-t/maxIter);%逃逸能量
            if abs(EscapingEnergy)>=1 %搜索阶段
                q=rand();
                %随机选择一个哈里斯鹰个体
                rand_Hawk_index=randi(pop);
                Xrand=X(rand_Hawk_index,:);
                %按照式（2.1）进行位置更新
                if q>=0.5
                    r1=rand;
                    r2=rand;
                    X(i,:)=Xrand-r1*abs(Xrand-2*r2*Xrand);
                else
                    r3=rand;
                    r4=rand;
                    Xm=mean(X);%哈里斯鹰平均位置
                    X(i,:)=(Xrabbit-Xm)-r3*(lb+r4*(ub-lb));
                end
            elseif abs(EscapingEnergy)<1 %开发阶段
                r=rand;%策略切换概率
                %软围攻
                if r>=0.5 && abs(EscapingEnergy)>=0.5
                    J=2*(1-rand()); %跳跃强度，式(2.6)
                    dX=Xrabbit-X(i,:);%野兔位置与当前位置的差值，式（2.5）
                    X(i,:)=dX-EscapingEnergy*abs(J*Xrabbit-X(i,:));%式（2.4）
```

```
            end
            %硬围攻
            if r>=0.5 && abs(EscapingEnergy)<0.5
                dX=Xrabbit-X(i,:);%野兔位置与当前位置的差
                X(i,:)=Xrabbit-EscapingEnergy*abs(dX);%式（2.7）
            end
            %渐进式快速俯冲的软包围式（2.8）～式（2.10）
            if r<0.5 && abs(EscapingEnergy)>=0.5
                J=2*(1-rand()); %跳跃强度
                Y=Xrabbit-EscapingEnergy*abs(J*Xrabbit-X(i,:));
                S=rand(1,dim);%1xdim 的[0,1]随机向量
                Z=Y+S.*Levy(dim);
                Y=BoundaryCheck(Y,ub,lb,dim);
                Z=BoundaryCheck(Z,ub,lb,dim);
                fitY=fobj(Y);
                fitZ=fobj(Z);
                if fitY<fitZ
                    X(i,:)=Y;
                else
                    X(i,:)=Z;
                end
            end
            %渐进式快速俯冲的硬包围式（2.12）～式（2.14）
            if r<0.5 && abs(EscapingEnergy)<0.5
                J=2*(1-rand()); %跳跃强度
                Xm=mean(X);%哈里斯鹰平均位置
                Y=Xrabbit-EscapingEnergy*abs(J*Xrabbit-Xm);
                S=rand(1,dim);%1xdim 的[0,1]随机向量
                Z=Y+S.*Levy(dim);
                Y=BoundaryCheck(Y,ub,lb,dim);
                Z=BoundaryCheck(Z,ub,lb,dim);
                fitY=fobj(Y);
                fitZ=fobj(Z);
                if fitY<fitZ
                    X(i,:)=Y;
                else
                    X(i,:)=Z;
                end
            end
        end
        X(i,:)=BoundaryCheck(X(i,:),ub,lb,dim);%边界检查
        fitness(i)=fobj(X(i,:));%计算适应度
        %更新最优位置和适应度
        if fitness(i)<fitnessBest
            fitnessBest = fitness(i);
            Xrabbit = X(i,:);
```

```
            end
        end
        Best_Pos = Xrabbit;
        Best_fitness = fitnessBest;
        %记录当前迭代的最优解适应度
        IterCurve(t) = Best_fitness;
    end
end
```

综上，哈里斯鹰优化算法的基本代码编写完成，可以通过函数 HHO 进行调用。下面将讲解如何使用上述哈里斯鹰优化算法解决优化问题。

2.3 函数寻优

本节主要介绍如何利用哈里斯鹰优化算法对函数进行寻优。主要包括寻优函数问题描述；适应度函数设计；主函数设计几个部分。

2.3.1 问题描述

求解一组 x_1,x_2，使得下面函数的值最小，即求解函数的最小值。

$$f(x_1,x_2)=|x_1|+|x_2|+|x_1|\times|x_2|$$

式中，x_1 和 x_2 的取值范围分别为[−10,10]，[−10,10]。

待求解函数的搜索空间是怎样的呢？为了直观、形象、生动地展现待求解函数的搜索空间，可以使用 MATLAB 绘图的方式查看，以 x_1 为 X 轴，x_2 为 Y 轴，$f(x_1,x_2)$ 为 Z 轴，绘制该待求解函数的搜索空间，代码如下，效果如图 2.9 所示。

```
%% 绘制 f(x1,x2)的搜索曲面
x1 =-10:0.01:10; %以 0.01 步长，生成[-10,10]的 x1 的值
x2 = -10:0.01:10;%以 0.01 步长，生成[-10,10]的 x2 的值
for i= 1:size(x1,2)
    for j = 1:size(x2,2)
        X1(i,j) = x1(i);
        X2(i,j) = x2(j);
        f(i,j) = abs(x1(i)) + abs(x2(j))+abs(x1(i))*abs(x2(j));%函数 f(x1,x2)的值
    end
end
surfc(X1,X2,f,'LineStyle','none'); %绘制曲面
xlabel('x1');
ylabel('x2');
zlabel('f(x1,x2)')
title('f(x1,x2)函数搜索空间')
```

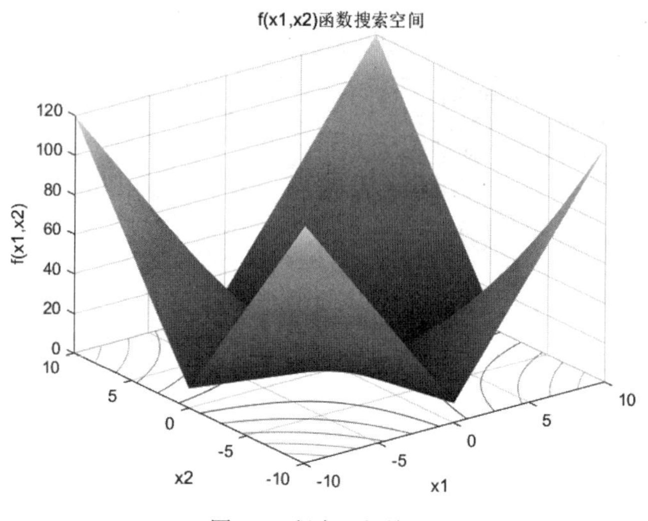

图 2.9　程序运行结果

2.3.2　适应度函数设计

在该问题中，变量范围的约束条件如下：

$$-10 \leqslant x_1 \leqslant 10$$

$$-10 \leqslant x_2 \leqslant 10$$

可以通过设置哈里斯鹰个体的维度和边界条件进行函数设计。即设置哈里斯鹰个体的维度 *dim* 为 2，哈里斯鹰个体上边界 *ub* =[10,10]，哈里斯鹰个体下边界 *lb*=[-10,-10]。

根据问题设定适应度函数 fun.m 如下：

```
%% 适应度函数
function fitness = fun(x)
%x 为输入一个个体，维度为[1,dim]
%fitness 为输出的适应度
    fitness = abs(x(1)) + abs(x(2))+abs(x(1))*abs(x(2));
end
```

2.3.3　主函数设计

设置哈里斯鹰优化算法的参数如下。

哈里斯鹰种群数量 *pop* 为 50，最大迭代次数 *maxIter* 为 100，哈里斯鹰个体的维度 *dim* 为 2，哈里斯鹰个体上边界 *ub*=[10,10]，哈里斯鹰个体下边界 *lb*=[-10,-10]。

使用哈里斯鹰优化算法求解待求解函数极值问题的主函数 main.m 如下：

```
%% 哈里斯鹰优化算法求解 abs(x1) + abs(x2)+abs(x1)*abs(x2)的最小值
```

```
clc;clear all;close all;
%参数设定
pop = 50;%种群数量
dim = 2;%变量维度
ub = [10,10];%个体上边界信息
lb = [-10,-10];%个体下边界信息
maxIter = 100;%最大迭代次数
fobj = @(x) fun(x);%设置适应度函数为 fun(x)
%哈里斯鹰优化算法求解问题
[Best_Pos,Best_fitness,IterCurve] = HHO(pop,dim,ub,lb,fobj,maxIter);
%绘制迭代曲线
figure
plot(IterCurve,'r-','linewidth',1.5);
grid on;%网格开
title('哈里斯鹰优化算法迭代曲线')
xlabel('迭代次数')
ylabel('适应度')

disp(['求解得到的 x1，x2 为',num2str(Best_Pos(1)),'      ',num2str(Best_Pos(2))]);
disp(['最优解对应的函数值为：',num2str(Best_fitness)]);
```

程序运行得到的哈里斯鹰优化算法迭代曲线，如图 2.10 所示。

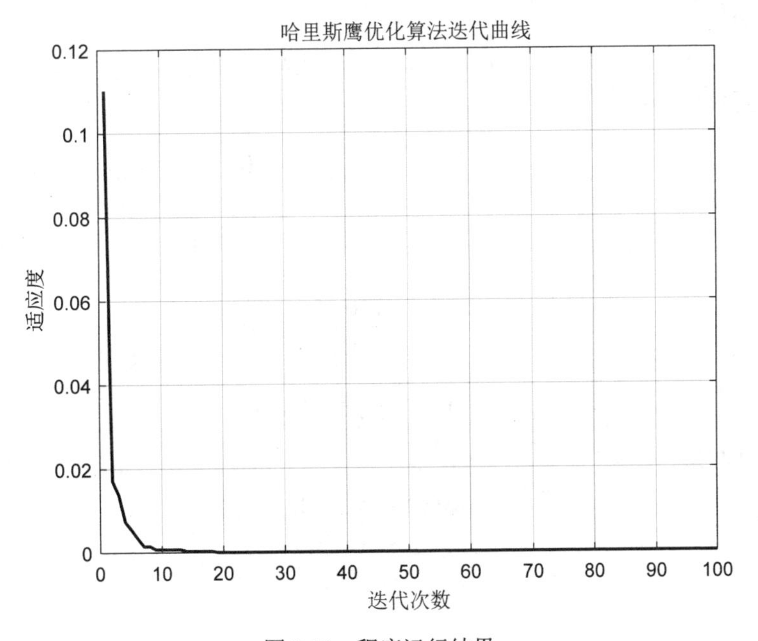

图 2.10　程序运行结果

运行结果如下：

```
求解得到的 x1，x2 为 3.2464e-29      -1.0805e-28
最优解对应的函数值为：1.4051e-28
```

从哈里斯鹰优化算法寻优的结果看，最终求解值为(3.2464e-29, -1.0805e-28)，十分接近理论最优值(0,0)，表明哈里斯鹰优化算法具有较好的寻优能力。

2.4　拉伸/压缩弹簧设计

本节主要介绍如何利用哈里斯鹰优化算法对拉伸/压缩弹簧设计工程问题进行参数寻优。主要包括问题描述；适应度函数设计；主函数设计几个部分。

2.4.1　问题描述

图 2.11　拉伸/压缩弹簧设计问题示意图

如图 2.11 所示，拉伸/压缩弹簧设计问题的目的是在满足最小挠度、震动频率和剪应力的约束下，最小化拉压弹簧的重量。该问题由 3 个连续的决策变量组成，即弹簧线圈直径（d 或 x_1）、弹簧簧圈直径（D 或 x_2）和绕线圈数（P 或 x_3）。数学模型表示公式如下。

最小化：

$$\min f(x)=(x_3+2)x_2x_1^2$$

约束条件为：

$$g_1(x)=1-\frac{x_2^3x_3}{71785x_1^4}\leqslant 0$$

$$g_2(x)=\frac{4x_2^2-x_1x_2}{12566(x_2x_1^3-x_1^4)}+\frac{1}{5108x_1^2}-1\leqslant 0$$

$$g_3(x)=1-\frac{140.45x_1}{x_2^2x_3}\leqslant 0$$

$$g_4(x)=\frac{x_1+x_2}{1.5}-1\leqslant 0$$

变量范围：

$$0.05\leqslant x_1\leqslant 2$$

$$0.25\leqslant x_2<1.3$$

$$2\leqslant x_3\leqslant 15$$

2.4.2　适应度函数设计

在该问题中，变量范围的约束条件如下：

$$0.05 \leqslant x_1 \leqslant 2$$
$$0.25 \leqslant x_2 < 1.3$$
$$2 \leqslant x_3 \leqslant 15$$

可以通过设置哈里斯鹰个体的边界条件进行设置。即设置哈里斯鹰个体的上边界为 *ub*=[2,1.3,15]，哈里斯鹰个体的下边界为 *lb* =[0.05,0.25,2]。针对约束 $g_1(X)$−$g_4(X)$，在适应度函数中进行处理。针对不满足约束条件的情况，采用增加惩罚数的方式对适应度进行求解，当满足约束条件时，不增加惩罚数，反之增加。使得不满足条件个体的适应度比较大，竞争力减弱。定义不满足约束条件的个数为 n，惩罚系数为 P，惩罚数的计算如下：

$$V = n \times P$$

适应度的计算如下：

$$fitness = f(x) + V$$

定义适应度函数 fun 如下：

```
%% 适应度函数
function [fitness,g] = fun(x)
    P=10E4;%惩罚系数
    x1=x(1);
    x2=x(2);
    x3=x(3);
    f=(x3+2)*x2*x1^2;
    %约束条件计算
    g(1)=1-(x2^3*x3)/(71785*x1^4);
    g(2)=(4*x2^2-x1*x2)/(12566*(x2*x1^3-x1^4))+1/(5108*x1^2)-1;
    g(3)=1-(140.45*x1)/(x2^2*x3);
    g(4)=(x1+x2)/1.5-1;

    V = P*sum(g>0);%惩罚数计算
    fitness=f + V;%计算适应度
end
```

2.4.3　主函数设计

通过上述分析设置哈里斯鹰优化算法参数如下。

设置哈里斯鹰种群数量 *pop* 为 30，最大迭代次数 *maxIter* 为 100，个体维度 *dim* 为 3（即 x_1，x_2，x_3），个体上边界 *ub* =[2,1.3,15]，个体下边界 *lb*=[0.05,0.25,2]。

哈里斯鹰优化算法求解拉伸/压缩弹簧设计问题的主函数 main 设计如下：

```
%% 基于哈里斯鹰优化算法的拉伸/压缩弹簧设计
clc;clear all;close all;
%参数设定
pop = 30;%种群数量
```

```
dim = 3;%变量维度
ub = [ 2,1.3,15];%个体上边界信息
lb = [0.05,0.25,2];%个体下边界信息
maxIter = 100;%最大迭代次数
fobj = @(x) fun(x);%设置适应度函数为 fun(x)
%哈里斯鹰优化算法求解问题
[Best_Pos,Best_fitness,IterCurve] = HHO(pop,dim,ub,lb,fobj,maxIter);
%绘制迭代曲线
figure
plot(IterCurve,'r-','linewidth',1.5);
grid on;%网格开
title('哈里斯鹰优化算法迭代曲线')
xlabel('迭代次数')
ylabel('适应度')
disp(['求解得到的 x1 为：',num2str(Best_Pos(1))]);
disp(['求解得到的 x2 为：',num2str(Best_Pos(2))]);
disp(['求解得到的 x3 为：',num2str(Best_Pos(3))]);
disp(['最优解对应的函数值为：',num2str(Best_fitness)]);
%计算不满足约束条件的个数
[fitness,g]=fun(Best_Pos);
n=sum(g>0);%约束的值大于 0 的个数
disp(['违反约束条件的个数',num2str(n)]);
```

程序运行结果如图 2.12 所示。

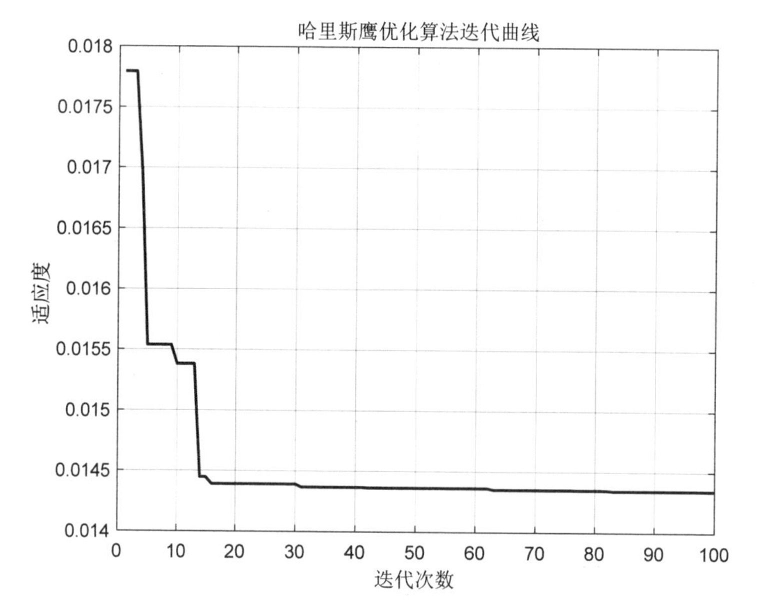

图 2.12　程序运行结果

运行结果如下：

```
求解得到的 x1 为：0.061677
求解得到的 x2 为：0.64799
求解得到的 x3 为：3.8189
最优解对应的函数值为：0.014343
违反约束条件的个数 0
```

从收敛曲线上看，适应度函数值随着迭代次数不断减小，表明哈里斯鹰优化算法不断地对参数进行优化。最后，在约束条件范围内，得到了一组满足约束条件的参数，对拉伸/压缩弹簧的优化设计具有指导意义。

参 考 文 献

[1] Heidari A A, Mirjalili S, et al. Harris hawks optimization: Algorithm and applications[J]. Future Generation Computer Systems, 2019, 97: 849-872.

[2] 占家豪．改进哈里斯鹰优化算法在路径寻优中的应用[D]．杭州电子科技大学，2022．

[3] 朱诚，潘旭华，张勇．基于趋化校正的哈里斯鹰优化算法[J]．计算机应用，2022，42（04）：1186-1193．

[4] 许鹏．哈里斯鹰优化算法的改进及其应用研究[D]．西安理工大学，2021．

[5] 孙海禄，王原，王丽娜，等．基于离散哈里斯鹰优化算法求解具有单连续变量的背包问题[J]．计算机应用研究，2022，39（07）：1992-1999．

[6] 范陈程．增强型哈里斯鹰优化算法及应用研究[D]．广西民族大学，2021．

[7] 郭佳宁，杨婧，刘婷．改进哈里斯鹰算法及其在 FIR 滤波器中的应用[J]．软件工程，2022，25（06）：18-21．

[8] 吴丁杰，温立书．一种基于哈里斯鹰算法改进的 BP 神经网络[J]．网络安全技术与应用，2022（01）：38-40．

[9] 赵凯．樽海鞘与哈里斯鹰优化算法的改进及应用[D]．郑州轻工业大学，2021．

[10] 郭雨鑫，刘升，高文欣，等．多策略改进哈里斯鹰优化算法[J]．微电子学与计算机，2021，38（07）：18-24．

第 3 章　狮群优化算法

本章首先概述狮群优化算法的基本原理；然后，使用 MATLAB 实现狮群优化算法的基本代码；最后，将狮群优化算法应用于函数寻优问题和压力容器设计问题。

3.1　基 本 原 理

狮群优化（lion swarm optimization，LSO）算法是由刘生建等于 2018 年提出的一种新型智能优化算法，其灵感源于自然界狮群中不同身份狮子的行为活动，特别是相互合作的捕猎过程。将狮群划分为狮王、母狮和幼狮 3 类群体，不同群体的生存行为也决定着 LSO 算法中不同的位置更新方式。

（1）狮王，是狮群中最强壮的公狮，需要保护幼狮和自己的领地，并给幼狮分配食物，狮王是在狮群的残酷竞争中按照优胜劣汰法则产生的首领，同时还需要面对其他公狮、狼群等外来挑战以维护自己的领地。狮王占据全局最优值点，所以需要不断更新自身以变得更加强壮。

（2）母狮，也被称作捕猎狮，主要负责养育幼狮，它们根据猎物踪迹互相配合进行围捕。母狮在追踪食物时先大范围勘探，当靠近食物时，会在食物附近收缩包围圈猎杀食物。所以，母狮先相互协作大步寻找，锁定目标后小步收缩包围圈，若发现比当前全局最优值更优的位置，狮王将占领此最优位置。

（3）幼狮，也被称作跟随狮，主要在狮王的保护下生存。幼狮主要围绕狮王和自己的母狮进行活动，幼狮的活动分为 3 种情况：饥饿时主动靠近狮王进食，所以会在狮王附近寻优；吃饱后跟随母狮学习捕猎，在母狮附近寻优；成年足够强壮时会挑战狮王的位置，取代狮王或是被狮王赶出领地成为流浪狮，即到方向学习点附近寻优，历经锻炼后流浪狮中的公狮又会挑战原有狮王的地位。狮子位置更新方式的多样化保证了算法快速收敛，不易陷入局部最优。

狮群优化算法的主要思想如下：从待寻优空间中的某一初始位置开始，其中具有最佳适应度的就是狮王，选取一定比例的捕猎狮，捕猎狮相互配合捕猎，一旦发现比当前狮王占有的猎物更优质的猎物，该猎物的位置会被狮王拥有。幼狮跟随母狮学习打猎或在狮王附近进食，成年后会被驱赶出狮群，为了生存，被驱赶的狮子会努力朝记忆中的最佳位置靠近。狮群按照分工合作，不断重复搜寻，得出目标函数最优值。

假设优化问题的解空间是 D 维，狮子数量为 N，算法的最大循环次数为 T。在整个狮群中，成年狮所占比例影响最终寻优效果，成年狮所占比例越大，幼狮数目越少，而幼狮位置更新的多样化能够增加种群的差异性，提高算法的探测能力。设定成年狮数量为 $nLeader$，其表示如下：

$$nLeader = N\beta, 2 \leqslant nLeader \leqslant N/2 \tag{3.1}$$

式中，β 为成年狮所占比例因子，是(0,1)内的一个随机数，其设定值在一定程度上决定了最终的搜索效果。为使算法收敛速度较快，β 取值一般小于 0.5。

每头狮子可以用一个 D 维向量表示，第 i 个狮子的位置如下：

$$x_i = (x_{i1}, x_{i2}, \cdots, x_{iD}), 1 \leqslant i \leqslant N \tag{3.2}$$

狮群中只有一头公狮，其余为母狮，幼狮数量为 $N - nLeader$。捕猎过程中不同类型狮子的位置移动方式按所属群体划分，所以狮王、母狮、幼狮的更新方式不同。

3.1.1　狮王更新方式

狮王是整个种群中具有最优目标函数值的个体狮子。由于狮王占据了当前种群的最优位置，所以不需要进行大范围搜索，它基于当前的最优位置，在自身邻域进行局部小范围寻优，以探寻自身附近是否存在更优解。狮王位置的更新公式如下：

$$x_i^{k+1} = g^k \left(1 + \gamma \left\| p_i^k - g^k \right\|\right) \tag{3.3}$$

式中，x_i^{k+1} 为狮王自身更新获得的第 k+1 代全局最优个体；g^k 为第 k 代种群获得的全局最优个体；γ 是依据正态分布产生的一个随机数，$\gamma \sim N(0,1)$；p_i^k 为第 i 个狮子经历第 k 次迭代循环之后的历史最优位置。

3.1.2　母狮更新方式

母狮群体主要通过合作进行捕猎和教导幼狮，所以母狮的更新方式多是自己母狮群内的信息交流，母狮会随机挑选任意一个其他母狮合作捕猎。母狮的位置更新公式如下：

$$x_i^{k+1} = \frac{p_i^k + p_c^k}{2}(1 + \alpha_{\mathrm{f}}\gamma) \tag{3.4}$$

式中，p_c^k 是除了第 i 个狮子之外的另一个母狮的历史最优位置。

由于大部分函数在优化过程中都遵循大步长勘探，小步长开发的寻优规律，这样既可以快速收敛，又可以提高算法的寻优精度。所以 LSO 算法在母狮移动更新机制中添加了一个扰动因子 α_{f}，其目的是动态更新搜索范围促进收敛，扰动因子可以随更新迭代次数 t 的增加，使母狮的移动步长由长变短，后期逐渐趋近于零。其作用是使母狮可以先大范围搜索目标，然后小步长靠近猎物并快速捕获。扰动因子的形式如下：

$$a_{\mathrm{f}} = step \times \exp(-30t/T)^{10} \tag{3.5}$$

式中，

$$step = 0.1(\overline{high} - \overline{low}) \tag{3.6}$$

$step$ 为狮子在活动范围内移动的最大步长，$\overline{high}$ 和 $\overline{low}$ 分别表示狮子活动范围空间各维度的最大值均值和最小值均值；t 为当前迭代次数；T 为群体最大迭代次数。

3.1.3 幼狮更新方式

幼狮一共有3种更新方式：和狮王共同进食、与母狮学习捕猎、精英反向学习。当幼狮饥饿时可以向狮王移动，到狮王处进食，所以幼狮在全局最优位置附近探索；其次，幼狮需要跟随母狮进行捕猎技能的学习，获得母狮的位置信息并在母狮附近移动，从而学习捕猎；最后，幼狮具有精英反向学习思想，即如果幼狮不够强会被驱逐，驱逐位置为可行域内远离狮王的地方，这是为了增加种群的个体移动随机性以及位移方向多样性，防止狮群陷入局部最优位置无法脱离。上述幼狮的3种位置更新方式如下：

$$x_i^k = \begin{cases} \dfrac{p_i^k + g^k}{2}(1+\alpha_c\gamma), q < 1/3 \\ \dfrac{p_m^k + p_i^k}{2}(1+\alpha_c\gamma), 1/3 \geqslant q < 2/3 \\ \dfrac{\overline{g}^k + p_i^k}{2}(1+\alpha_c\gamma), 2/3 \geqslant q < 1 \end{cases} \tag{3.7}$$

式中，p_m^k 为第 k 代幼狮 m 跟随母狮的历史最优位置；概率因子 q 为依照均匀分布 $U \sim [0,1]$ 产生的均匀随机值；$\overline{g}^k$ 为第 i 个幼狮在捕猎范围内被驱赶的位置，即远离狮王的地方，算法思想是一种典型的精英反向学习思想，表示如下：

$$\overline{g}^k = \overline{low} + \overline{high} - g^k \tag{3.8}$$

幼狮靠近狮王进食或幼狮跟随母狮学习捕猎过程中均会在指定范围内搜索，而扰动因子起到拉长或压缩范围的作用，让幼狮在此范围内先大步勘探食物，发现食物后再小步精细查找，查找范围呈线性下降趋势。所以，幼狮的更新过程中添加了线性动态随时间递减的扰动因子 α_c，表示为：

$$\alpha_c = step \times ((T-t)/T) \tag{3.9}$$

3.1.4　狮群优化算法流程

狮群优化算法的流程图如图 3.1 所示，具体步骤如下。

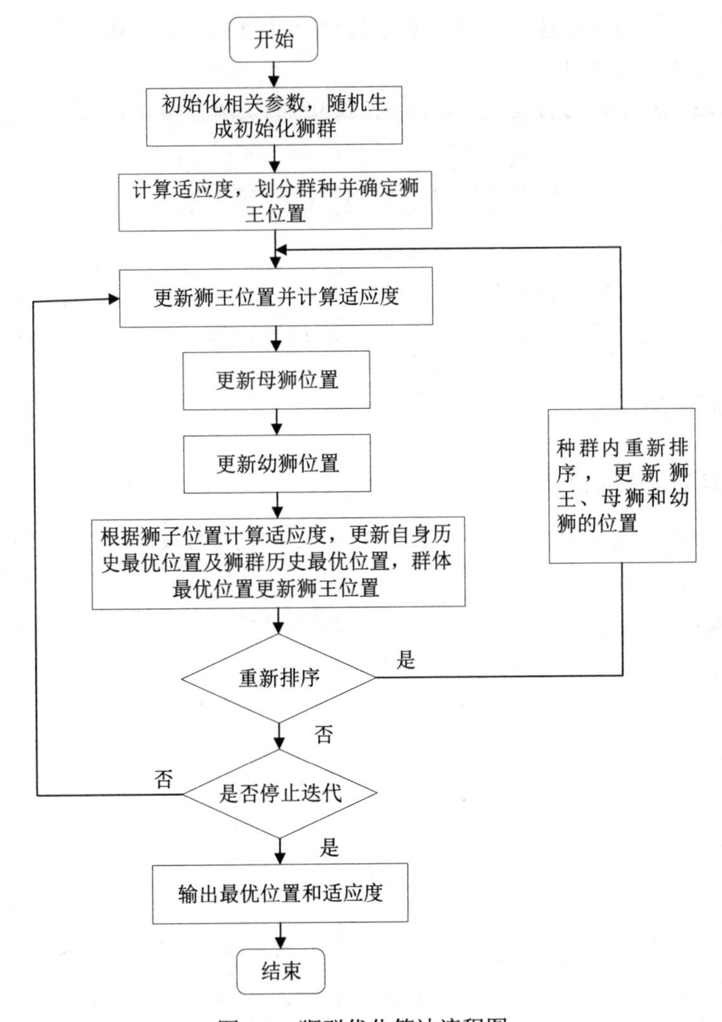

图 3.1　狮群优化算法流程图

步骤 1：初始化狮群中狮子的位置 x_i 及其数目 N，最大迭代次数为 T，维度空间为 D，成年狮占狮群比例因子为 β。

步骤 2：根据式（3.1）计算狮群中成年狮的数量，其余为幼狮。将个体历史最优位置设置为各狮的当前位置，初始群体最优位置设置为狮王位置。

步骤 3：根据式（3.3）更新狮王的位置，并计算适应度。

步骤 4：根据式（3.4）更新母狮的位置。

步骤 5：产生(0,1)内的均匀随机数 q，根据式（3.7）更新幼狮的位置。

步骤 6：根据狮子位置计算适应度，更新自身历史最优位置及狮群历史最优位置，判断算法是否满足结束条件（发现理论值最优值或与最后两次最优值之差的绝对值小于设定精度），满足则转向步骤 8，否则转向步骤 3。

步骤 7：每隔一定迭代次数，重新排序（约 10 次），确定狮王、母狮及幼狮的位置，转向步骤 3。

步骤 8：输出狮王的位置，即所求问题的最优解，算法结束。

3.2 MATLAB 实现

本节主要介绍狮群优化算法的 MATLAB 代码具体实现，主要包括种群初始化；适应度函数；边界检查和约束函数；狮群优化算法代码几个部分。

3.2.1 种群初始化

1. MATLAB 随机数生成函数

随机数的生成采用 MATLAB 自带的随机数生成函数 rand()，rand()生成[0,1]之间的随机数。

```
>> rand()
```

运行结果如下：

```
ans =

    0.8540
```

如果要一次性生成多个随机数，可以使用 rand(row, col)，其中 row，col 分别代表行和列，如 rand(3,4)表示生成 3 行 4 列的范围在[0,1]之间的随机数。

```
>> rand(3,4)
```

运行结果如下：

```
ans =

    0.5147    0.9334    0.4785    0.8649
    0.7058    0.4324    0.5449    0.3576
    0.1670    0.2975    0.9585    0.9706
```

如果要生成指定范围内的随机数，其表达式如下：

$$r = lb + (ub - lb) \times \mathrm{rand}()$$

其中，ub 代表范围的上边界，lb 代表范围的下边界。如在[0,3]范围内生成 5 个随机数：

```
ub = 3; %上边界
lb = 0; %下边界
r = (ub - lb).*rand(1,5) + lb
```

运行结果如下：

```
r =

    2.5472    1.3766    3.8785    2.9672    0.2071
```

2. 狮群优化算法种群初始化函数编写

将狮群优化算法种群初始化函数单独定义为一个函数，命名为 initialization。利用随机数生成方式生成初始种群。

```
%% 初始化函数
function X = initialization(pop,ub,lb,dim)
    %pop 为种群数量
    %dim 为每个个体的维度
    %ub 为每个维度的变量上边界，维度为[1,dim]
    %lb 为每个维度的变量下边界，维度为[1,dim]
    %X 为输出的种群，维度为[pop,dim]
    X = zeros(pop,dim); %为 X 事先分配的空间
    for i = 1:pop
        for j = 1:dim
            X(i,j) = (ub(j) - lb(j))*rand() + lb(j);    %生成[lb,ub]之间的随机数
        end
    end
end
```

例如，设定种群数量为 5，每个个体维度为 3，每个维度的边界为[-3,3]，利用初始化函数初始种群。

```
pop = 5; %种群数量
dim = 3; %每个个体维度
ub = [3,3,3]; %上边界
lb = [-3,-3,-3]; %下边界
position = initialization(pop,ub,lb,dim)
```

运行结果如下：

```
position =

    2.6040    1.0724    1.5464
    1.4588   -0.6466    0.9329
   -1.9729    1.2363   -2.8090
   -1.3385   -2.7230   -2.4172
    1.9407    1.1690   -1.0974
```

从运行结果可以看出，通过初始化函数得到的种群均在设定的上下边界范围内。

为了更加直观地表现随机初始化函数的效果，设定种群数量为 20，每个个体维度为 2，维度边界分别设置为[0,1]、[-2,-1]、[2,3]，绘制 3 种范围的随机数生成结果，如图 3.2 所示。

```
pop = 20; %种群数量
dim = 2; %每个个体维度
ub = [1,1]; %上边界
lb = [0,0]; %下边界
position0 = initialization(pop, ub, lb, dim);
ub = [-1,-1]; %上边界
lb = [-2,-2]; %下边界
position1 = initialization(pop, ub, lb, dim);
ub = [3,3]; %上边界
lb = [2,2]; %下边界
position2 = initialization(pop, ub, lb, dim);
figure
plot(position0(:,1),position0(:,2),'bo');
hold on
plot(position1(:,1),position1(:,2),'b.');
plot(position2(:,1),position2(:,2),'bo');
grid on
title('不同随机数范围生成结果')
xlabel('X')
ylabel('Y')
legend('[0,1]','[-2,-1]','[2,3]')
```

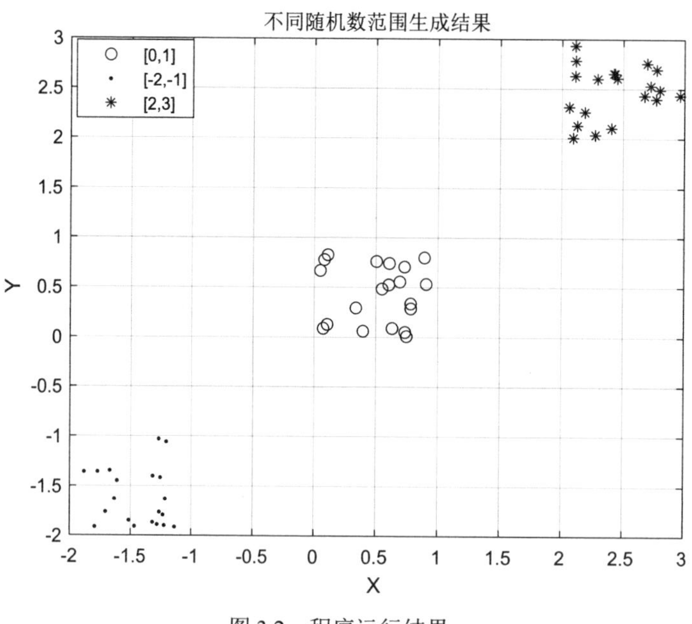

图 3.2　程序运行结果

从图 3.2 可以看出，生成的种群均在相应的边界范围内产生。

3.2.2　适应度函数

在学术研究与工程实践中，优化问题是多种多样的，需要根据问题优化目标的不同设计相应的适应度函数（也称目标函数）。为了便于后续优化算法调用适应度函数，通常将适应度函数单独写成一个函数，命名为 fun()。如定义一个适应度函数 fun()，并存放在 fun.m 中，适应度函数 fun()定义如下：

```
%% 适应度函数
function fitness = fun(x)
%x 为输入一个个体，维度为 dim
%fitness 为输出的适应度
    fitness =sum(x.^2);
end
```

可以看到，适应函数 fun()是 x 所有维度的平方和，如 x=[2,3]，那么经过适应度函数计算得到的值为 13。

```
x=[2,3];
fitness = fun(x)
```

运行结果如下：

```
fitness =

    13
```

3.2.3　边界检查和约束函数

边界检查的目的是防止变量超过预先指定的范围，具体逻辑是当变量大于上边界（ub）时，将变量设为上边界；当变量小于下边界（lb）时，将变量设为下边界；当变量小于等于上边界（ub），且大于等于下边界（lb）时，变量保持不变。形式化描述如下：

$$val=\begin{cases}ub, 若\ val>ub\\ lb, 若\ val<lb\\ val, 若\ lb\leqslant val\leqslant ub\end{cases}$$

定义边界检查函数为 BoundaryCheck。

```
%% 边界检查函数
function [X] = BoundaryCheck(x,ub,lb,dim)
    %x 为输入数据，维度为[1,dim]
    %ub 为数据上边界，维度为[1,dim]
```

```
    %lb 为数据下边界，维度为[1,dim]
    %dim 为数据的维度大小
    for i = 1:dim
        if x(i)>ub(i)
            x(i) = ub(i);
        end
        if x(i)<lb(i)
            x(i) = lb(i);
        end
    end
    X = x;
end
```

如 x=[0.5,2,-2,1]，定义的上边界为[1,1,1,1]，下边界为[-1,-1,-1,-1]，经过边界检查和约束后，x 应该为[0.5,1,-1,1]。

```
x = [0.5,1,-1,1];
ub = [1,1,1,1];
lb = [-1,-1,-1,-1];
x = BoundaryCheck(x)
```

运行结果如下：

```
x =

    0.5000    1.0000   -1.0000    1.0000
```

3.2.4 狮群优化算法代码

由 3.1 节狮群优化算法的基本原理编写狮群优化算法的基本代码，定义狮群优化算法的函数名称为 LSO。

```
%%-------------狮群优化算法函数---------------------%%
%% 输入
%   pop 为种群数量
%   dim 为单个个体的维度
%   ub 为个体上边界信息，维度为[1,dim]
%   lb 为个体下边界信息，维度为[1,dim]
%   fobj 为适应度函数接口
%   maxIter 为算法的最大迭代次数，用于控制算法的停止
%% 输出
%   Best_Pos 为狮群优化算法找到的最优位置
%   Best_fitness 为最优位置对应的适应度值
%   IterCure 为用于记录每次迭代的最佳适应度，即后续用来绘制迭代曲线
function [Best_Pos,Best_fitness,IterCurve] = LSO(pop,dim,ub,lb,fobj,maxIter)
    beta=0.5;%成年狮所占比例
    nLeader=round(pop*beta);%成年狮数量
```

```
Np=pop-nLeader;%幼狮数量
%% 狮群种群初始化
X = initialization(pop,ub,lb,dim);
%% 计算适应度
fitness = zeros(1,pop);
for i = 1:pop
    fitness(i) = fobj(X(i,:));
end
%获取种群最优个体及适应度，最优个体位置及狮王的位置
[fitnessBest,indexMin] = min(fitness);
Best_Pos = X(indexMin,:);
Best_fitness = fitnessBest;
p=X;%用于记录历史最优位置
pfitness = fitness;%用于记录历史最优位置的适应度
%% 迭代
for t=1:maxIter
     [~,SortIndex]=sort(fitness);%获取排序索引
     [~,indexMin] = min(fitness);%获取狮王索引
     Xking=X(indexMin);%狮王
     %% 狮王更新
     r=randn(1,dim);
     Xking = Xking.*(1+r.*abs(p(indexMin,:)-Xking));
     Xking=BoundaryCheck(Xking,ub,lb,dim);%边界检查
     fKing=fobj(Xking);
     X(indexMin,:)=Xking;
     fitness(indexMin)=fKing;

     %母狮移动范围扰动因子计算
     step = 0.1*(mean(ub) - mean(lb));
     alphaf = step*exp(-30*t/maxIter)^10;
     %母狮位置更新
     for i=2:nLeader
          c=i;
          while(c==i)
               c=randi(nLeader);%随机挑选一只不重复的母狮的索引
          end
          r=randn(1,dim);
          X(SortIndex(i),:)=(p(SortIndex(i),:)+p(SortIndex(c),:)).*(1+alphaf*r)./2;
          X(SortIndex(i),:)=BoundaryCheck(X(SortIndex(i),:),ub,lb,dim);%边界检查
          fitness(SortIndex(i))=fobj(X(SortIndex(i),:));%计算适应度
     end
     %幼狮移动范围扰动因子计算
     alphaC = step*(maxIter - t)/maxIter;
     for i=nLeader+1:pop
          q=rand();
          if q<1/3
```

```
                    r=randn(1,dim);
                    X(SortIndex(i),:)=(Best_Pos+p(SortIndex(i),:)).*(1+alphaC*r)./2;
                elseif q>=1/3&&q<2/3
                    m=i;
                    while m==i
                        m=randi(nLeader)+Np;%随机挑选一只不重复的幼狮的索引
                    end
                    X(SortIndex(i),:)=(p(SortIndex(m),:)+p(SortIndex(i),:)).*(1+alphaC*r)./2;
                elseif q>=2/3&&q<1
                    gT=ub+lb-Best_Pos;%精英反向
                    X(SortIndex(i),:)=(gT+p(SortIndex(i),:)).*(1+alphaC*r)./2;
                end
                X(SortIndex(i),:)=BoundaryCheck(X(SortIndex(i),:),ub,lb,dim);%边界检查
                fitness(SortIndex(i))=fobj(X(SortIndex(i),:));%计算适应度
            end
            %更新历史最优值
            for i = 1:pop
                if fitness(i)<pfitness(i)
                    pfitness(i)=fitness(i);
                    p(i,:)=X(i,:);
                end
            end
            [fitnessBest,indexMin] = min(fitness);
            if fitnessBest<Best_fitness
                Best_fitness = fitnessBest;
                Best_Pos = X(indexMin,:);
            end
            %记录当前迭代的最优解适应度
            IterCurve(t) = Best_fitness;
    end
end
```

综上，狮群优化算法的基本代码编写完成，可以通过函数 LSO 进行调用。下面将讲解如何使用上述狮群优化算法来解决优化问题。

3.3　函数寻优

本节主要介绍如何利用狮群优化算法对函数进行寻优。主要包括寻优函数问题描述；适应度函数设计；主函数设计几个部分。

3.3.1　问题描述

求解一组 x_1, x_2，使得下面函数的值最小，即求解函数的极小值。

$$f(x_1,x_2)=x_1^2+(x_1+x_2)^2$$

其中，x_1和x_2的取值范围分别为[−10,10]，[−10,10]。

待求解函数的搜索空间是怎样的呢？为了直观、形象、生动地展现待求解函数的搜索空间，可以使用 MATLAB 绘图的方式进行查看，以x_1为X轴，x_2为Y轴，$f(x_1,x_2)$为Z轴，绘制该待求解函数的搜索空间，代码如下，效果如图 3.3 所示。

```
%% 绘制 f(x1,x2)的搜索曲面
x1 =-10:0.01:10; %以 0.01 步长，生成[-10,10]的 x1 的值
x2 = -10:0.01:10;%以 0.01 步长，生成[-10,10]的 x2 的值
for i= 1:size(x1,2)
    for j = 1:size(x2,2)
        X1(i,j) = x1(i);
        X2(i,j) = x2(j);
        f(i,j) = X1(i,j)^2+(X1(i,j)+X2(i,j))^2;%函数 f(x1,x2)的值
    end
end
surfc(X1,X2,f,'LineStyle','none'); %绘制曲面
xlabel('x1');
ylabel('x2');
zlabel('f(x1,x2)')
title('f(x1,x2)函数搜索空间')
```

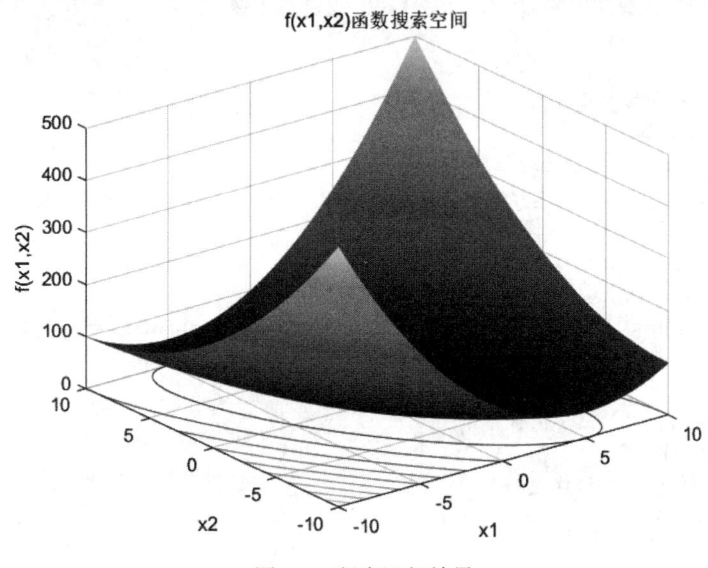

图 3.3　程序运行结果

3.3.2　适应度函数设计

在该问题中，变量范围的约束条件如下：

$$-10 \leqslant x_1 \leqslant 10$$
$$-10 \leqslant x_2 \leqslant 10$$

可以通过设置狮群个体的维度和边界条件进行设置。即设置狮群个体的维度 *dim* 为 2，狮群个体上边界 *ub*=[10,10]，狮群个体下边界 *lb*=[-10,-10]。

根据问题设定适应度函数 fun.m 如下：

```
%% 适应度函数
function fitness = fun(x)
%x 为输入一个个体，维度为[1,dim]
%fitness 为输出的适应度
    fitness = x(1)^2+(x(1)+x(2))^2;
end
```

3.3.3　主函数设计

设置狮群优化算法的参数如下。

狮群种群数量 *pop* 为 50，最大迭代次数 *maxIter* 为 100，狮群个体的维度 *dim* 为 2，狮群个体上边界 *ub* =[10,10]，狮群个体下边界 *lb*=[-10,-10]。使用狮群优化算法求解待求解函数极值问题的主函数 main.m 如下：

```
%% 狮群优化算法求解 x(1)^2+(x(1)+x(2))^2 的最小值
clc;clear all;close all;
%参数设定
pop = 50;%种群数量
dim = 2;%变量维度
ub = [10,10];%个体上边界信息
lb = [-10,-10];%个体下边界信息
maxIter = 100;%最大迭代次数
fobj = @(x) fun(x);%设置适应度函数为 fun(x)
%狮群优化算法求解问题
[Best_Pos,Best_fitness,IterCurve] = LSO(pop,dim,ub,lb,fobj,maxIter);
%绘制迭代曲线
figure
plot(IterCurve,'r-','linewidth',1.5);
grid on;%网格开
title('狮群优化算法迭代曲线')
xlabel('迭代次数')
ylabel('适应度')

disp(['求解得到的 x1，x2 为',num2str(Best_Pos(1)),'    ',num2str(Best_Pos(2))]);
disp(['最优解对应的函数值为：',num2str(Best_fitness)]);
```

程序运行得到的狮群优化算法迭代曲线，如图 3.4 所示。

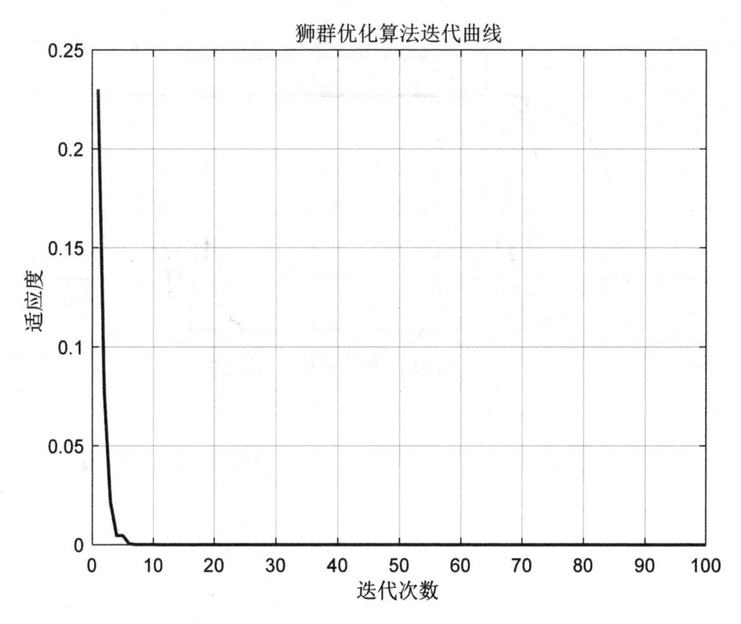

图 3.4　程序运行结果

运行结果如下：

```
求解得到的 x1，x2 为-5.9549e-18    -5.9549e-18
最优解对应的函数值为 1.7731e-34
```

从狮群优化算法寻优的结果来看，最终求解值为(-5.9549e-18, -5.9549e-18)，十分接近理论最优值(0,0)，表明狮群优化算法具有较好的寻优能力。

3.4　压力容器设计

本节主要介绍如何利用狮群优化算法对压力容器设计工程问题进行参数寻优。主要包括问题描述；适应度函数设计；主函数设计几个部分。

3.4.1　问题描述

压力容器设计问题的目标是使压力容器制作（配对、成型和焊接）成本最低，压力容器示意图如图 3.5 所示，压力容器的两端都由封盖封住，头部一端的封盖为半球状。L 是不考虑头部的圆柱体部分的截面长度，R 是圆柱体的内壁半径，T_s 和 T_h 分别表示圆柱体的壁厚和头部的壁厚，L、R、T_s 和 T_h 即为压力容器设计问题的 4 个优化变量，分别用 x_1，x_2，x_3，x_4 代表。该问题的数学模型表示公式如下。

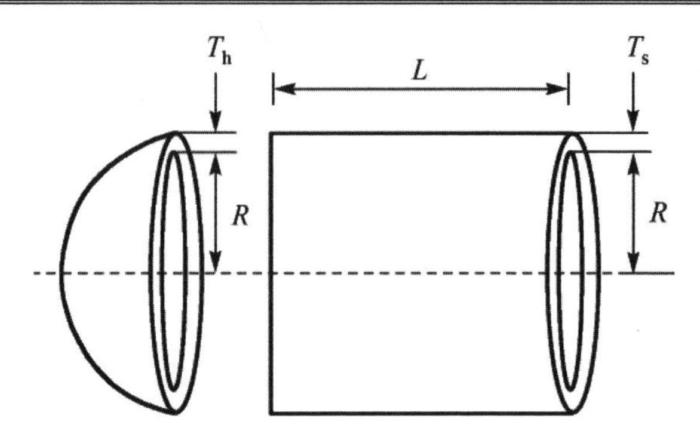

图 3.5　压力容器设计问题示意图

最小化：

$$\min f(x) = 0.6224x_1x_3x_4 + 1.7781x_2x_3^2 + 3.1661x_1^2x_4 + 19.84x_1^2x_3$$

约束条件为：

$$g_1(x) = -x_1 + 0.0193x_3 \leqslant 0$$
$$g_2(x) = -x_2 + 0.00954x_3 \leqslant 0$$
$$g_3(x) = -\pi x_3^2 - 4\pi x_3^3 / 3 + 129600 \leqslant 0$$
$$g_4(x) = x_4 - 240 \leqslant 0$$

变量范围：

$$0 \leqslant x_1 \leqslant 100$$
$$0 \leqslant x_2 \leqslant 100$$
$$10 \leqslant x_3 \leqslant 100$$
$$10 \leqslant x_4 \leqslant 100$$

3.4.2　适应度函数设计

在该问题中，变量范围的约束条件如下：

$$0 \leqslant x_1 \leqslant 100$$
$$0 \leqslant x_2 \leqslant 100$$
$$10 \leqslant x_3 \leqslant 100$$
$$10 \leqslant x_4 \leqslant 100$$

可以通过设置狮群个体的边界条件进行设计，即设置狮群个体的上边界为 *ub*=[100,100,100,100]，狮群个体的下边界为 *lb*=[0,0,10,10]。针对约束 $g_1(X)$ − $g_4(X)$，在适应度函数中进行处理。针对不满足约束条件的情况，采用增加惩罚数的方式对适应度进行求解，当满足约束条件时，不增加惩罚数，反之增加，使得不满足条件个体的适应度比较大，竞争力减弱。定义不满足约束条件的个数为 n，惩罚系数为 P，惩罚数的计算如下：

$$V = nP$$

适应度的计算如下：

$$fitness = f(x) + V$$

定义适应度函数 fun 如下：

```
%% 适应度函数
function [fitness,g] = fun(x)
    P=10E4;%惩罚系数
    x1=x(1);
    x2=x(2);
    x3=x(3);
    x4=x(4);
    f=0.6224*x1*x3*x4 + 1.7781*x2*x3^2 + 3.1661*x1^2*x4 + 19.84*x1^2*x3;
    %约束条件计算
    g(1)=-x1+0.0193*x3;
    g(2)=-x2+0.00954*x3;
    g(3)=-pi*x3^2-4*pi*x3^3/3+1296000;
    g(4)=x4-240;

    V = P*sum(g>0);%惩罚数计算
    fitness=f + V;%计算适应度
end
```

3.4.3　主函数设计

通过上述分析，可以设置狮群优化算法参数如下。

设置狮群种群数量 *pop* 为 30，最大迭代次数 *maxIter* 为 100，个体的维度 *dim* 设定为 4（即 x_1，x_2，x_3，x_4），个体上边界 *ub* =[100,100,100,100]，个体下边界 *lb*=[0,0,10,10]。狮群优化算法求解压力容器设计问题的主函数 main 设计如下：

```
%% 基于狮群优化算法的压力容器设计
clc;clear all;close all;
%参数设定
pop = 30;%种群数量
dim = 4;%变量维度
ub = [ 100,100,100,100];%个体上边界信息
lb = [0,0,10,10];%个体下边界信息
maxIter = 100;%最大迭代次数
fobj = @(x) fun(x);%设置适应度函数为 fun(x)
%狮群优化算法求解问题
[Best_Pos,Best_fitness,IterCurve] = LSO(pop,dim,ub,lb,fobj,maxIter);
%绘制迭代曲线
figure
plot(IterCurve,'r-','linewidth',1.5);
```

```
grid on;%网格开
title('狮群优化算法迭代曲线')
xlabel('迭代次数')
ylabel('适应度')
disp(['求解得到的 x1 为：',num2str(Best_Pos(1))]);
disp(['求解得到的 x2 为：',num2str(Best_Pos(2))]);
disp(['求解得到的 x3 为：',num2str(Best_Pos(3))]);
disp(['求解得到的 x4 为：',num2str(Best_Pos(4))]);
disp(['最优解对应的函数值为：',num2str(Best_fitness)]);
%计算不满足约束条件的个数
[fitness,g]=fun(Best_Pos);
n=sum(g>0);%约束的值大于 0 的个数
disp(['违反约束条件的个数',num2str(n)]);
```

程序运行结果如图 3.6 所示。

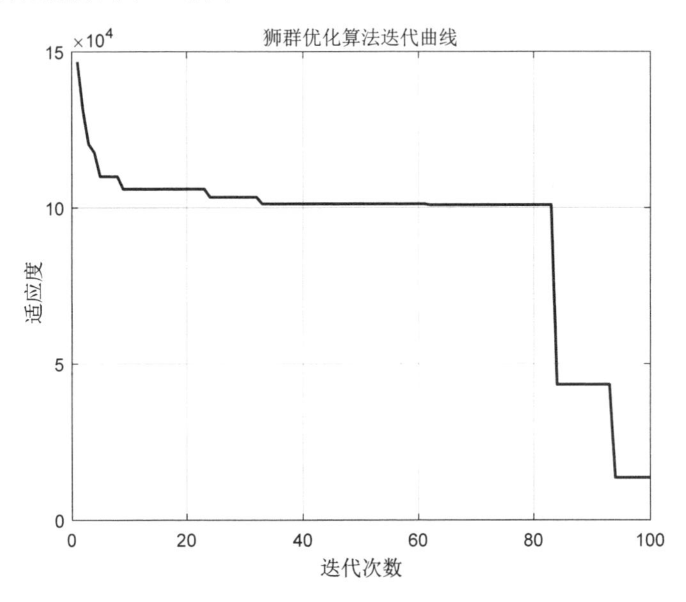

图 3.6　程序运行结果

运行结果如下：

```
求解得到的 x1 为：1.5892
求解得到的 x2 为：1.0782
求解得到的 x3 为：69.3953
求解得到的 x4 为：11.455
最优解对应的函数值为：13587.38
违反约束条件的个数 0
```

从收敛曲线上看，适应度函数随着迭代次数不断减小，表明狮群优化算法不断地对参数进行优化。最后，在约束条件范围内，得到了一组满足约束条件的参数，对压力容器的优化设计具有指导意义。

参考文献

[1] 刘生建，杨艳，周永权. 一种群体智能算法——狮群算法[J]. 模式识别与人工智能，2018，31（05）：431-441.

[2] 董盛伟. 多目标狮群优化算法的研究与应用[D]. 山东大学，2021.

[3] 刘新建，孙中华. 狮群优化核极限学习机的分类算法[J]. 电子技术应用，2022，48（02）：69-72.

[4] 戴子翔. 狮群优化算法及改进算法的研究与应用实现[D]. 山东大学，2020.

[5] 李文阳. 狮群算法的机制改进和应用研究[D]. 山东大学，2020.

[6] 李彦苍，巩翔宇. 基于信息熵的改进狮群算法及其在组合优化中的应用[J]. 电子学报，2021，49（08）：1577-1585.

[7] 韩鸿雁，李田泽，苑文续，等. 多峰值光伏 MPPT 改进狮群算法的研究[J]. 现代电子技术，2021，44（23）：171-174.

[8] 黄澄，袁东风，张海霞. 基于狮群算法的数字孪生车间调度问题优化[J]. 山东大学学报（工学版），2021，51（04）：17-23+34.

[9] 王艳红，张革文. 基于改进狮群算法的云计算资源调度策略[J]. 计算机应用与软件，2021，38（11）：269-275.

[10] 吴程昊，莫路锋. 基于改进狮群算法的支持向量机参数优化方法[J]. 现代电子技术，2022，45（14）：79-83.

第 4 章　樽海鞘群算法

本章首先概述樽海鞘群算法的基本原理；然后，使用 MATLAB 实现樽海鞘群算法的基本代码；最后，将樽海鞘群算法应用于函数寻优问题和三杆桁架设计问题。

4.1　基 本 原 理

樽海鞘群算法（salp swarm algorithm，SSA）是由 Seyedali Mirjalili 等于 2017 年提出的一种新型启发式智能优化算法，其灵感源于樽海鞘群体的聚集与航行觅食行为。

樽海鞘是一种与水母的外部形状和浮游方式类似的群体性水生动物，其形状如图 4.1 所示。在深海中，樽海鞘以一种链式的群行为进行移动和觅食。樽海鞘的链式群行为通常是个体首尾相接形成条“链”，依次跟随进行移动，其链状图如图 4.2 所示。在樽海鞘链中，分为领导者和追随者，领导者朝着食物移动并且指导着紧随其后的追随者移动，追随者的移动按照严格的“等级”制度，只受前一个樽海鞘影响，这样的运动模式使樽海鞘链有很强的全局探索和局部开发能力，SSA 寻优过程就是模仿海底生物樽海鞘呈链状运动的觅食行为。

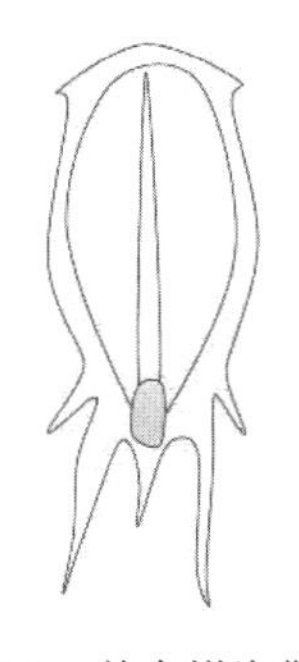

图 4.1　单个樽海鞘

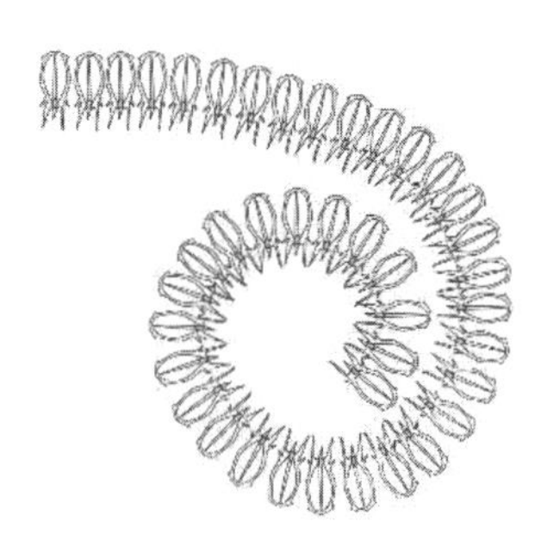

图 4.2　樽海鞘链

4.1.1　樽海鞘群算法的数学模型

樽海鞘大多是由多个樽海鞘聚集后形成长链，组成的樽海鞘链帮助其完成快速浮游和觅食。根据樽海鞘的这一特性，SA 算法运用此链状结构建立数学模型。该数学模型由领导者和追随者两种类型组成，领头的樽海鞘个体是领导者，处于樽海鞘链的最前面，而其余的樽海鞘个体则被称作跟随者。正如两组个体的名称一样，领导者的作用是对搜索方向进行决策，跟随者相互追随（直接或间接跟随领导者），使整个樽海鞘链向食物源的方向移动。

在 D 维的搜索空间中，每一个樽海鞘个体分布其中，N 为樽海鞘种群数量，则位置矩阵 $\boldsymbol{X}$ 表示如下：

$$\boldsymbol{X}=\begin{bmatrix} x_1^1 & x_2^1 & \cdots & x_D^1 \\ x_1^2 & x_2^2 & \cdots & x_D^2 \\ & \cdots & & \\ x_1^N & x_2^N & \cdots & x_D^N \end{bmatrix} \tag{4.1}$$

1. 领导者位置更新

在樽海鞘群觅食过程中，领导者需要根据自身与食物源的距离进行位置变化，其位置更新如下：

$$x_n^1=\begin{cases} L_n+k_1((ub_n-lb_n)k_2+lb_n),k_3<0.5 \\ L_n-k_1((ub_n-lb_n)k_2+lb_n),k_3\geqslant 0.5) \end{cases} \tag{4.2}$$

式中，x_n^1 表示领导者樽海鞘在第 n 维空间的位置；L_n 表示第 n 维空间食物源的位置；系数 k_2、k_3 为[0,1]内产生的随机数，k_2 用于调整步长控制樽海鞘链在食物领域内的收缩幅度，是决定算法开发能力的关键参数，k_3 用于领导者在两种更新方式中选择；ub_n，lb_n 分别表示第 n 维空间对应的上边界、下边界；系数 k_1 有着平衡樽海鞘群算法在全局探索或局部开发两种状态的作用，因而是最重要的参数，其计算公式如下：

$$k_1=2\mathrm{e}^{-\left(\frac{4i}{I}\right)^2} \tag{4.3}$$

式中，i 表示当前迭代次数，I 表示最大迭代次数。

如图 4.3 所示，系数 k_1 与当前种群的迭代次数有关，即在迭代初期，该系数较大，樽海鞘会尽可能地向食物源可能存在的区域探索前进，当达到一定迭代次数时，其探索能力下降，樽海鞘只会在食物源的附近探索。系数 k_1 主要用于控制整个群体的探索能力和开发能力，在 SSA 中具有十分重要的作用。

2. 追随者位置更新

在樽海鞘移动和觅食过程中追随者通过前后个体间的彼此影响，呈链状依次前进，根据牛顿运动定律，其位置更新如下：

$$x_n^m=\frac{1}{2}at^2+v_0t \tag{4.4}$$

式中，当 $m\geqslant 2$，x_n^m 表示第 m 只追随者樽海鞘在第 n 维空间的位置；t 为时间；v_0 为初速度；a 为加速度。

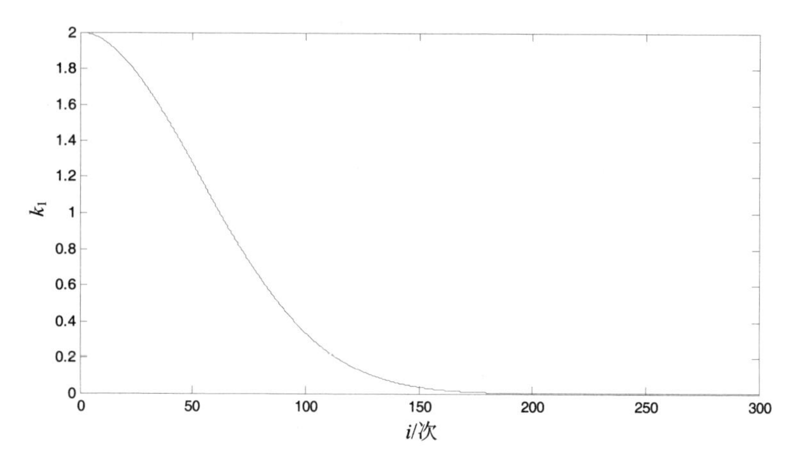

图 4.3　系数 k_1 的变化曲线

v_{final} 为末速度，其计算公式如下：

$$a=\frac{v_{\text{final}}-v_0}{t}, \quad v_{\text{final}}=\frac{x_n^{m-1}-x_n^m}{t} \tag{4.5}$$

在寻优过程中时间表示为迭代，因此，当 $\Delta t=1$，且 $v_0=0$ 时，式（4.4）可表示如下：

$$x_n^m=\frac{1}{2}(x_n^m+x_n^{m-1}) \tag{4.6}$$

综上可知，式（4.2）表示领导者樽海鞘会在食物源附近探索，这可以确保算法朝着最优解方向寻找。因此，可利用式（4.2）和式（4.5）表达樽海鞘链的运动过程。

4.1.2　樽海鞘群算法流程

樽海鞘群算法基本流程如图 4.4 所示，具体流程如下。

步骤 1：初始化种群。根据搜索空间每一维度的上界与下界，初始化一个规模为 ND 的樽海鞘群。

步骤 2：计算适应度并选出食物源。计算每只樽海鞘的适应度，将樽海鞘群按照适应度进行排序，适应度最优的樽海鞘的位置设为本次迭代的食物位置（当前最优位置）。

步骤 3：选定领导者与追随者。选定食物位置后群中剩余 $N-1$ 个樽海鞘，按照樽海鞘群体排序，将排在前一半的视为领导者，其余樽海鞘视为追随者。

步骤 4：更新领导者和追随者位置。根据式（4.2）更新领导者位置，根据式（4.6）更新追随者位置。

步骤 5：重新计算适应度。计算更新后的群体适应度。将更新后的每个樽海鞘个体的适应度与当前食物的适应度进行比较，若更新后樽海鞘的适应度优于食物适应度，则以适应度更优的樽海鞘位置作为新的食物源位置。

步骤 6：迭代条件的判断。如果大于最大迭代次数，则输出最优解，即最优适应度、最优位置，并且算法结束。如果小于最大迭代次数，则重复步骤 3～步骤 5。

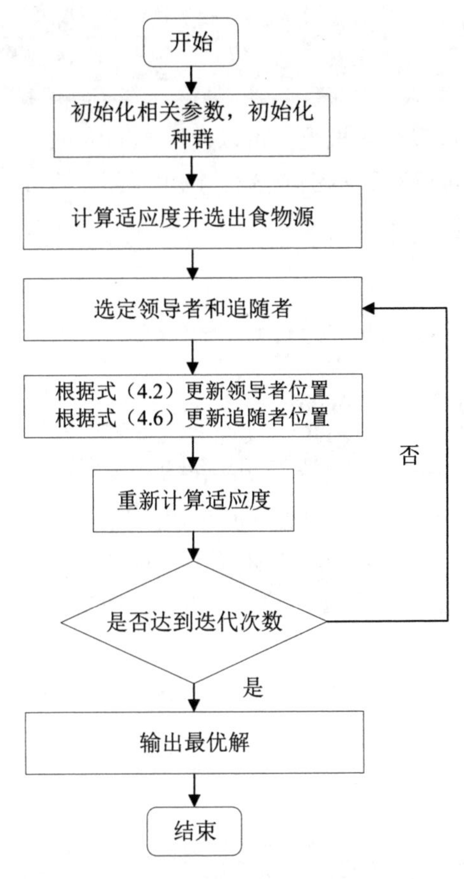

图 4.4　樽海鞘群算法流程图

4.2　MATLAB 实现

本节主要介绍樽海鞘群优化算法的 MATLAB 代码具体实现，主要包括种群初始化；适应度函数；边界检查和约束函数；樽海鞘群优化算法代码几个部分。

4.2.1　种群初始化

1．MATLAB 随机数生成函数

随机数的生成采用 MATLAB 自带的随机数生成函数 rand()，rand()生成[0,1]

之间的随机数。

```
>> rand()
```

运行结果如下：

```
ans =

    0.8540
```

如果要一次性生成多个随机数，可以使用 rand(row, col)，其中 row，col 分别代表行和列，如 rand(3,4)表示生成 3 行 4 列的范围在[0,1]之间的随机数。

```
>> rand(3,4)
```

运行结果如下：

```
ans =

    0.5147    0.9334    0.4785    0.8649
    0.7058    0.4324    0.5449    0.3576
    0.1670    0.2975    0.9585    0.9706
```

如果要生成指定范围内的随机数，其表达式如下：

$$r = lb + (ub - lb) \times \mathrm{rand}()$$

其中，ub 代表范围的上边界，lb 代表范围的下边界。如在[0,3]范围内生成 5 个随机数：

```
ub = 3; %上边界
lb = 0; %下边界
r = (ub - lb).*rand(1,5) + lb
```

运行结果如下：

```
r =

    2.5472    1.3766    3.8785    2.9672    0.2071
```

2. 樽海鞘群算法种群初始化函数编写

将樽海鞘群算法种群初始化函数单独定义为一个函数，命名为 initialization。利用随机数生成方式生成初始种群。

```
%% 初始化函数
function X = initialization(pop,ub,lb,dim)
    %pop 为种群数量
    %dim 为每个个体的维度
    %ub 为每个维度的变量上边界，维度为[1,dim]
    %lb 为每个维度的变量下边界，维度为[1,dim]
```

```
    %X 为输出的种群，维度为[pop,dim]
    X = zeros(pop,dim); %为 X 事先分配空间
    for i = 1:pop
        for j = 1:dim
            X(i,j) = (ub(j) - lb(j))*rand() + lb(j);%生成[lb,ub]之间的随机数
        end
    end
end
```

例如，设定种群数量为 5，每个个体维度为 3，每个维度的边界为[-3,3]，利用初始化函数初始种群。

```
pop = 5; %种群数量
dim = 3; %每个个体维度
ub = [3,3,3]; %上边界
lb = [-3,-3,-3]; %下边界
position = initialization(pop,ub,lb,dim)
```

运行结果如下：

```
position =

    2.6040    1.0724    1.5464
    1.4588   -0.6466    0.9329
   -1.9729    1.2363   -2.8090
   -1.3385   -2.7230   -2.4172
    1.9407    1.1690   -1.0974
```

从运行结果可以看出，通过初始化函数得到的种群均在设定的上下边界范围内。

为了更加直观地表现随机初始化函数的效果，设定种群数量为 20，每个个体维度为 2，维度边界分别设置为[0,1]、[-2,-1]、[2,3]，绘制 3 种范围的随机数生成结果，如图 4.5 所示。

```
pop = 20; %种群数量
dim = 2; %每个个体维度
ub = [1,1]; %上边界
lb = [0,0]; %下边界
position0 = initialization(pop, ub, lb, dim);
ub = [-1,-1]; %上边界
lb = [-2,-2]; %下边界
position1 = initialization(pop, ub, lb, dim);
ub = [3,3]; %上边界
lb = [2,2]; %下边界
position2 = initialization(pop, ub, lb, dim);
figure
```

```
plot(position0(:,1),position0(:,2),'bo');
hold on
plot(position1(:,1),position1(:,2),'b.');
plot(position2(:,1),position2(:,2),'bo');
grid on
title('不同随机数范围生成结果')
xlabel('X')
ylabel('Y')
legend('[0,1]','[-2,-1]','[2,3]')
```

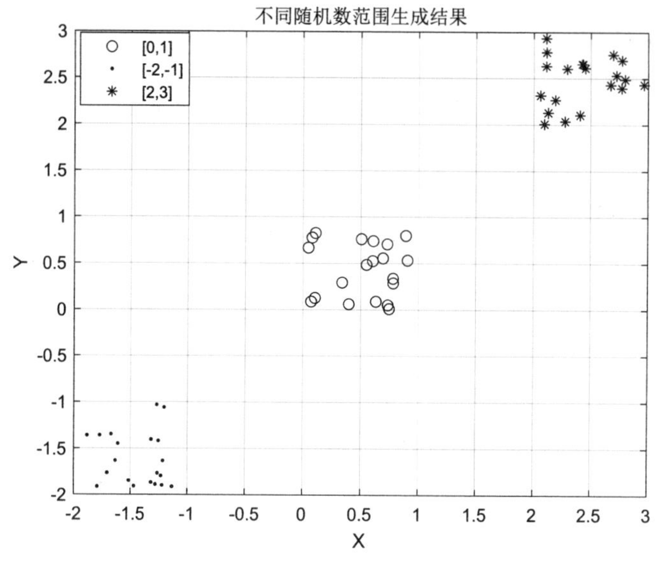

图 4.5　程序运行结果

从图 4.5 可以看出，生成的种群均在相应的边界范围内产生。

4.2.2　适应度函数

在学术研究与工程实践中，优化问题是多种多样的，需要根据问题优化目标的不同设计相应的适应度函数（也称目标函数）。为了便于后续优化算法调用适应度函数，通常将适应度函数单独写成一个函数，命名为 fun()。如定义一个适应度函数 fun()，并存放在 fun.m 中，适应度函数 fun()定义如下：

```
%% 适应度函数
function fitness = fun(x)
%x 为输入一个个体，维度为 dim
%fitness 为输出的适应度
    fitness =sum(x.^2);
end
```

可以看出，适应函数 fun()是 x 所有维度的平方和，如 x=[2,3]，那么经过适应度函数计算后得到的值为 13。

```
x=[2,3];
fitness = fun(x)
```

运行结果如下：

```
fitness =

    13
```

4.2.3　边界检查和约束函数

边界检查的目的是防止变量超过预先指定的范围，具体逻辑是当变量大于上边界（ub）时，将变量设为上边界；当变量小于下边界（lb）时，将变量设为下边界；当变量小于等于上边界（ub），且大于等于下边界（lb）时，变量保持不变。形式化描述如下：

$$val=\begin{cases} ub, 若\ val > ub \\ lb, 若\ val < lb \\ val, 若\ lb \leqslant val \leqslant ub \end{cases}$$

定义边界检查函数为 BoundaryCheck。

```
%% 边界检查函数
function [X] = BoundaryCheck(x,ub,lb,dim)
    %x 为输入数据，维度为[1,dim]
    %ub 为数据上边界，维度为[1,dim]
    %lb 为数据下边界，维度为[1,dim]
    %dim 为数据的维度大小
    for i = 1:dim
        if x(i)>ub(i)
            x(i) = ub(i);
        end
        if x(i)<lb(i)
            x(i) = lb(i);
        end
    end
    X = x;
end
```

如 x=[0.5,2,-2,1]，定义的上边界为[1,1,1,1]，下边界为[-1,-1,-1,-1]，经过边界检查和约束后，x 应该为[0.5,1,-1,1]。

```
x = [0.5,1,-1,1];
ub = [1,1,1,1];
```

```
lb = [-1,-1,-1,-1];
x = BoundaryCheck(x)
```

运行结果如下：

```
x =

    0.5000    1.0000   -1.0000    1.0000
```

4.2.4 樽海鞘群算法代码

由 4.1 节樽海鞘群算法的基本原理编写樽海鞘群算法的基本代码，定义樽海鞘群算法的函数名为 SSA。

```
%%-------------樽海鞘群算法函数---------------------%%
%% 输入
%    pop 为种群数量
%    dim 为每个个体的维度
%    ub 为个体上边界信息，维度为[1,dim]
%    lb 为个体下边界信息，维度为[1,dim]
%    fobj 为适应度函数接口
%    maxIter 为算法的最大迭代次数，用于控制算法的停止
%% 输出
%    Best_Pos 为樽海鞘群算法找到的最优位置
%    Best_fitness 为最优位置对应的适应度
%    IterCure 用于记录每次迭代的最佳适应度，即后续用来绘制迭代曲线
function [Best_Pos,Best_fitness,IterCurve] = SSA(pop,dim,ub,lb,fobj,maxIter)
    %% 种群初始化
    X = initialization(pop,ub,lb,dim);
    %% 计算适应度
    fitness = zeros(1,pop);
    for i = 1:pop
       fitness(i) = fobj(X(i,:));
    end
    %根据适应度排序
    [fitness,SortIndex]=sort(fitness);
    X=X(SortIndex,:);
    %获取种群最优个体及适应度，最优个体位置及食物源的位置
    Best_Pos = X(1,:);
    Best_fitness = fitness(1);
    %% 迭代
    for t=1:maxIter
        %k1 系数计算
        k1=2*exp(-(4*t/maxIter)^2);
        for i=1:pop
            if i<pop/2 %领导者位置更新，式（4.2）
```

```
                for j =1:dim
                    k2=rand();
                    k3=rand();
                    if k3<0.5
                        X(i,j)=Best_Pos(j)+k1*((ub(j)-lb(j))*k2+lb(j));
                    else
                        X(i,j)=Best_Pos(j)-k1*((ub(j)-lb(j))*k2+lb(j));
                    end
                end

            else %追随者位置更新，式（4.6）
                point1=X(i-1,:);
                point2=X(i,:);
                X(i,:)=(point1+point2)./2;
            end
            %边界检查
            X(i,:)=BoundaryCheck(X(i,:),ub,lb,dim);
            %计算适应度
            fitness(i)=fobj(X(i,:));
        end
        %根据适应度排序
        [fitness,SortIndex]=sort(fitness);
        X=X(SortIndex,:);
        %更新全局最优值
        if fitness(1)<Best_fitness
            Best_fitness = fitness(1);
            Best_Pos = X(1,:);
        end
        %记录当前迭代的最优解适应度
        IterCurve(t) = Best_fitness;
    end
end
```

综上，樽海鞘群算法的基本代码编写完成，可以通过函数 SSA 进行调用。下面将讲解如何使用上述樽海鞘群算法来解决优化问题。

4.3　函数寻优

本节主要介绍如何利用樽海鞘群算法对函数进行寻优。主要包括寻优函数问题描述；适应度函数设计；主函数设计几个部分。

4.3.1　问题描述

求解一组 x_1, x_2，使得下面函数的值最小，即求解函数的极小值。

$$f(x_1,x_2)=\max\{|x_1|,|x_2|\}$$

式中，x_1 和 x_2 的取值范围分别为[−10,10]，[−10,10]。

待求解函数的搜索空间是怎样的呢？为了直观、形象、生动地展现待求解函数的搜索空间，可以使用 MATLAB 绘图的方式进行查看，以 x_1 为 X 轴，x_2 为 Y 轴，$f(x_1,x_2)$ 为 Z 轴，绘制该待求解函数的搜索空间，代码如下，效果如图 4.6 所示。

```
%% 绘制 f(x1,x2)的搜索曲面
x1 =-10:0.01:10; %以 0.01 步长，生成[-10,10]的 x1 的值
x2 = -10:0.01:10;%以 0.01 步长，生成[-10,10]的 x2 的值
for i= 1:size(x1,2)
    for j = 1:size(x2,2)
        X1(i,j) = x1(i);
        X2(i,j) = x2(j);
        f(i,j) = max(abs(X1(i,j)),abs(X2(i,j)));%函数 f(x1,x2)的值
    end
end
surfc(X1,X2,f,'LineStyle','none'); %绘制曲面
xlabel('x1');
ylabel('x2');
zlabel('f(x1,x2)')
title('f(x1,x2)函数搜索空间')
```

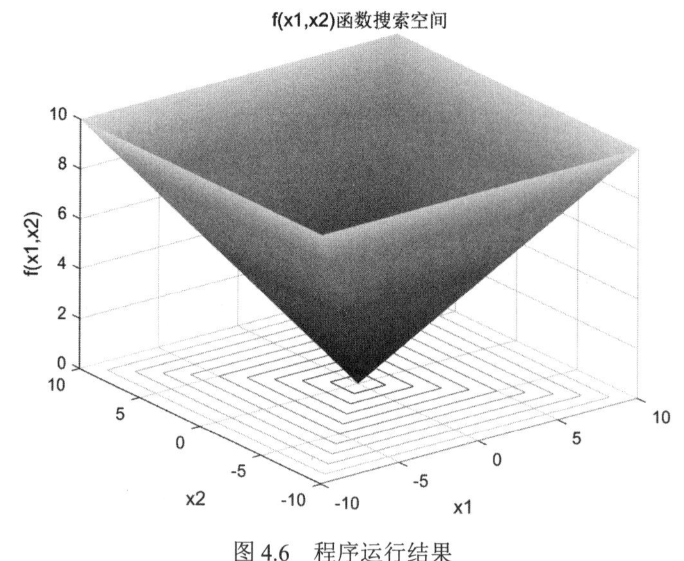

图 4.6　程序运行结果

4.3.2　适应度函数设计

在该问题中，变量范围的约束条件如下：

$$-10 \leqslant x_1 \leqslant 10$$
$$-10 \leqslant x_2 \leqslant 10$$

可以通过设置樽海鞘群个体的维度和边界条件进行设置，即设置樽海鞘群个体的维度 *dim* 为 2，樽海鞘群个体上边界 *ub* =[10,10]，樽海鞘群个体下边界 *lb*=[-10,-10]。

根据问题设定适应度函数 fun.m 如下：

```
%% 适应度函数
function fitness = fun(x)
%x 为输入一个个体，维度为[1,dim]
%fitness 为输出的适应度
    fitness = max(abs(x(1)),abs(x(2)));
end
```

4.3.3　主函数设计

设置樽海鞘群算法的参数如下。

樽海鞘群种群数量 *pop* 为 50，最大迭代次数 *maxIter* 为 100，樽海鞘群个体的维度 *dim* 为 2，樽海鞘群个体上边界 *ub* =[10,10]，樽海鞘群个体下边界 *lb*=[-10,-10]。使用樽海鞘群算法求解待求解函数极值问题的主函数 main.m 如下：

```
%% 樽海鞘群算法求解 max(abs(x(1)),abs(x(2)))的最小值
clc;clear all;close all;
%参数设定
pop = 50;%种群数量
dim = 2;%变量维度
ub = [10,10];%个体上边界信息
lb = [-10,-10];%个体下边界信息
maxIter = 100;%最大迭代次数
fobj = @(x) fun(x);%设置适应度函数为 fun(x);
%樽海鞘群算法求解问题
[Best_Pos,Best_fitness,IterCurve] = SSA(pop,dim,ub,lb,fobj,maxIter);
%绘制迭代曲线
figure
plot(IterCurve,'r-','linewidth',1.5);
grid on;%网格开
title('樽海鞘群算法迭代曲线')
xlabel('迭代次数')
ylabel('适应度')

disp(['求解得到的 x1，x2 为',num2str(Best_Pos(1)),'    ',num2str(Best_Pos(2))]);
disp(['最优解对应的函数值为：',num2str(Best_fitness)]);
```

程序运行得到的樽海鞘群算法迭代曲线，如图 4.7 所示。

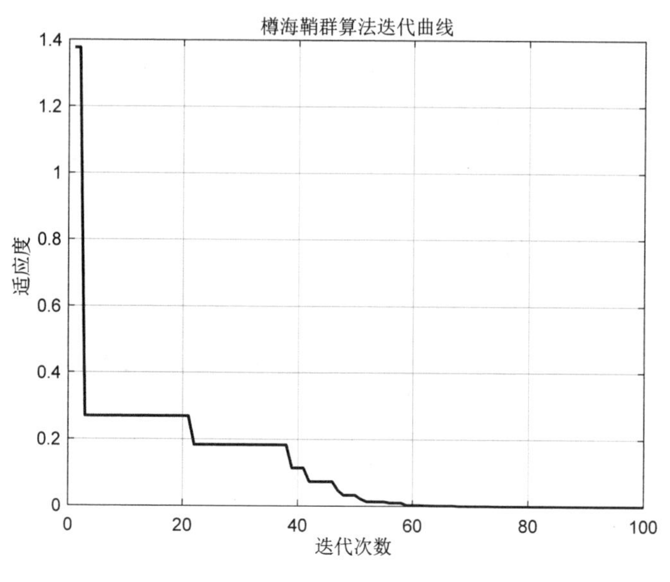

图 4.7　程序运行结果

运行结果如下：

```
求解得到的 x1，x2 为-1.2765e-07    1.5662e-07
最优解对应的函数值为：1.5662e-07
```

从樽海鞘群算法寻优的结果看，最终求解值为(-1.2765e-07, 1.5662e-07)，十分接近理论最优值(0,0)，表明樽海鞘群算法具有较好的寻优能力。

4.4　三杆桁架设计

本节主要介绍如何利用樽海鞘群算法对三杆桁架设计工程问题进行参数寻优。主要包括问题描述；适应度函数设计；主函数设计几个部分。

4.4.1　问题描述

三杆桁架设计问题的目的是通过调整横截面积 (x_1, x_2) 最小化三杆桁架的体积。该三杆式桁架在每个桁架构件上受到应力 σ 约束，如图 4.8 所示。该优化问题具有一个非线性适应度函数、3 个非线性不等式约束和 2 个连续决策变量，如下所示：

最小化：

$$\min f(x) = \left(2\sqrt{2}x_1 + x_2\right)l$$

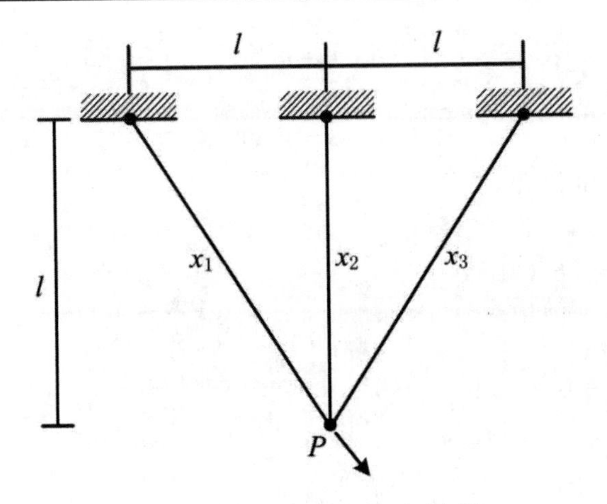

图 4.8　三杆桁架设计问题示意图

约束条件为：

$$g_1(x)=\frac{\sqrt{2}x_1+x_2}{\sqrt{2}x_1^2+2x_1x_2}P_r-\sigma\leqslant 0$$

$$g_2(x)=\frac{x_2}{\sqrt{2}x_1^2+2x_1x_2}P_r-\sigma\leqslant 0$$

$$g_3(x)=\frac{1}{\sqrt{2}x_2+x_1}P_r-\sigma\leqslant 0$$

变量范围：

$$0.001\leqslant x_1\leqslant 1$$

$$0.001\leqslant x_2\leqslant 1$$

式中，$l=100\text{cm}$，$P_r=2\text{kN/cm}^2$，$\sigma=2\text{kN/cm}^2$。

4.4.2　适应度函数设计

在该问题中，变量范围的约束条件如下：

$$0.001\leqslant x_1\leqslant 1$$

$$0.001\leqslant x_2\leqslant 1$$

可以通过设置樽海鞘群个体的边界条件进行设计。即设置樽海鞘群个体的上边界为 $ub=[1,1]$，樽海鞘群个体的下边界为 $lb=[0.001,0.001]$。针对约束 $g_1(X)-g_3(X)$，在适应度函数中进行处理。针对不满足约束条件的情况，采用增加惩罚数的方式对适应度进行求解，当满足约束条件时，不增加惩罚数，反之增加，使得不满足条件个体的适应度比较大，竞争力减弱。定义不满足约束条件的个数为 n，惩罚系数为 P，惩罚数的计算如下：

$$V = nP$$

适应度的计算如下：

$$fitness = f(x) + V$$

定义适应度函数 fun 如下：

```
%% 适应度函数
function [fitness,g] = fun(x)
    P=10E4;%惩罚系数
    x1=x(1);
    x2=x(2);
    l = 100;
    Pr = 2;
    sigma = 2;
    f=(2*sqrt(2)*x1+x2)*l;
    %约束条件计算
    g(1)=(sqrt(2)*x1+x2)*Pr/(sqrt(2)*x1^2+2*x1*x2)-sigma;
    g(2)=x2*Pr/(sqrt(2)*x1^2+2*x1*x2) - sigma;
    g(3)=Pr/(sqrt(2)*x2+x1)-sigma;

    V = P*sum(g>0);%惩罚数计算
    fitness=f + V;%计算适应度
end
```

4.4.3　主函数设计

通过上述分析设置樽海鞘群算法参数如下。

设置樽海鞘群种群数量 *pop* 为 30，最大迭代次数 *maxIter* 为 500，个体的维度 *dim* 设定为 2（即 x_1,x_2），个体上边界 *ub* =[1,1]，个体下边界 *lb*=[0.001,0.001]。樽海鞘群算法求解三杆桁架设计问题的主函数 main 设计如下：

```
%% 基于樽海鞘群算法的三杆桁架设计
clc;clear all;close all;
%参数设定
pop = 30;%种群数量
dim = 2;%变量维度
ub = [1,1];%个体上边界信息
lb = [0.001,0.001];%个体下边界信息
maxIter = 500;%最大迭代次数
fobj = @(x) fun(x);%设置适应度函数为 fun(x)
%樽海鞘群算法求解问题
[Best_Pos,Best_fitness,IterCurve] = LSO(pop,dim,ub,lb,fobj,maxIter);
%绘制迭代曲线
figure
```

```
plot(IterCurve,'r-','linewidth',1.5);
grid on;%网格开
title('樽海鞘群算法迭代曲线')
xlabel('迭代次数')
ylabel('适应度')
disp(['求解得到的 x1 为：',num2str(Best_Pos(1))]);
disp(['求解得到的 x2 为：',num2str(Best_Pos(2))]);
disp(['最优解对应的函数值为：',num2str(Best_fitness)]);
%计算不满足约束条件的个数
[fitness,g]=fun(Best_Pos);
n=sum(g>0);%约束的值大于 0 的个数
disp(['违反约束条件的个数',num2str(n)]);
```

程序运行结果如图 4.9 所示。

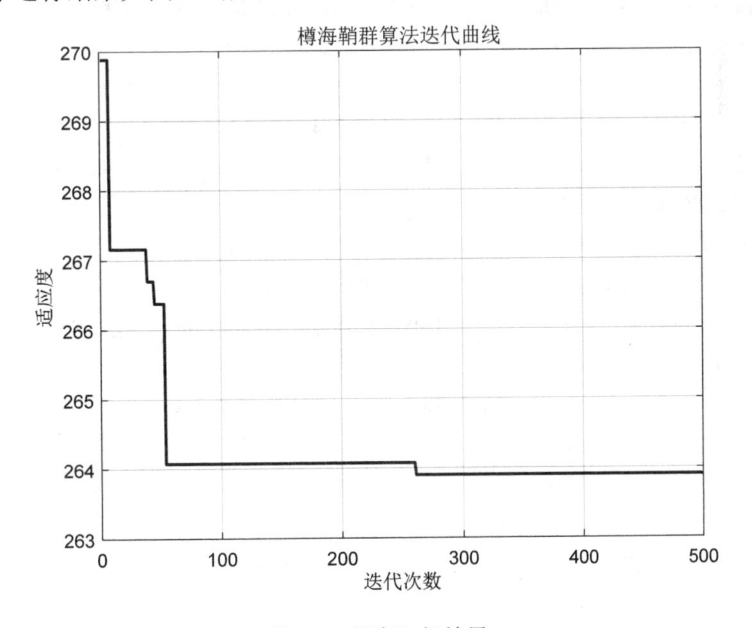

图 4.9　程序运行结果

运行结果如下：

```
求解得到的 x1 为：0.78798
求解得到的 x2 为：0.41025
最优解对应的函数值为：263.8982
违反约束条件的个数 0
```

从收敛曲线上看，适应度函数随着迭代次数不断减小，表明樽海鞘群算法不断地对参数进行优化。最后，在约束条件范围内，得到了一组满足约束条件的参数，对三杆桁架的优化设计具有指导意义。

参 考 文 献

[1] Mirjalili S, Gandomi A H, Mirjalili S Z, et al. Salp swarm algorithm: A bio-inspired optimizer for engineering design problems[J]. Advances in Engineering Software (S1873-5339), 2017, 114(6): 163-191.

[2] 刘景森，袁蒙蒙，左方. 面向全局搜索的自适应领导者樽海鞘群算法[J]. 控制与决策，2021，36（09）：2152-2160. DOI:10.13195/j.kzyjc.2020.0090.

[3] 王梦秋. 基于改进樽海鞘群算法的 PMSM 多参数辨识[J]. 系统仿真学报，2018，30（11）：4284-4291.

[4] 常祥洁，赵孜恺，周朝荣. 樽海鞘群算法的改进[J]. 计算机工程与设计，2022，43（07）：1941-1948. DOI:10.16208/j.issn1000-7024.2022.07.018.

[5] 沈平，张彬彬，袁瑛. 樽海鞘群算法在可见光通信调制器的应用[J]. 光学技术，2021，47（04）：477-482. DOI: 10.13741/j.cnki.11-1879/o4.2021.04.016.

[6] 赵倩，胡丹丹，许昊，等. 基于樽海鞘群算法的仿生智能孤岛检测新方法[J]. 电气传动，2021，51（04）：63-70.

[7] 王亚玲. 樽海鞘群算法及其应用[D]. 山西师范大学，2021.

[8] 王彦军. 樽海鞘群算法的改进及其应用[D]. 西安理工大学，2020.

[9] 王斐，贾晓洪，李丽娟，等. 基于樽海鞘群算法的图像匹配方法[J]. 弹箭与制导学报，2019，39（05）：111-114.

[10] 王乐，黄长强，魏政磊. 基于 SSA 算法的飞行动作规则自动提取[J]. 计算机工程与应用，2019，55（14）：203-208.

[11] 王瑞. 基于纯追踪算法和樽海鞘优化算法的无人驾驶路径跟踪算法研究[D]. 吉林大学，2021. DOI:10.27162/d.cnki.gjlin.2021.001678.

[12] 谢国民，蔺晓雨. 基于改进 SSA 优化 MDS-SVM 的变压器故障诊断方法[J/OL]. 控制与决策：1-9[2022-09-17]. DOI:10.13195/j.kzyjc.2021.1437.

第 5 章　秃鹰搜索算法

本章首先概述秃鹰搜索算法的基本原理；然后，使用 MATLAB 实现秃鹰搜索算法的基本代码；最后，将秃鹰搜索算法应用于函数寻优问题和齿轮传动设计问题。

5.1　基本原理

秃鹰搜索（bald eagle search，BES）算法是由 Alsatter 等于 2020 年提出的一种新型元启发式算法，其灵感源于秃鹰在寻找鱼类时的狩猎策略。

秃鹰遍布于北美洲地区，飞行中视力敏锐，观察能力强。以捕食鲑鱼为例，秃鹰首先查看鲑鱼个体及其种群的数目以确定搜索空间，在确定的搜索空间内朝一个方向飞行；然后在选定的搜索空间内搜索水面，直到发现合适的猎物位置；最后，秃鹰会逐渐改变飞行高度，快速向下俯冲，从水中成功捕获鲑鱼等猎物。

BES 算法模拟秃鹰捕食猎物的行为可以分为 3 个阶段：选择阶段、搜索阶段和俯冲阶段，BES 算法的 3 个阶段如图 5.1 所示。

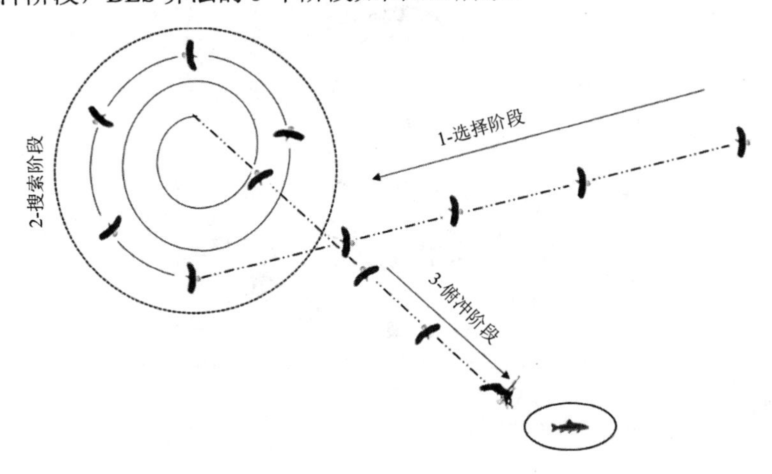

图 5.1　BES 算法的 3 个阶段

5.1.1　选择阶段

在选择阶段，即选择搜索空间阶段。秃鹰在广阔的范围内随机选择一个搜索区域，通过对该区域猎物数目的判断，确定一个最佳的搜索位置。在此阶段，秃鹰的位置 $P_{i,\text{new}}$ 更新是由随机搜索的先验信息与 α 的乘积确定的，其数学模型如下：

$$P_{i,\text{new}} = P_{\text{best}} + \alpha r(P_{\text{mean}} - P_i) \tag{5.1}$$

式中，α 为控制位置变化的参数，取值范围为(1.5,2)；r 为(0,1)的随机数；P_{best} 为当前秃鹰搜索确定的最佳搜索位置；P_{mean} 为先前搜索结束后秃鹰的平均分布位置；P_i 为第 i 只秃鹰的位置。

在选择阶段，秃鹰在前一个搜索区域附近选择一个区域作为新的搜索区域，下一次的位置更新是通过当前最佳位置及随机搜索的先验信息与 α 的乘积确定，该位置更新随机地更改所有搜索点的位置。

5.1.2　搜索阶段

如图 5.2 所示为搜索阶段，即搜索目标猎物阶段。秃鹰在选定的搜索空间内以螺旋形轨迹飞行，加速搜索进程，寻找最佳俯冲捕获位置。

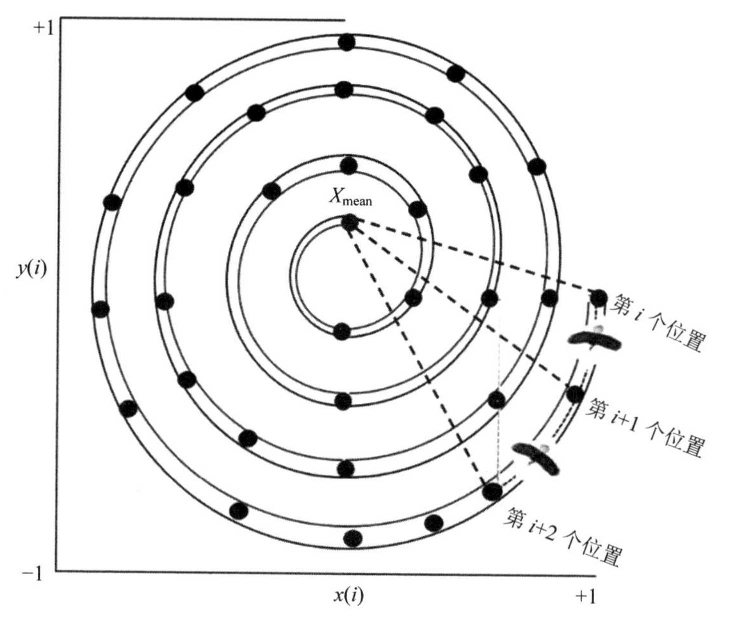

图 5.2　秃鹰搜索阶段

螺旋飞行数学模型用极坐标方程表示如下：

$$\theta(i) = a\pi \times rand \tag{5.2}$$

$$r(i) = \theta(i) + R \times rand \tag{5.3}$$

$$xr(i) = r(i)\sin(\theta(i)) \tag{5.4}$$

$$yr(i) = r(i)\cos(\theta(i)) \tag{5.5}$$

$$x(i)=\frac{xr(i)}{\max(|xr|)};\quad y(i)=\frac{yr(i)}{\max(|yr|)} \tag{5.6}$$

式中，$\theta(i)$ 为螺旋方程的极角；$r(i)$ 为螺旋方程的极径；a 和 R 为控制螺旋轨迹的参数，变化范围分别为(0,5), (0.5,2)；$rand$ 表示随机数，取值范围为(0,1)；$x(i)$ 和 $y(i)$ 表示秃鹰在极坐标中的位置，取值范围均为(1,1)。

在搜索阶段，其位置更新如下：

$$P_{i,\text{new}}=P_i+x(i)\times(P_i-P_{\text{mean}})+y(i)\times(P_i-P_{i+1}) \tag{5.7}$$

式中，P_{i+1} 为秃鹰种群中第 i 只秃鹰下一次的更新位置。

5.1.3　俯冲阶段

俯冲阶段，即俯冲抓捕猎物阶段。在该阶段，秃鹰从搜索空间的最佳位置向目标猎物快速发起俯冲，同时，种群中其他秃鹰也向最佳位置移动并对猎物发起攻击，飞行状态数学模型用极坐标方程表示如下：

$$\theta(i)=a\pi\times rand,\quad r(i)=\theta(i) \tag{5.8}$$

$$xr(i)=r(i)\sin h(\theta(i)) \tag{5.9}$$

$$yr(i)=r(i)\cos h(\theta(i)) \tag{5.10}$$

$$x_1(i)=\frac{xr(i)}{\max(|xr|)};\quad y_1(i)=\frac{yr(i)}{\max(|yr|)} \tag{5.11}$$

在俯冲阶段，秃鹰位置更新如下：

$$\begin{cases}\delta_x=x_1(i)\times(P_i-c_1P_{\text{mean}})\\ \delta_y=y_1(i)\times(P_i-c_2P_{\text{best}})\end{cases} \tag{5.12}$$

$$P_{i,\text{new}}=rand\times P_{\text{best}}+\delta_x+\delta_y \tag{5.13}$$

式中，c_1 和 c_2 分别为秃鹰向最佳位置和中心位置运动的强度，取值均为(1,2)。

5.1.4　秃鹰搜索算法流程

秃鹰搜索算法基本流程如图 5.3 所示，具体流程如下。

步骤 1：初始化算法参数。

步骤 2：计算每个解的适应度，选出最佳适应度。

步骤 3：秃鹰选择搜索空间，利用式（5.1）进行位置更新。

步骤 4：秃鹰使用螺旋搜索猎物和选择区域，利用式（5.7）更新位置。

步骤 5：使用搜索空间中的新位置向猎物俯冲，利用式（5.13）更新位置。

步骤 6：判断是否达到迭代次数，如果达到则输出最优结果，否则重复步骤 2 到步骤 6。

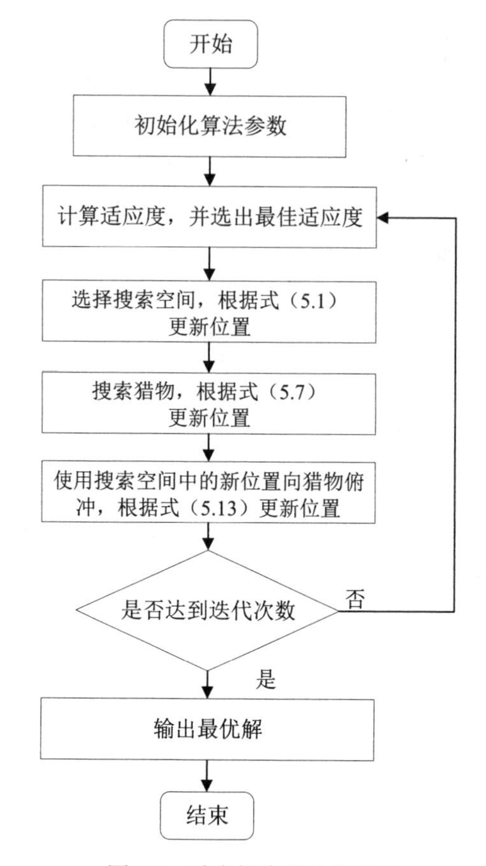

图 5.3　秃鹰搜索算法流程图

5.2　MATLAB 实现

本节主要介绍秃鹰搜索算法的 MATLAB 代码具体实现，主要包括：种群初始化；适应度函数；边界检查和约束函数；秃鹰搜索优化算法代码几个部分。

5.2.1　种群初始化

1. MATLAB 随机数生成函数

随机数的生成采用 MATLAB 自带的随机数生成函数 rand()，rand()生成[0,1]之间的随机数。

```
>> rand()
```

运行结果如下：

```
ans =

   0.8540
```

如果要一次性生成多个随机数，可以使用 rand(row, col)，其中 row，col 分别代表行和列，如 rand(3,4)表示生成 3 行 4 列的范围在[0,1]之间的随机数。

```
>> rand(3,4)
```

运行结果如下：

```
ans =

   0.5147    0.9334    0.4785    0.8649
   0.7058    0.4324    0.5449    0.3576
   0.1670    0.2975    0.9585    0.9706
```

如果要生成指定范围内的随机数，其表达式如下：

$$r = lb + (ub - lb) \times \mathrm{rand}()$$

式中，ub 代表范围的上边界，lb 代表范围的下边界。如在[0,3]范围内生成 5 个随机数：

```
ub = 3; %上边界
lb = 0; %下边界
r = (ub - lb).*rand(1,5) + lb
```

运行结果如下：

```
r =

   2.5472    1.3766    3.8785    2.9672    0.2071
```

2. 秃鹰搜索算法种群初始化函数编写

将秃鹰搜索算法种群初始化函数单独定义为一个函数，命名为 initialization。利用随机数生成方式生成初始种群。

```
%% 初始化函数
function X = initialization(pop,ub,lb,dim)
    %pop 为种群数量
    %dim 为每个个体的维度
    %ub 为每个维度的变量上边界，维度为[1,dim]
    %lb 为每个维度的变量下边界，维度为[1,dim]
    %X 为输出的种群，维度为[pop,dim]
    X = zeros(pop,dim); %为 X 事先分配空间
    for i = 1:pop
        for j = 1:dim
            X(i,j) = (ub(j) - lb(j))*rand() + lb(j);   %生成[lb,ub]之间的随机数
```

```
        end
    end
end
```

例如，设定种群数量为 5，每个个体维度为 3，每个维度的边界为[-3,3]，利用初始化函数生成初始种群。

```
pop = 5; %种群数量
dim = 3; %每个个体维度
ub = [3,3,3]; %上边界
lb = [-3,-3,-3]; %下边界
position = initialization(pop,ub,lb,dim)
```

运行结果如下：

```
position =

    2.6040    1.0724    1.5464
    1.4588   -0.6466    0.9329
   -1.9729    1.2363   -2.8090
   -1.3385   -2.7230   -2.4172
    1.9407    1.1690   -1.0974
```

从运行结果可以看出，通过初始化函数得到的种群均在设定的上下边界范围内。

为了更加直观地表现随机初始化函数的效果，设定种群数量为 20，每个个体维度为 2，维度边界分别设置为[0,1]、[-2,-1]、[2,3]，绘制 3 种范围的随机数生成结果，如图 5.4 所示。

```
pop = 20; %种群数量
dim = 2; %每个个体维度
ub = [1,1]; %上边界
lb = [0,0]; %下边界
position0 = initialization(pop, ub, lb, dim);
ub = [-1,-1]; %上边界
lb = [-2,-2]; %下边界
position1 = initialization(pop, ub, lb, dim);
ub = [3,3]; %上边界
lb = [2,2]; %下边界
position2 = initialization(pop, ub, lb, dim);
figure
plot(position0(:,1),position0(:,2),'bo');
hold on
plot(position1(:,1),position1(:,2),'b.');
plot(position2(:,1),position2(:,2),'bo');
grid on
```

```
title('不同随机数范围生成结果')
xlabel('X')
ylabel('Y')
legend('[0,1]','[-2,-1]','[2,3]')
```

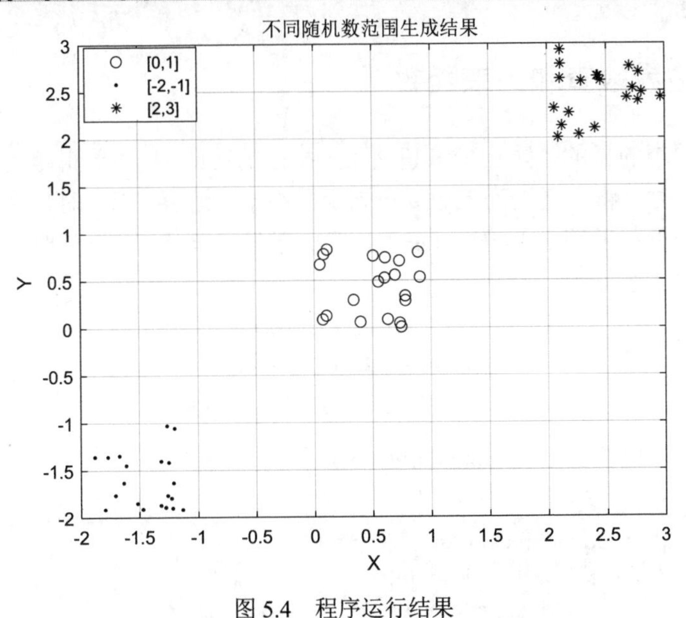

图 5.4　程序运行结果

从图 5.4 可以看出，生成的种群均在相应的边界范围内产生。

5.2.2　适应度函数

在学术研究与工程实践中，优化问题是多种多样的，需要根据问题优化目标的不同设计相应的适应度函数（也称目标函数）。为了便于后续优化算法调用适应度函数，通常将适应度函数单独写成一个函数，命名为 fun()。如定义一个适应度函数 fun()，并存放在 fun.m 中，适应度函数 fun()定义如下：

```
%% 适应度函数
function fitness = fun(x)
%x 为输入一个个体，维度为 dim
%fitness 为输出的适应度
    fitness =sum(x.^2);
end
```

可以看到，适应函数 fun()是 x 所有维度的平方和，如 x=[2,3]，那么经过适应度函数计算后得到的值为 13。

```
x=[2,3];
fitness = fun(x)
```

运行结果如下：

```
fitness =

    13
```

5.2.3 边界检查和约束函数

边界检查的目的是防止变量超过预先指定的范围，具体逻辑是当变量大于上边界（*ub*）时，将变量设为上边界；当变量小于下边界（*lb*）时，将变量设为下边界；当变量小于等于上边界（*ub*），且大于等于下边界（*lb*）时，变量保持不变。形式化描述如下：

$$val = \begin{cases} ub, 若\ val > ub \\ lb, 若\ val < lb \\ val, 若\ lb \leqslant val \leqslant ub \end{cases}$$

定义边界检查函数为 BoundaryCheck。

```
%% 边界检查函数
function [X] = BoundaryCheck(x,ub,lb,dim)
    %x 为输入数据，维度为[1,dim]
    %ub 为数据上边界，维度为[1,dim]
    %lb 为数据下边界，维度为[1,dim]
    %dim 为数据的维度大小
    for i = 1:dim
        if x(i)>ub(i)
            x(i) = ub(i);
        end
        if x(i)<lb(i)
            x(i) = lb(i);
        end
    end
    X = x;
end
```

如 x=[0.5,2,-2,1]，定义的上边界为[1,1,1,1]，下边界为[-1,-1,-1,-1]，经过边界检查和约束后，x 应该为[0.5,1,-1,1]。

```
x = [0.5,1,-1,1];
ub = [1,1,1,1];
lb = [-1,-1,-1,-1];
x = BoundaryCheck(x)
```

运行结果如下：

```
x =

    0.5000    1.0000   -1.0000    1.0000
```

5.2.4　秃鹰搜索算法代码

根据 5.1 节秃鹰搜索算法的基本原理编写秃鹰搜索算法的基本代码，定义秃鹰搜索算法的函数名为 BES。

```
%%--------------秃鹰搜索算法函数----------------------%%
%% 输入
%    pop 为种群数量
%    dim 为每个个体的维度
%    ub 为个体上边界信息，维度为[1,dim]
%    lb 为个体下边界信息，维度为[1,dim]
%    fobj 为适应度函数接口
%    maxIter 为算法的最大迭代次数，用于控制算法的停止
%% 输出
%    Best_Pos 为秃鹰搜索算法找到的最优位置
%    Best_fitness 为最优位置对应的适应度
%    IterCure 用于记录每次迭代的最佳适应度，即后续用来绘制迭代曲线
function [Best_Pos,Best_fitness,IterCurve] = BES(pop,dim,ub,lb,fobj,maxIter)
    %% 种群初始化
    X = initialization(pop,ub,lb,dim);
    %% 计算适应度
    fitness = zeros(1,pop);
    for i = 1:pop
        fitness(i) = fobj(X(i,:));
    end
    %获取最小适应度索引
    [~,minIndex]=min(fitness);
    %获取种群最优个体搜索位置及适应度
    Best_Pos = X(minIndex,:);
    Best_fitness = fitness(minIndex);
    %% 迭代
    for t=1:maxIter
        Pmean=mean(X);%秃鹰平均分布位置
        %% 选择阶段
        for i=1:pop
            alpha=2;
            r=rand(1,dim);
            X(i,:)=Best_Pos+alpha.*r.*X(i,:);%式（5.1）
            %边界检查
            X(i,:)=BoundaryCheck(X(i,:),ub,lb,dim);
            %计算适应度
```

```
        fitness(i)=fobj(X(i,:));
        if fitness(i)<Best_fitness
            Best_fitness=fitness(i);
            Best_Pos=X(i,:);
        end
end
%% 搜索阶段
Pmean=mean(X);%秃鹰平均分布位置
for i=1:pop-1
    a=10;
    R=1.5;
    %式（5.2）-（5.7）
    theta=a*pi*rand(pop);
    r=theta+R*rand(pop);
    xr=r.*sin(theta);
    yr=r.*cos(theta);
    x=xr/max(abs(xr));
    y=yr/max(abs(yr));
    X(i,:)=X(i,:)+y(i).*(X(i,:) - X(i+1,:))+x(i).*(X(i,:)-Pmean);
    %边界检查
    X(i,:)=BoundaryCheck(X(i,:),ub,lb,dim);
    %计算适应度
    fitness(i)=fobj(X(i,:));
    if fitness(i)<Best_fitness
        Best_fitness=fitness(i);
        Best_Pos=X(i,:);
    end
end
%% 俯冲阶段
Pmean=mean(X);%秃鹰平均分布位置
for i=1:pop
    a=10;
    c1=2;
    c2=2;
    %式（5.8）-（5.12）
    theta = a*pi*exp(rand(pop));
    r   =theta;
    xr = r.*sinh(theta);
    yr = r.*cosh(theta);
    x=xr/max(abs(xr));
    y=yr/max(abs(yr));
    deltax=x(i).*(X(i,:) - c1.*Pmean);
    deltay=y(i).*(X(i,:)-c2.*Best_Pos);
    X(i,:) = Best_Pos.*rand(1,dim) + deltax + deltay;
    %边界检查
    X(i,:)=BoundaryCheck(X(i,:),ub,lb,dim);
```

```
                %计算适应度
                fitness(i)=fobj(X(i,:));
                if fitness(i)<Best_fitness
                    Best_fitness=fitness(i);
                    Best_Pos=X(i,:);
                end
            end
            %记录当前迭代的最优解适应度
            IterCurve(t) = Best_fitness;
    end
end
```

综上，秃鹰搜索算法的基本代码编写完成，可以通过函数 BES 调用。下面将讲解如何使用上述秃鹰搜索算法解决优化问题。

5.3 函数寻优

本节主要介绍如何利用秃鹰搜索算法对函数进行寻优。主要包括寻优函数问题描述；适应度函数设计；主函数设计几个部分。

5.3.1 问题描述

求解一组 x_1, x_2，使得下面函数的值最小，即求解函数的极小值。

$$f(x_1, x_2) = 100(x_2 - x_1)^2 + (x_1 - 1)^2$$

其中，x_1 和 x_2 的取值范围分别为[−10,10]，[−10,10]。

待求解函数的搜索空间是怎样的呢？为了直观、形象、生动地展现待求解函数的搜索空间，可以使用 MATLAB 绘图的方式进行查看，以 x_1 为 X 轴，x_2 为 Y 轴，$f(x_1, x_2)$ 为 Z 轴，绘制该待求解函数的搜索空间，代码如下，效果如图 5.5 所示。

```
%% 绘制 f(x1,x2)的搜索曲面
x1 =-10:0.01:10; %以 0.01 步长，生成[-10,10]的 x1 的值
x2 = -10:0.01:10;%以 0.01 步长，生成[-10,10]的 x2 的值
for i= 1:size(x1,2)
    for j = 1:size(x2,2)
        X1(i,j) = x1(i);
        X2(i,j) = x2(j);
        f(i,j) = 100*(X2(i,j)-X1(i,j)^2)^2+(X1(i,j)-1)^2;%函数 f(x1,x2)的值
    end
end
surfc(X1,X2,f,'LineStyle','none'); %绘制曲面
```

```
xlabel('x1');
ylabel('x2');
zlabel('f(x1,x2)')
title('f(x1,x2)函数搜索空间')
```

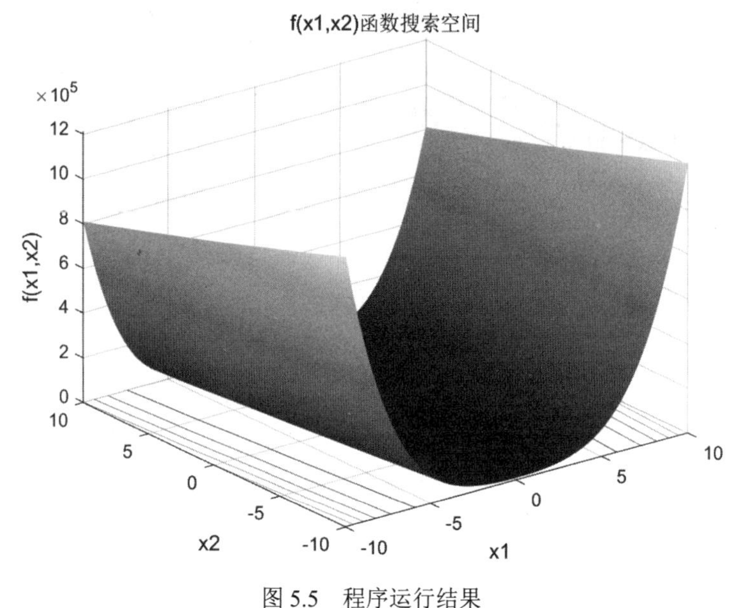

图 5.5　程序运行结果

5.3.2　适应度函数设计

在该问题中，变量范围的约束条件如下：

$$-10 \leqslant x_1 \leqslant 10$$

$$-10 \leqslant x_2 \leqslant 10$$

可以通过设置秃鹰个体的维度和边界条件进行设置。即设置秃鹰个体的维度 *dim* 为 2，秃鹰个体上边界 *ub* =[10,10]，秃鹰个体下边界 *lb*=[-10,-10]。

根据问题设定适应度函数 fun.m 如下：

```
%% 适应度函数
function fitness = fun(x)
%x 为输入一个个体，维度为[1,dim]
%fitness 为输出的适应度
    fitness = 100*(x(2)-x(1)^2)^2+(x(1)-1)^2;
end
```

5.3.3　主函数设计

设置秃鹰搜索算法的参数如下。

秃鹰种群数量 *pop* 为 50，最大迭代次数 *maxIter* 为 100，秃鹰个体的维度 *dim* 为 2，秃鹰个体上边界 *ub* =[10,10]，秃鹰个体下边界 *lb*=[-10,-10]。使用秃鹰搜索算法求解待求解函数极值问题的主函数 main.m 如下：

```
%% 秃鹰搜索算法求解 100*(x(2)-x(1)^2)^2+(x(1)-1)^2 的最小值
clc;clear all;close all;
%参数设定
pop = 50;%种群数量
dim = 2;%变量维度
ub = [10,10];%个体上边界信息
lb = [-10,-10];%个体下边界信息
maxIter = 100;%最大迭代次数
fobj = @(x) fun(x);%设置适应度函数为 fun(x)
%秃鹰搜索算法求解问题
[Best_Pos,Best_fitness,IterCurve] = BES(pop,dim,ub,lb,fobj,maxIter);
%绘制迭代曲线
figure
plot(IterCurve,'r-','linewidth',1.5);
grid on;%网格开
title('秃鹰搜索算法迭代曲线')
xlabel('迭代次数')
ylabel('适应度')

disp(['求解得到的 x1，x2 为',num2str(Best_Pos(1)),'     ',num2str(Best_Pos(2))]);
disp(['最优解对应的函数为：',num2str(Best_fitness)]);
```

程序运行得到的秃鹰搜索算法迭代曲线如图 5.6 所示。

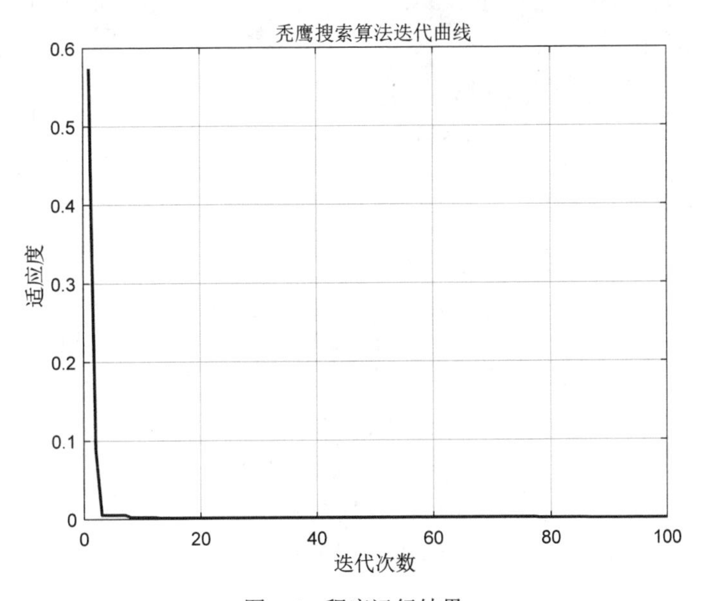

图 5.6　程序运行结果

运行结果如下：

```
求解得到的 x1，x2 为 1.0011    1.0036
最优解对应的函数值为：0.00016902
```

从秃鹰搜索算法寻优的结果看，最终求解值为(1.0011, 1.0036)，十分接近理论最优值(1,1)，表明秃鹰搜索算法具有较好的寻优能力。

5.4　齿轮传动设计

本节主要介绍如何利用秃鹰搜索算法对齿轮传动设计工程问题进行参数寻优。主要包括问题描述；适应度函数设计；主函数设计几个部分。

5.4.1　问题描述

齿轮传动设计问题是机械工程中的一个无约束离散设计问题。图 5.7 为齿轮传动示意图 A，B，C，D 四个齿轮，该基准任务的目的是最小化齿轮比，该齿轮比定义为输出轴角速度与输入轴角速度的比。齿轮 A，B，C，D 的齿数 n_A（$=x_1$），n_B（$=x_2$），n_C（$=x_3$）和 n_D（$=x_4$）为设计变量。该问题的数学模型如下。

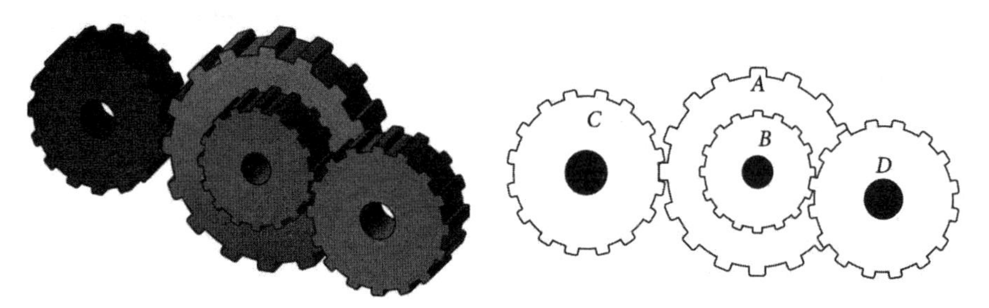

图 5.7　齿轮传动示意图

最小化：

$$\min f(x) = \left(\frac{1}{6.931} - \frac{x_3 x_2}{x_1 x_4} \right)^2$$

变量范围：

$$x_1 \in \{12,13,14,\cdots,60\}$$
$$x_2 \in \{12,13,14,\cdots,60\}$$
$$x_3 \in \{12,13,14,\cdots,60\}$$
$$x_4 \in \{12,13,14,\cdots,60\}$$

5.4.2　适应度函数设计

在该问题中，变量范围的约束条件如下：

$$x_1 \in \{12,13,14,\cdots,60\}$$

$$x_2 \in \{12,13,14,\cdots,60\}$$

$$x_3 \in \{12,13,14,\cdots,60\}$$

$$x_4 \in \{12,13,14,\cdots,60\}$$

可以通过设置秃鹰个体的边界条件进行设置。即设置秃鹰个体的上边界 ub=[60,60,60,60]，秃鹰个体的下边界 lb =[12,12,12,12]。由于 x_1～x_4 均为离散的整数，而秃鹰算法的个体为实数，因此个体优化变量传入适应度函数后，采用取整操作将变量离散化。

定义适应度函数 fun 如下：

```
%% 适应度函数
function [fitness] = fun(x)
    x1=floor(x(1));%取整
    x2=floor(x(2));%取整
    x3=floor(x(3));%取整
    x4=floor(x(4));%取整
    fitness=(1/6.931-(x3*x2)/(x1*x4))^2;%计算适应度
end
```

5.4.3　主函数设计

通过上述分析可以设置秃鹰搜索算法参数如下。

设置秃鹰搜索算法种群数量 pop 为 30，最大迭代次数 $maxIter$ 为 500，个体维度 dim 设定为 4（即 x_1，x_2，x_3，x_4），个体上边界 ub =[60,60,60,60]，个体下边界 lb=[12,12,12,12]。秃鹰搜索算法求解齿轮传动设计问题的主函数 main 设计如下：

```
%% 基于秃鹰搜索算法的齿轮传动设计
clc;clear all;close all;
%参数设定
pop = 30;%种群数量
dim = 4;%变量维度
ub = [60,60,60,60];%个体上边界信息
lb = [12,12,12,12];%个体下边界信息
maxIter = 500;%最大迭代次数
fobj = @(x) fun(x);%设置适应度函数为 fun(x)
%秃鹰搜索算法求解问题
[Best_Pos,Best_fitness,IterCurve] = BES(pop,dim,ub,lb,fobj,maxIter);
```

```
%绘制迭代曲线
figure
plot(IterCurve,'r-','linewidth',1.5);
grid on;%网格开
title('秃鹰搜索算法迭代曲线')
xlabel('迭代次数')
ylabel('适应度')
disp(['求解得到的 x1 为：',num2str(floor(Best_Pos(1)))]);
disp(['求解得到的 x2 为：',num2str(floor(Best_Pos(2)))]);
disp(['求解得到的 x3 为：',num2str(floor(Best_Pos(3)))]);
disp(['求解得到的 x4 为：',num2str(floor(Best_Pos(4)))]);
disp(['最优解对应的函数值为：',num2str(Best_fitness)]);
```

程序运行结果如图 5.8 所示。

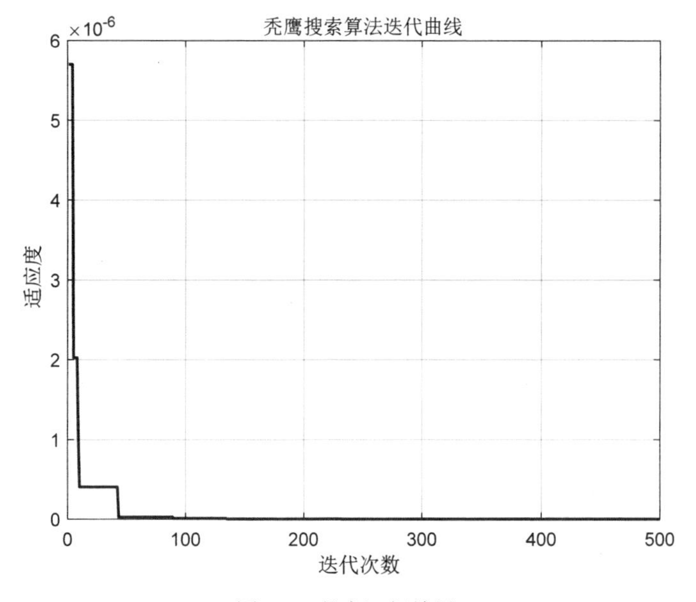

图 5.8　程序运行结果

运行结果如下：

```
求解得到的 x1 为：53
求解得到的 x2 为：15
求解得到的 x3 为：26
求解得到的 x4 为：51
最优解对应的函数值为：2.3078e-11
```

从收敛曲线上看，适应度函数随着迭代次数不断减小，表明秃鹰搜索算法不断地对参数进行优化。最后，在约束条件范围内，得到了一组满足约束条件的参数，对齿轮传动的优化设计具有指导意义。

参考文献

[1] Alsattar H A, Zaidan A A, Zaidan B B. Novel meta-heuristic bald eagle search optimization algorithm[J]. Artificial Intelligence Review: An International Science and Engineering Journal, 2020, 53(8): 2237-2264.

[2] 贾鹤鸣，姜子超，李瑶．基于改进秃鹰搜索算法的同步优化特征选择[J]．控制与决策，2022，37（02）：445-454．

[3] 王龙，陈卓，黄文力，等．基于秃鹰搜索算法的部分遮蔽条件下光伏阵列重构方法[J]．电力建设，2022，43（03）：22-30．

[4] 郭云川，张长胜，段青娜，等．融合多策略的改进秃鹰搜索算法[J/OL]．控制与策：1-9[2022-09-14]．

[5] 李霞．优化的秃鹰算法及其在图像分割中的应用[D]．宁夏大学，2021．

[6] 丁容，高建瓴，张倩．融合自适应惯性权重和柯西变异的秃鹰搜索算法[J/OL]．小型微型计算机系统：1-9[2022-09-14]．

[7] 石默涵，陈家清，高晨峰．基于混沌优化和自适应反向学习的秃鹰搜索算法[J]．数学的实践与认识，2022，52（06）：149-159．

[8] 莫仕勋，杨皓，蒋坤坪，等．基于改进秃鹰搜索算法的变压器 J-A 模型参数辨识[J]．电工电能新技术，2022，41（04）：67-74．

[9] 吴浩天，孙荣富，廖思阳，等．基于改进气象聚类分型的短期风电功率概率预测方法[J]．电力系统自动化，2022，46（15）：56-65．

[10] 赵沛雯，张达敏，张琳娜，等．融合黄金正弦算法和纵横交叉策略的秃鹰搜索算法[J/OL]．计算机应用：1-10[2022-09-15]．

第 6 章　乌燕鸥优化算法

本章首先概述乌燕鸥优化算法的基本原理；然后，使用 MATLAB 实现乌燕鸥优化算法的基本代码；最后，将乌燕鸥优化算法应用于函数寻优问题和悬臂梁设计问题。

6.1　基 本 原 理

乌燕鸥优化算法（stooty tern optimization algorithm，STOA）是由 G. Dhiman 和 A.Kau 等于 2019 年提出的一种新型群体智能优化算法，其灵感来源于乌燕鸥在自然界中的觅食行为。

如图 6.1 所示为乌燕鸥，学名为褐爪鸥，在地球上分布广泛，种类繁多，体型和质量都各不相同。通常，乌燕鸥是一种以小型爬行动物、昆虫、蚯蚓、鱼类、两栖动物等为食的群居性杂食动物。乌燕鸥最突出的特点是它们的迁徙和捕食行为。乌燕鸥在迁徙期间成群而行，其各自的初始位置不同可以避免彼此碰撞，生存能力较低的乌燕鸥在途中会向生存能力最强的乌燕鸥方向移动，并据此更新它们的相对位置。乌燕鸥在空中捕猎时，运用了拍打飞行的模式（即螺旋状运动），这些行为都可以与要优化的目标函数相关联。

图 6.1　乌燕鸥

6.1.1　迁徙行为（勘探阶段）

乌燕鸥的迁徙行为主要分为 3 个部分：避免冲突、聚集和更新。

（1）避免冲突。乌燕鸥的冲突避免行为过程的数学模型如下：

$$C_{\mathrm{st}} = S_A \times P_{\mathrm{st}}(t) \tag{6.1}$$

式中，t 表示当前迭代次数；P_{st} 为乌燕鸥的当前位置；C_{st} 为在不与其他乌燕鸥碰撞的情况下应当处于的位置；S_A 为一个避免碰撞的变量因素，用来计算避免碰撞后的位置，其约束条件的数学模型为：

$$S_A = C_{\mathrm{f}} - (t \times (C_{\mathrm{f}} / Max_{\mathrm{iterations}})) \tag{6.2}$$

式中，C_f 是用来调整 S_A 的控制变量；$Max_{iterations}$ 为最大迭代次数，因此 S_A 从 C_f ～ 0 线性递减。

（2）聚集。聚集过程是指在避免冲突的前提下，乌燕鸥向群体中生存能力最强的乌燕鸥的位置靠拢，也就是向最优解的位置靠拢，其数学表达式如下：

$$M_{st}=C_B\times(P_{best}(t)-P_{st}(t)) \tag{6.3}$$

式中，M_{st} 为在不同位置的乌燕鸥 $P_{st}(t)$ 向最优解位置 $P_{best}(t)$ 移动的过程；C_B 为使勘探更加全面的随机变量，其按照以下公式变化：

$$C_B=0.5\times Rand \tag{6.4}$$

式中，$Rand$ 为[0,1]的随机数。

（3）更新。乌燕鸥朝向最优解的位置更新轨迹，其轨迹 D_{st} 的数学表达式为：

$$D_{st}=C_{st}+M_{st} \tag{6.5}$$

6.1.2　攻击行为（开发阶段）

乌燕鸥在迁徙过程中依靠翅膀和质量保持高度，也可以在攻击过程中不断调整攻击角和速度。当要攻击猎物时，乌燕鸥在空中盘旋行为的数学模型定义如下：

$$x=R\sin(\theta) \tag{6.6}$$

$$y=R\cos(\theta) \tag{6.7}$$

$$z=R\theta \tag{6.8}$$

$$R=u\mathrm{e}^{\theta v} \tag{6.9}$$

式中，R 表示每个螺旋的半径；θ 表示[0,2π]之间的变量；u 和 v 是定义其螺旋形状的常数，通常设定为 1；e 是自然对数的基底。当 u=1，v=1，θ 从 0 递增到 2π 时，以 x，y，z 建立坐标系，乌燕鸥的运动轨迹如图 6.2 所示。

```
%% 乌燕鸥螺旋运动轨迹绘制
u=1;
v=0.1;
theta=0:0.1:2*pi;
r=u*exp(theta.*v);
x=r.*cos(theta);
y=r.*sin(theta);
z=r.*theta;
figure
plot3(x,y,z,'LineWidth',1.5);
grid on;
```

乌燕鸥的位置将按照式（6.10）不断更新:

$$P_{st}(t)=(D_{st}\times(x+y+z))\times P_{best}(t) \tag{6.10}$$

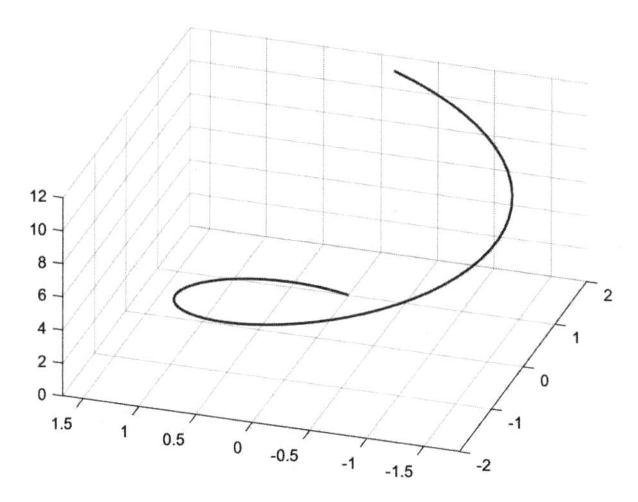

图 6.2　乌燕鸥螺旋运动轨迹

6.1.3　乌燕鸥优化算法流程

乌燕鸥优化算法的流程图如图 6.3 示，具体步骤如下。

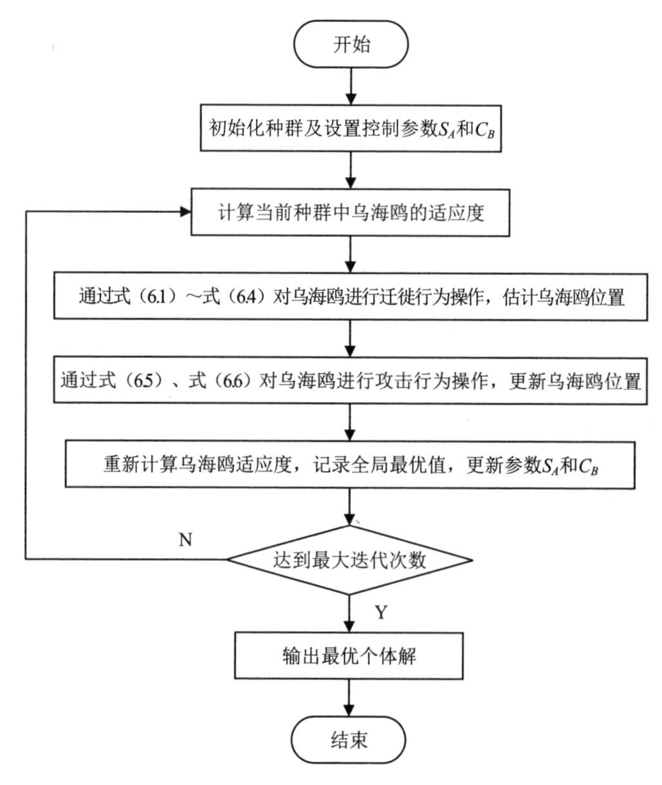

图 6.3　乌燕鸥优化算法流程图

步骤 1：初始化算法参数，迭代次数和种群数量等。

步骤 2：计算适应度。

步骤 3：乌燕鸥进行迁徙行为操作。

步骤 4：乌燕鸥进行攻击行为操作。

步骤 5：更新乌燕鸥位置。

步骤 6：计算适应度，并记录全局最优值。

步骤 7：判断是否达到结束条件，如果没有则重复步骤 2～步骤 7，否则输出最终结果。

6.2　MATLAB 实现

本节主要介绍乌燕鸥优化算法的 MATLAB 代码具体实现，主要包括种群初始化；适应度函数；边界检查和约束函数；乌燕鸥优化算法代码几个部分。

6.2.1　种群初始化

1. MATLAB 随机数生成函数

随机数的生成采用 MATLAB 自带的随机数生成函数 rand()，rand()生成[0,1]之间的随机数。

```
>> rand()
```

运行结果如下：

```
ans =

   0.8540
```

如果要一次性生成多个随机数，可以使用 rand(row, col)，其中 row，col 分别代表行和列，如 rand(3,4)表示生成 3 行 4 列的范围在[0,1]之间的随机数。

```
>> rand(3,4)
```

运行结果如下：

```
ans =

   0.5147    0.9334    0.4785    0.8649
   0.7058    0.4324    0.5449    0.3576
   0.1670    0.2975    0.9585    0.9706
```

如果要生成指定范围内的随机数，其表达式如下：

$$r = lb + (ub - lb) \times \text{rand}()$$

式中，*ub* 代表范围的上边界，*lb* 代表范围的下边界。如在[0,3]范围内生成 5 个随机数：

```
ub = 3; %上边界
lb = 0; %下边界
r = (ub - lb).*rand(1,5) + lb
```

运行结果如下：

```
r =

    2.5472    1.3766    3.8785    2.9672    0.2071
```

2. 乌燕鸥优化算法种群初始化函数编写

将乌燕鸥优化算法种群初始化函数单独定义为一个函数，命名为 initialization。利用随机数生成方式生成初始种群。

```
%% 初始化函数
function X = initialization(pop,ub,lb,dim)
    %pop 为种群数量
    %dim 为每个个体的维度
    %ub 为每个维度的变量上边界，维度为[1,dim]
    %lb 为每个维度的变量下边界，维度为[1,dim]
    %X 为输出的种群，维度为[pop,dim]
    X = zeros(pop,dim); %为 X 事先分配空间
    for i = 1:pop
        for j = 1:dim
            X(i,j) = (ub(j) - lb(j))*rand() + lb(j);   %生成[lb,ub]之间的随机数
        end
    end
end
```

例如，设定种群数量为 5，每个个体维度为 3，每个维度的边界为[-3,3]，利用初始化函数生成初始种群。

```
pop = 5; %种群数量
dim = 3; %每个个体维度
ub = [3,3,3]; %上边界
lb = [-3,-3,-3]; %下边界
position = initialization(pop,ub,lb,dim)
```

运行结果如下：

```
position =

    2.6040    1.0724    1.5464
    1.4588   -0.6466    0.9329
   -1.9729    1.2363   -2.8090
   -1.3385   -2.7230   -2.4172
    1.9407    1.1690   -1.0974
```

从运行结果可以看出，通过初始化函数得到的种群均在设定的上下边界范围内。

为了更加直观地表现随机初始化函数的效果，设定种群数量为 20，每个个体维度为 2，维度边界分别设置为[0,1]、[-2,-1]、[2,3]，绘制 3 种范围的随机数生成结果，如图 6.4 所示。

```
pop = 20; %种群数量
dim = 2; %每个个体维度
ub = [1,1]; %上边界
lb = [0,0]; %下边界
position0 = initialization(pop, ub, lb, dim);
ub = [-1,-1]; %上边界
lb = [-2,-2]; %下边界
position1 = initialization(pop, ub, lb, dim);
ub = [3,3]; %上边界
lb = [2,2]; %下边界
position2 = initialization(pop, ub, lb, dim);
figure
plot(position0(:,1),position0(:,2),'bo');
hold on
plot(position1(:,1),position1(:,2),'b.');
plot(position2(:,1),position2(:,2),'bo');
grid on
title('不同随机数范围生成结果')
xlabel('X')
ylabel('Y')
legend('[0,1]','[-2,-1]','[2,3]')
```

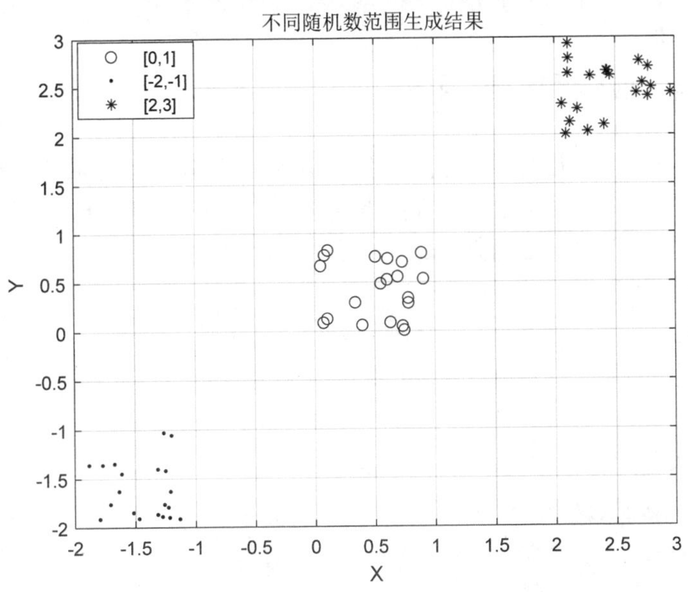

图 6.4　程序运行结果

从图 6.4 可以看出，生成的种群均在相应的边界范围内产生。

6.2.2　适应度函数

在学术研究与工程实践中，优化问题是多种多样的，需要根据问题优化目标的不同设计相应的适应度函数（也称目标函数）。为了便于后续优化算法调用适应度函数，通常将适应度函数单独写成一个函数，命名为 fun()。如定义一个适应度函数 fun()，并存放在 fun.m 中，适应度函数 fun()定义如下：

```
%% 适应度函数
function fitness = fun(x)
%x 为输入一个个体，维度为 dim
%fitness 为输出的适应度
    fitness =sum(x.^2);
end
```

可以看出，适应函数 fun()是 x 所有维度的平方和，如 x=[2,3]，那么经过适应度函数计算后得到的值为 13。

```
x=[2,3];
fitness = fun(x)
```

运行结果如下：

```
fitness =

    13
```

6.2.3　边界检查和约束函数

边界检查的目的是防止变量超过预先指定的范围，具体逻辑是当变量大于上边界（ub）时，将变量设为上边界；当变量小于下边界（lb）时，将变量设为下边界；当变量小于等于上边界（ub），且大于等于下边界（lb）时，变量保持不变。形式化描述如下：

$$val=\begin{cases} ub, 若\ val > ub \\ lb, 若\ val < lb \\ val, 若\ lb \leqslant val \leqslant ub \end{cases}$$

定义边界检查函数为 BoundaryCheck。

```
%% 边界检查函数
function [X] = BoundaryCheck(x,ub,lb,dim)
    %x 为输入数据，维度为[1,dim]
    %ub 为数据上边界，维度为[1,dim]
```

```
    %lb 为数据下边界，维度为[1,dim]
    %dim 为数据的维度大小
    for i = 1:dim
        if x(i)>ub(i)
            x(i) = ub(i);
        end
        if x(i)<lb(i)
            x(i) = lb(i);
        end
    end
    X = x;
end
```

如 x=[0.5,2,-2,1]，定义上边界为[1,1,1,1]，下边界为[-1,-1,-1,-1]，经过边界检查和约束后，x 应该为[0.5,1,-1,1]。

```
x = [0.5,1,-1,1];
ub = [1,1,1,1];
lb = [-1,-1,-1,-1];
x = BoundaryCheck(x)
```

运行结果如下：

```
x =

    0.5000    1.0000   -1.0000    1.0000
```

从乌燕鸥最后的位置更新式即式（6.10）可以看出，由于采用乘法的原因，当乘以较大数时，很容易跨过边界，如果还是用边界值替代，会降低种群的多样性，这里采用另外一种边界更新公式，如下式所示：

$$val = \begin{cases} val, 若 lb \leqslant val \leqslant ub \\ (ub - lb) \times rand + lb, else \end{cases}$$

该式表示如果超过边界，则在边界范围内随机生成值。定义边界检查函数为 BoundaryCheck。

```
%% 边界检查函数
function [X] = BoundaryCheck(x,ub,lb,dim)
    %x 为输入数据，维度为[1,dim]
    %ub 为数据上边界，维度为[1,dim]
    %lb 为数据下边界，维度为[1,dim]
    %dim 为数据的维度大小
    for i = 1:dim
        if x(i)>ub(i)
            x(i) = (ub(i) - lb(i))*rand() + lb(i);
        end
        if x(i)<lb(i)
```

```
            x(i) = (ub(i) - lb(i))*rand() + lb(i);
        end
    end
    X = x;
end
```

6.2.4 乌燕鸥优化算法代码

由 6.1 节乌燕鸥优化算法的基本原理编写乌燕鸥优化算法的基本代码，定义乌燕鸥优化算法的函数名称为 STOA。

```
%%-------------乌燕鸥优化算法函数---------------------%%
%% 输入
%    pop 为种群数量
%    dim 每个个体的维度
%    ub 为个体上边界信息，维度为[1,dim]
%    lb 为个体下边界信息，维度为[1,dim]
%    fobj 为适应度函数接口
%    maxIter 为算法的最大迭代次数，用于控制算法的停止
%% 输出
%    Best_Pos 为乌燕鸥优化算法找到的最优位置
%    Best_fitness 为最优位置对应的适应度
%    IterCure 用于记录每次迭代的最佳适应度，即后续用来绘制迭代曲线
function [Best_Pos,Best_fitness,IterCurve] = STOA(pop,dim,ub,lb,fobj,maxIter)
    %% 种群初始化
    X = initialization(pop,ub,lb,dim);
    %% 计算适应度
    fitness = zeros(1,pop);
    for i = 1:pop
       fitness(i) = fobj(X(i,:));
    end
    %获取最小适应度索引
    [~,minIndex]=min(fitness);
    %获取种群最优个体搜索位置及适应度
    Best_Pos = X(minIndex,:);
    Best_fitness = fitness(minIndex);
    %事先声明中间变量
    Ms = zeros(pop,dim);
    Cs = zeros(pop,dim);
    Ds = zeros(pop,dim);
    %% 迭代
    for t=1:maxIter
        Pbst = Best_Pos;
        for i = 1:pop
            %% 计算 Cs（避免冲突阶段）
```

```
            Cf=2;
            SA=Cf-(t*(Cf/maxIter));
            Cs(i,:)=X(i,:).*SA;

            %% 计算 Ms（聚集阶段）
            CB=0.5*rand(1,dim);
            Ms(i,:)=CB.*(Pbst-X(i,:));

            %% 计算 Ds（更新阶段）
            Ds(i,:)=Cs(i,:)+Ms(i,:);

            %% 开发阶段
            u=1;
            v=1;
            theta=rand(1,dim);
            r=u.*exp(theta.*v);
            x = r.*cos(theta.*2.*pi);
            y = r.*sin(theta.*2.*pi);
            z = r.*theta;
            %% 位置更新
            X(i,:) = (x + y + z).*Ds(i,:).*Pbst;
            % 边界检查
            X(i,:)=BoundaryCheck(X(i,:),ub,lb,dim);
            %计算适应度
            fitness(i)=fobj(X(i,:));
            %更新全局最优解
            if fitness(i)<Best_fitness
                Best_fitness=fitness(i);
                Best_Pos=X(i,:);
            end
        end
        %记录当前迭代的最优解适应度
        IterCurve(t) = Best_fitness;
    end
end
```

综上，乌燕鸥优化算法的基本代码编写完成，可以通过函数 STOA 调用。下面将讲解如何使用上述乌燕鸥优化算法解决优化问题。

6.3　函数寻优

本节主要介绍如何利用乌燕鸥优化算法对函数进行寻优。主要包括寻优函数问题描述；适应度函数设计；主函数设计几个部分。

6.3.1　问题描述

求解一组 x_1, x_2，使得下面函数的值最小，即求解函数的极小值。

$$f(x_1, x_2) = x_1^2 + x_2^4$$

式中，x_1 和 x_2 的取值范围分别为[−10,10]，[−10,10]。

待求解函数的搜索空间是怎样的呢？为了直观、形象、生动地展现待求解函数的搜索空间，可以使用 MATLAB 绘图的方式查看，以 x_1 为 X 轴，x_2 为 Y 轴，$f(x_1, x_2)$ 为 Z 轴，绘制该待求解函数的搜索空间，代码如下，效果如图 6.5 所示。

```
%% 绘制 f(x1,x2)的搜索曲面
x1 =-10:0.01:10; %以 0.01 步长，生成[-10,10]的 x1 的值
x2 = -10:0.01:10;%以 0.01 步长，生成[-10,10]的 x2 的值
for i= 1:size(x1,2)
    for j = 1:size(x2,2)
        X1(i,j) = x1(i);
        X2(i,j) = x2(j);
        f(i,j) = X1(i,j)^2+X2(i,j)^4;%函数 f(x1,x2)的值
    end
end
surfc(X1,X2,f,'LineStyle','none'); %绘制曲面
xlabel('x1');
ylabel('x2');
zlabel('f(x1,x2)')
title('f(x1,x2)函数搜索空间')
```

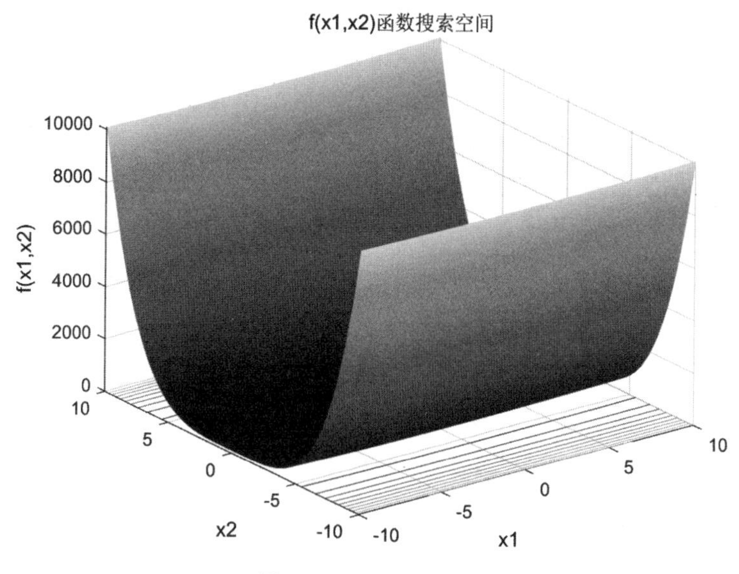

图 6.5　程序运行结果

6.3.2　适应度函数设计

在该问题中，变量范围的约束条件如下：

$$-10 \leqslant x_1 \leqslant 10$$

$$-10 \leqslant x_2 \leqslant 10$$

可以通过设置乌燕鸥个体的维度和边界条件进行设置。即设置乌燕鸥个体的维度 *dim* 为 2，乌燕鸥个体上边界 *ub* =[10,10]，乌燕鸥个体下边界 *lb*=[-10,-10]。

根据问题设定适应度函数 fun.m 如下：

```
%% 适应度函数
function fitness = fun(x)
%x 为输入一个个体，维度为[1,dim]
%fitness 为输出的适应度
    fitness = x(1)^2+x(2)^4;
end
```

6.3.3　主函数设计

设置乌燕鸥优化算法的参数如下。

乌燕鸥种群数量 *pop* 为 50，最大迭代次数 *maxIter* 为 100，乌燕鸥个体的维度 *dim* 为 2，乌燕鸥个体上边界 *ub* =[10,10]，乌燕鸥个体下边界 *lb*=[-10,-10]。使用乌燕鸥优化算法求解待求解函数极值问题的主函数 main.m 如下：

```
%% 乌燕鸥优化算法求解 x(1)^2+x(2)^4 的最小值
clc;clear all;close all;
%参数设定
pop = 50;%种群数量
dim = 2;%变量维度
ub = [10,10];%个体上边界信息
lb = [-10,-10];%个体下边界信息
maxIter = 100;%最大迭代次数
fobj = @(x) fun(x);%设置适应度函数为 fun(x)
%乌燕鸥优化算法求解问题
[Best_Pos,Best_fitness,IterCurve] = STOA(pop,dim,ub,lb,fobj,maxIter);
%绘制迭代曲线
figure
plot(IterCurve,'r-','linewidth',1.5);
grid on;%网格开
title('乌燕鸥优化算法迭代曲线')
xlabel('迭代次数')
ylabel('适应度')
```

```
disp(['求解得到的 x1，x2 为',num2str(Best_Pos(1)),'     ',num2str(Best_Pos(2))]);
disp(['最优解对应的函数值为：',num2str(Best_fitness)]);
```

程序运行得到的乌燕鸥优化算法迭代曲线，如图 6.6 所示。

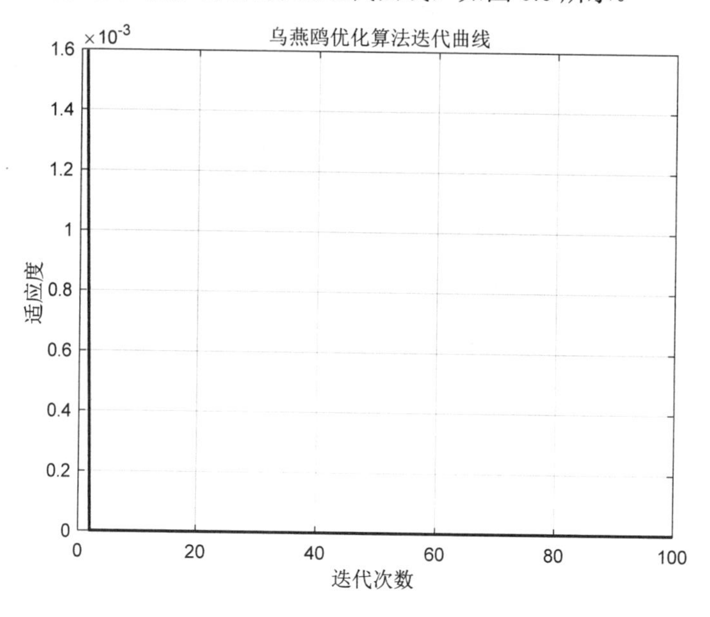

图 6.6　程序运行结果

运行结果如下：

```
求解得到的 x1，x2 为 3.2969e-193     -2.3589e-132
最优解对应的函数值为：0
```

从乌燕鸥优化算法寻优的结果来看，最终的求解值为(3.2969e-193, -2.3589e-132)，十分接近理论最优值(0,0)，表明乌燕鸥优化算法具有较好的寻优能力。

6.4　悬臂梁设计

本节主要介绍如何利用乌燕鸥优化算法对悬臂梁设计工程问题进行参数寻优。主要包括问题描述；适应度函数设计；主函数设计几个部分。

6.4.1　问题描述

这是一个结构工程设计实例，与方形截面悬臂梁的质量优化有关。如图 6.7 所示，梁一端刚性支撑，垂直力作用于悬臂的自由节点。梁由 5 个厚度恒定的空心方形块组成，其高度（或宽度）为决策变量，厚度保持不变（此处为 2/3）。该问题的数学模型如下。

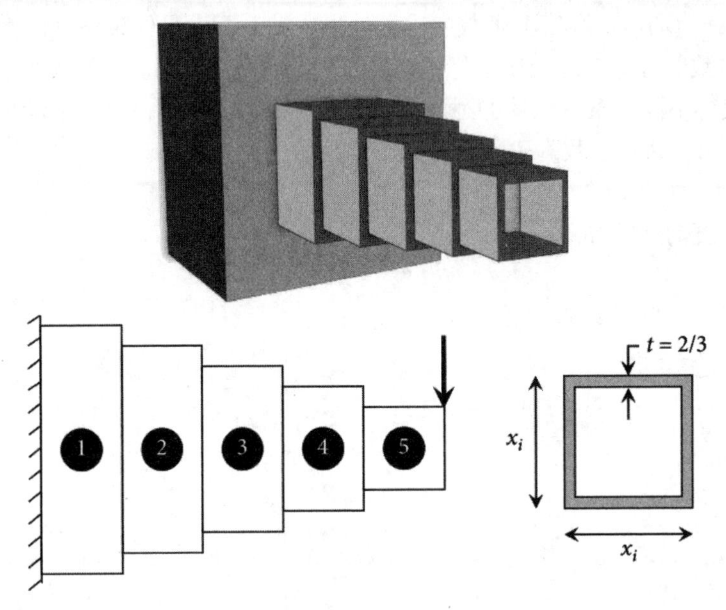

图 6.7　悬臂梁设计问题示意图

最小化：

$$\min f(x)=0.0624(x_1+x_2+x_3+x_4+x_5)$$

约束条件为：

$$g_1(x)=\frac{61}{x_1^3}+\frac{37}{x_2^3}+\frac{19}{x_3^3}+\frac{7}{x_4^3}+\frac{1}{x_5^3}-1\leqslant 0$$

变量范围：

$$0.01\leqslant x_1\leqslant 100$$
$$0.01\leqslant x_2\leqslant 100$$
$$0.01\leqslant x_3\leqslant 100$$
$$0.01\leqslant x_4\leqslant 100$$

6.4.2　适应度函数设计

在该问题中，变量范围的约束条件如下：

$$0.01\leqslant x_1\leqslant 100$$
$$0.01\leqslant x_2\leqslant 100$$
$$0.01\leqslant x_3\leqslant 100$$
$$0.01\leqslant x_4\leqslant 100$$

可以通过设置乌燕鸥个体的边界条件进行设置。即设置乌燕鸥个体的上边界为 ub=[100,100,100,100,100]，乌燕鸥个体的下边界为 lb =[0.01,0.01,0.01,0.01,0.01]。针对约束 $g_1(X)$，在适应度函数中进行处理。针对不满足约束条件的情况，采用增加惩罚数的方式对适应度进行求解，当满足约束条件时，不增加惩罚数，反之增加，使得不满足条件个体的适应度比较大，竞争力减弱。定义不满足约束条件的个数为 n，惩罚系数为 P，惩罚数的计算如下：

$$V = nP$$

适应度的计算如下：

$$fitness = f(x) + V$$

定义适应度函数 fun 如下：

```
%% 适应度函数
function [fitness,g] = fun(x)
    P=10E4;%惩罚系数
    x1=x(1);
    x2=x(2);
    x3=x(3);
    x4=x(4);
    x5=x(5);
    f=0.0624*(x1+x2+x3+x4+x5);
    %约束条件计算
    g(1)=61/x1^3+37/x2^3+19/x3^3+7/x4^3+1/x5^3-1;
    V = P*sum(g>0);%惩罚数计算
    fitness=f + V;%计算适应度
end
```

6.4.3 主函数设计

通过上述分析，可以设置乌燕鸥优化算法参数如下。

设置乌燕鸥种群数量 pop 为 30，最大迭代次数 $maxIter$ 为 500，个体维度 dim 设定为 5（即 x_1，x_2，x_3，x_4，x_5），个体上边界 ub=[100,100,100,100,100]，个体下边界 lb=[0.01,0.01,0.01,0.01,0.01]。乌燕鸥优化算法求解悬臂梁设计问题的主函数 main 设计如下：

```
%% 基于乌燕鸥优化算法的悬臂梁设计
clc;clear all;close all;
%参数设定
pop = 30;%种群数量
dim = 5;%变量维度
ub = [100,100,100,100,100];%个体上边界信息
lb = [0.01,0.01,0.01,0.01,0.01];%个体下边界信息
maxIter = 500;%最大迭代次数
```

```
fobj = @(x) fun(x);%设置适应度函数为 fun(x)
%乌燕鸥优化算法求解问题
[Best_Pos,Best_fitness,IterCurve] = STOA(pop,dim,ub,lb,fobj,maxIter);
%绘制迭代曲线
figure
plot(IterCurve,'r-','linewidth',1.5);
grid on;%网格开
title('乌燕鸥优化算法迭代曲线')
xlabel('迭代次数')
ylabel('适应度')
disp(['求解得到的 x1 为：',num2str((Best_Pos(1)))]);
disp(['求解得到的 x2 为：',num2str((Best_Pos(2)))]);
disp(['求解得到的 x3 为：',num2str((Best_Pos(3)))]);
disp(['求解得到的 x4 为：',num2str((Best_Pos(4)))]);
disp(['求解得到的 x5 为：',num2str((Best_Pos(5)))]);
disp(['最优解对应的函数值为：',num2str(Best_fitness)]);
%计算不满足约束条件的个数
[fitness,g]=fun(Best_Pos);
n=sum(g>0);%约束的值大于 0 的个数
disp(['违反约束条件的个数',num2str(n)]);
```

程序运行结果如图 6.8 所示。

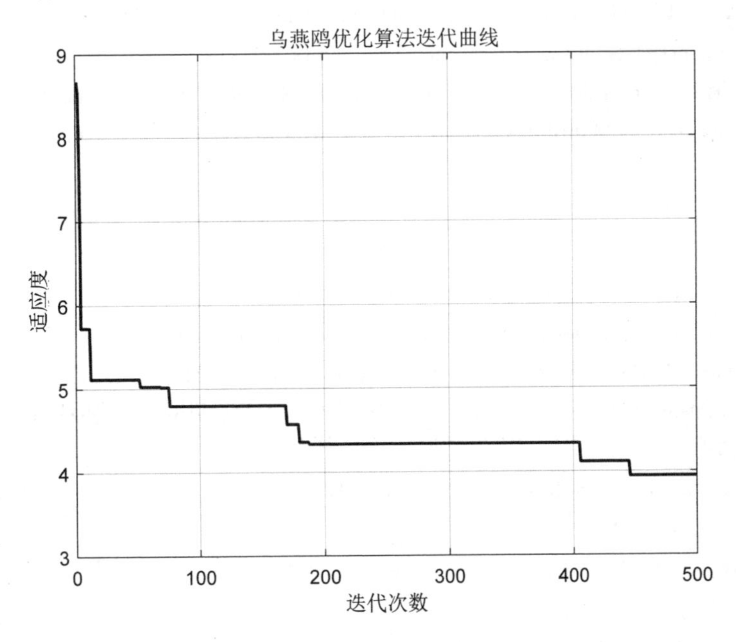

图 6.8　程序运行结果

运行结果如下：

```
求解得到的 x1 为：12.4855
```

```
求解得到的 x2 为：36.7253
求解得到的 x3 为：7.8415
求解得到的 x4 为：2.7034
求解得到的 x5 为：3.4324
最优解对应的函数值为：3.9429
违反约束条件的个数 0
```

从收敛曲线看，适应度函数随着迭代次数不断减小，表明乌燕鸥算法不断地对参数进行优化。最后，在约束条件范围内，得到了一组满足约束条件的参数，对悬臂梁的优化设计具有指导意义。

参 考 文 献

[1] Dhiman G, Kaur A. STOA: a bio-inspired based optimization algorithm for industrial engineering problems[J]. Engineering Applications of Artificial Intelligence, 2019, 82: 148-174.

[2] Ali H H, Fathy A, Kassem A M. Optimal model predictive control for LFC of multi-interconnected plants comprising renewable energy sources based on recent sooty terns approach[J]. Sustainable Energy Technologies and Assessments, 2020, 42: 100844.

[3] JIA H, LI Y, SUN K, et al. Hybrid Sooty Tern Optimization and Differential Evolution for Feature Selection[J]. Comput. Syst. Sci. Eng., 2021, 39(3): 321-335.

[4] Ali H H, Fathy A, Al-Shaalan A M, et al. A Novel Sooty Terns Algorithm for Deregulated MPC-LFC Installed in Multi-Interconnected System with Renewable Energy Plants[J]. Energies, 2021, 14(17): 5393.

[5] Singh A, Sharma A, Rajput S, et al. Parameter Extraction of Solar Module Using the Sooty Tern Optimization Algorithm[J]. Electronics, 2022, 11(4): 564.

[6] Chitra B, Kumar S S. Early cervical cancer diagnosis using Sooty tern - optimized CNN - LSTM classifier[J]. International Journal of Imaging Systems and Technology, 2022.

[7] Kader M, Zamli K Z. Comparative study of five metaheuristic algorithms for team formation problem[M]//Human-centered technology for a better tomorrow. Springer, Singapore, 2022: 133-143.

[8] 贾鹤鸣，李瑶，孙康健．基于遗传乌燕鸥算法的同步优化特征选择[J]．自动化学报，2022，48（06）：1601-1615.

[9] 乔夏君，薛薇，王浩，等．混沌乌燕鸥算法优化发动机参数自整定 PID 控制[J]．计算机测量与控制，2022，30（06）：132-137.

[10] 肖永江，于永进，张桂林．基于改进乌燕鸥算法的分布式电源优化配置[J]．电力系统保护与控制，2022，50（03）：148-155.

第7章　平衡优化器算法

本章首先概述平衡优化器算法的基本原理；然后，使用 MATLAB 实现平衡优化器算法的基本代码；最后，将平衡优化器算法应用于函数寻优问题和管状柱设计问题。

7.1　基 本 原 理

平衡优化器（equilibrium optimizer，EO）算法是由 Faramarzi 等于 2020 年提出的一种新型元启发式优化算法，该算法受控制容积动态质量平衡的启发，模拟了控制容积中非活跃成分进入、离开和生成的过程，其中不同浓度的粒子代表搜索种群，每个浓度的粒子代表一种优化问题的解决方案。

7.1.1　算法物理背景

控制容积强混合动态质量平衡可以表述为，质量随时间的变化量等于进入系统的质量加上内部产生的质量减去离开系统的质量，一般用一阶常微分方程表示如下：

$$V\frac{\mathrm{d}C}{\mathrm{d}t}=QC_{\mathrm{eq}}-QC+G \tag{7.1}$$

式中，V 是控制容积；C 是控制容积内的浓度；Q 为流进或流出控制容积的容量流速；C_{eq} 是控制容积内平衡状态（即无质量生成）下的浓度；G 为控制容积内部的质量生成速率；$V\frac{\mathrm{d}C}{\mathrm{d}t}$ 表示控制容积中质量变化速率，当 $V\frac{\mathrm{d}C}{\mathrm{d}t}=0$ 时，控制容积达到平衡状态。

令 $\lambda=Q/V$ ，对式（7.1）进行变换可得：

$$\frac{\mathrm{d}C}{\lambda C_{\mathrm{eq}}-\lambda C+\dfrac{G}{V}}=\mathrm{d}t \tag{7.2}$$

设 t_0 和 C_0 分别为初始时间和初始浓度值，对式（7.2）两边进行积分可得：

$$\int_{C_0}^{C}\frac{\mathrm{d}C}{\lambda C_{\mathrm{eq}}-\lambda C+\dfrac{G}{V}}=\int_{t_0}^{t}\mathrm{d}t \tag{7.3}$$

求解式（7.3）可得：

$$C = C_{\mathrm{eq}} + (C_0 - C_{\mathrm{eq}})F + \frac{G}{\lambda V}(1-F) \tag{7.4}$$

式中，

$$F = \exp[-\lambda(t-t_0)] \tag{7.5}$$

式中，F 为指数项系数；λ 为流动率，其范围在[0,1]之间。

7.1.2　优化原理

当控制容积内部达到动态平衡状态时，即为 EO 算法最终迭代寻优到完全收敛的状态。类似经典 PSO（particle swarm optimization，粒子群优化）算法速度更新方程，这里的浓度即代表个体的解。在初始寻优过程中，把平衡浓度作为未知量，平衡候选对象决定了粒子的搜索方向。通过式（7.4）展开迭代寻优，等式左边浓度 C 产生新的当前解，C_0 为上一次迭代得到的解，C_{eq} 为算法目前找到的全局最优解。如图 7.1 所示，更新解的过程主要分为全局空间的随机搜索和当前最优解领域的局部搜索两部分。

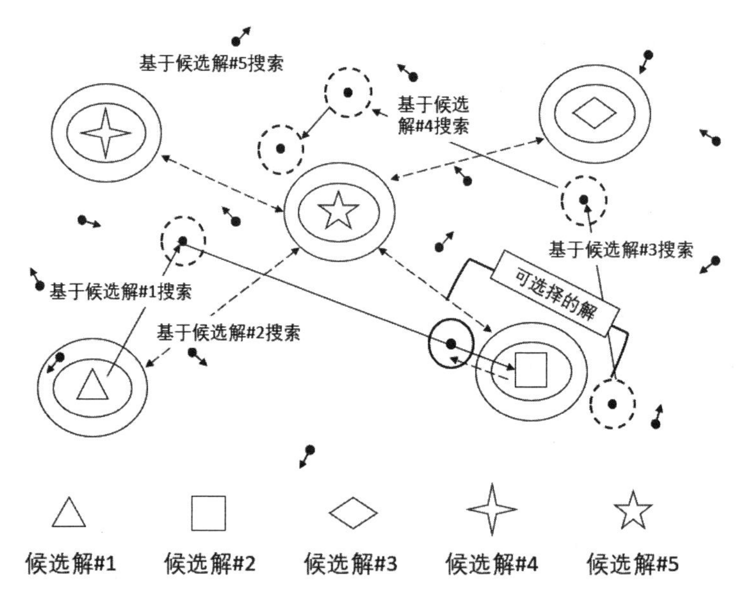

图 7.1　EO 算法候选解浓度更新示意图

为满足不同问题的优化需求，算法对具体的操作过程及参数设计如下：

（1）初始化。与大多数元启发式算法相似，EO 算法使用初始化的种群开始优化，在搜索空间中，初始浓度由粒子的数量和维度均匀随机产生，表达式如下：

$$\boldsymbol{C}_i^{\mathrm{initial}} = \boldsymbol{C}_{\min} + \boldsymbol{rand}_i(\boldsymbol{C}_{\max} - \boldsymbol{C}_{\min}), i = 1,2,\cdots,n \tag{7.6}$$

式中，$\boldsymbol{C}_i^{\text{initial}}$ 表示第 i 个个体的初始浓度向量；$\boldsymbol{C}_{\min},\boldsymbol{C}_{\max}$ 分别为一个粒子浓度的下限和上限向量；$\boldsymbol{rand}_i$ 代表个体 i 的随机数向量，其维度跟优化空间维度一致，每个元素值均为 0～1 的随机数。

（2）建立平衡状态池。平衡状态池的作用是增强算法全局寻优能力，避免陷入低质量的局部最优解。把适应度相对最佳的 4 个个体及其平均值确定为候选解，这些候选解构成的平衡状态池如下：

$$C_{\text{eq,pool}} = \{C_{\text{eq}(1)}, C_{\text{eq}(2)}, C_{\text{eq}(3)}, C_{\text{eq}(4)}, C_{\text{eq}(\text{ave})}\} \tag{7.7}$$

式中，$C_{\text{eq}(1)}, C_{\text{eq}(2)}, C_{\text{eq}(3)}, C_{\text{eq}(4)}$ 分别为截止当前迭代找到的最好的 4 个解；$C_{\text{eq}(\text{ave})} = (C_{\text{eq}(1)} + C_{\text{eq}(2)} + C_{\text{eq}(3)} + C_{\text{eq}(4)})/4$。这 5 个候选解被选择的概率是一样的，均为 0.2。

（3）构建指数项。指数项 F 是浓度更新规则的重要组成部分，指数项的精度可以帮助 EO 算法在勘探和开发过程中达到平衡。$\boldsymbol{\lambda}$是[0,1]之间的随机向量。具体公式如下：

$$F = \mathrm{e}^{-\boldsymbol{\lambda}(t-t_0)} \tag{7.8}$$

式中，t 是随迭代次数递减的函数，即：

$$t = \left(1 - \frac{Iter}{Max\_iter}\right)^{a_2 \frac{Iter}{Max\_iter}} \tag{7.9}$$

式中，$Iter$ 和 Max_iter 分别表示当前迭代次数和最大迭代次数；a_2 是控制开发能力的常数，其值越大，开发能力越强，勘探能力将变弱。

为确保算法收敛，同时提升算法勘探和开发能力。具体公式如下：

$$t_0 = \frac{1}{\boldsymbol{\lambda}} \ln\left(-a_1 \operatorname{sign}(\boldsymbol{r} - 0.5)[1 - \mathrm{e}^{-\boldsymbol{\lambda} t}]\right) + t \tag{7.10}$$

式中，a_1 是控制勘探能力的常数，a_1 越大，勘探能力越强，开发能力将变弱。$\operatorname{sign}(\boldsymbol{r}-0.5)$ 影响勘探和开发过程中的方向，$\boldsymbol{r}$ 是[0,1]之间的随机向量。其中 a_1，a_2 的值由数值试验得到，可根据不同问题需求而变化。

将式（7.9）和式（7.10）代入式（7.8）中，可得：

$$F = -a_1 \operatorname{sign}(\boldsymbol{r} - 0.5)[\mathrm{e}^{-\boldsymbol{\lambda} t} - 1] \tag{7.11}$$

（4）设置生成速率。生成速率对于开发阶段找到准确解起到改善作用，可以加强算法的局部寻优能力，被定义为一阶指数衰减过程，设计如下：

$$G = G_0 \mathrm{e}^{-k(t-t_0)} \tag{7.12}$$

式中，G_0 为初始值；k 是衰减常数。为了获取更可控、系统性的搜索模式，算法中设置 $k = \lambda$，再将前面导出的指数项引入其中，生成速率描述如下：

$$G = G_0 \mathrm{e}^{-\boldsymbol{\lambda}(t-t_0)} = G_0 F \tag{7.13}$$

$$G = GCP(C_{\text{eq}} - \boldsymbol{\lambda} C) \tag{7.14}$$

$$GCP=\begin{cases}0.5r_1, r_2 \geqslant GP \\ 0, r_2 \leqslant GP\end{cases} \tag{7.15}$$

式中，r_1, r_2 为[0,1]之间的随机数；GP 为生成概率，一般取 0.5。

（5）更新解。平衡优化器的最终更新公式为：

$$C = C_{\text{eq}} + (C - C_{\text{eq}})F + G(1-F)/\lambda V \tag{7.16}$$

式中，F、G 均已被定义；V 一般取常数 1。式（7.16）分为 3 项，第一项是平衡状态下的浓度；第二项的作用是引起个体在局部平衡状态下的强烈变动从而提高全局搜索能力，对探索的贡献最大；第三项使得在小浓度范围内找到更加精准的解，对开发的贡献最大。

7.1.3　平衡优化器算法流程

平衡优化器算法的流程图如图 7.2 所示，具体步骤如下。

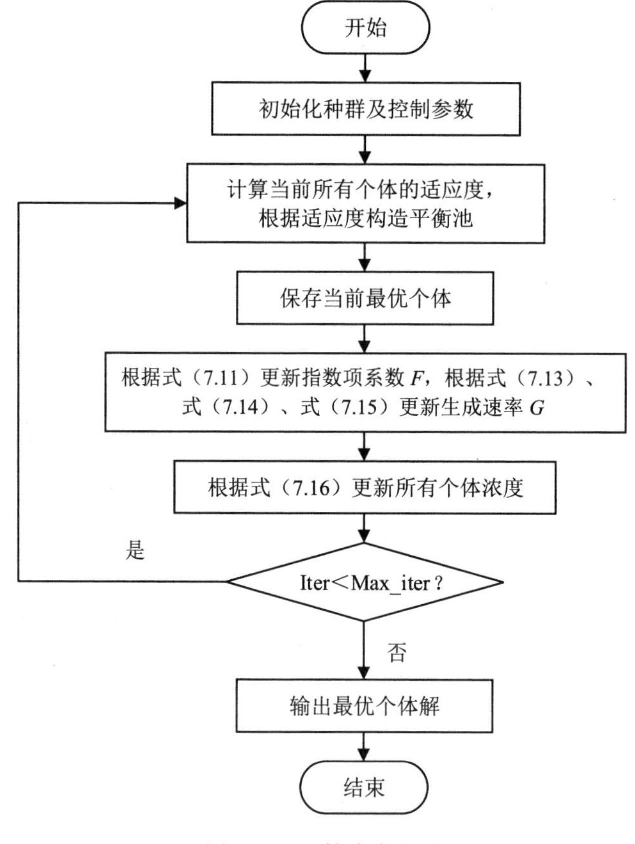

图 7.2　EO 算法流程图

步骤 1：初始化种群及控制参数，设置参数，确定种群规模和最大迭代次数，设置 4 个候选解的初始值为无穷大。

步骤 2：进入主循环，计算所有个体的适应度，根据适应度大小选择 4 个个体，并计算这 4 个个体的平均值，构建平衡状态池。

步骤 3：执行个体记忆保存操作并将当前种群中的最优个体保存起来。

步骤 4：由式（7.11）对指数项进行更新，由式（7.13）～式（7.15）更新生成速率。

步骤 5：从建立的平衡状态池中按照等概率随机选择一个个体作为平衡状态时的浓度，并按照式（7.16）进行个体浓度更新。

步骤 6：算法满足终止条件即迭代次数达到最大设定次数后进行步骤 7，否则跳转至步骤 2，继续下一代搜寻。

步骤 7：输出平衡池中最优个体，即为最优解。

7.2　MATLAB 实现

本节主要介绍平衡器优化算法的 MATLAB 代码具体实现，主要包括种群初始化；适应度函数；边界检查和约束函数；平衡器优化算法代码几个部分。

7.2.1　种群初始化

1. MATLAB 随机数生成函数

随机数的生成采用 MATLAB 自带的随机数生成函数 rand()，rand()生成[0,1]之间的随机数。

```
>> rand()
```

运行结果如下：

```
ans =

    0.8540
```

如果要一次性生成多个随机数，则可以使用 rand(row, col)，其中 row，col 分别代表行和列，如 rand(3,4)表示生成 3 行 4 列的范围在[0,1]之间的随机数。

```
>> rand(3,4)
```

运行结果如下：

```
ans =

    0.5147    0.9334    0.4785    0.8649
    0.7058    0.4324    0.5449    0.3576
    0.1670    0.2975    0.9585    0.9706
```

如果要生成指定范围内的随机数，则其表达式如下：

$$r = lb + (ub - lb) \times \mathrm{rand}()$$

式中，*ub* 代表范围的上边界，*lb* 代表范围的下边界。如在[0,3]范围内生成 5 个随机数：

```
ub = 3; %上边界
lb = 0; %下边界
r = (ub - lb).*rand(1,5) + lb
```

运行结果如下：

```
r =

    2.5472    1.3766    3.8785    2.9672    0.2071
```

2．平衡优化器算法种群初始化函数编写

将平衡优化器算法种群初始化函数单独定义为一个函数，命名为 initialization。利用随机数生成方式生成初始种群。

```
%% 初始化函数
function X = initialization(pop,ub,lb,dim)
    %pop 为种群数量
    %dim 为每个个体的维度
    %ub 为每个维度的变量上边界，维度为[1,dim]
    %lb 为每个维度的变量下边界，维度为[1,dim]
    %X 为输出的种群，维度为[pop,dim]
    X = zeros(pop,dim); %为 X 事先分配空间
    for i = 1:pop
        for j = 1:dim
            X(i,j) = (ub(j) - lb(j))*rand() + lb(j);   %生成[lb,ub]之间的随机数
        end
    end
end
```

例如，设定种群数量为 5，每个个体维度为 3，每个维度的边界为[-3,3]，利用初始化函数生成初始种群。

```
pop = 5; %种群数量
dim = 3; %每个个体维度
ub = [3,3,3]; %上边界
lb = [-3,-3,-3]; %下边界
position = initialization(pop,ub,lb,dim)
```

运行结果如下：

```
position =

    2.6040    1.0724    1.5464
    1.4588   -0.6466    0.9329
   -1.9729    1.2363   -2.8090
   -1.3385   -2.7230   -2.4172
    1.9407    1.1690   -1.0974
```

从运行结果可以看出，通过初始化函数得到的种群均在设定的上下边界范围内。

为了更加直观地表现随机初始化函数的效果，设定种群数量为 20，每个个体维度为 2，维度边界分别设置为[0,1]、[-2,-1]、[2,3]，绘制 3 种范围的随机数生成结果，如图 7.3 所示。

```
pop = 20; %种群数量
dim = 2; %每个个体维度
ub = [1,1]; %上边界
lb = [0,0]; %下边界
position0 = initialization(pop, ub, lb, dim);
ub = [-1,-1]; %上边界
lb = [-2,-2]; %下边界
position1 = initialization(pop, ub, lb, dim);
ub = [3,3]; %上边界
lb = [2,2]; %下边界
position2 = initialization(pop, ub, lb, dim);
figure
plot(position0(:,1),position0(:,2),'bo');
hold on
plot(position1(:,1),position1(:,2),'b.');
plot(position2(:,1),position2(:,2),'bo');
grid on
title('不同随机数范围生成结果')
xlabel('X')
ylabel('Y')
legend('[0,1]','[-2,-1]','[2,3]')
```

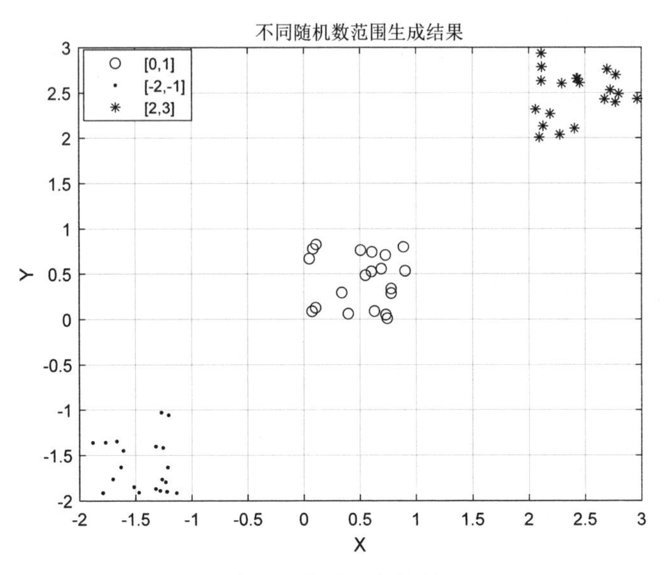

图 7.3　程序运行结果

从图 7.3 可以看出，生成的种群均在相应的边界范围内。

7.2.2　适应度函数

在学术研究与工程实践中，优化问题是多种多样的，需要根据问题优化目标的不同设计相应的适应度函数（也称目标函数）。为了便于后续优化算法调用适应度函数，通常将适应度函数单独写成一个函数，命名为 fun()。如定义一个适应度函数 fun()，并存放在 fun.m 中，适应度函数 fun()定义如下：

```
%% 适应度函数
function fitness = fun(x)
%x 为输入一个个体，维度为 dim
%fitness 为输出的适应度
    fitness =sum(x.^2);
end
```

可以看出，适应函数 fun()是 x 所有维度的平方和，如 x=[2,3]，那么经过适应度函数计算后得到的值为 13。

```
x=[2,3];
fitness = fun(x)
```

运行结果如下：

```
fitness =

    13
```

7.2.3　边界检查和约束函数

边界检查的目的是防止变量超过预先指定的范围，具体逻辑是当变量大于上边界（*ub*）时，将变量设为上边界；当变量小于下边界（*lb*）时，将变量设为下边界；当变量小于等于上边界（*ub*），且大于等于下边界（*lb*）时，变量值保持不变。形式化描述如下：

$$val=\begin{cases} ub, \text{若 } val>ub \\ lb, \text{若 } val<lb \\ val, \text{若 } lb\leqslant val\leqslant ub \end{cases}$$

定义边界检查函数为 BoundaryCheck。

```
%% 边界检查函数
function [X] = BoundaryCheck(x,ub,lb,dim)
    %x 为输入数据，维度为[1,dim]
    %ub 为数据上边界，维度为[1,dim]
    %lb 为数据下边界，维度为[1,dim]
    %dim 为数据的维度大小
    for i = 1:dim
        if x(i)>ub(i)
            x(i) = ub(i);
        end
        if x(i)<lb(i)
            x(i) = lb(i);
        end
    end
    X = x;
end
```

如 x=[0.5,2,-2,1]，定义上边界为[1,1,1,1]，下边界为[-1,-1,-1,-1]，经过边界检查和约束后，x 应该为[0.5,1,-1,1]。

```
x = [0.5,1,-1,1];
ub = [1,1,1,1];
lb = [-1,-1,-1,-1];
x = BoundaryCheck(x)
```

运行结果如下：

```
x =

    0.5000    1.0000   -1.0000    1.0000
```

7.2.4 平衡优化器算法代码

由 7.1 节平衡优化器算法的基本原理编写平衡优化器算法的基本代码，定义平衡优化器算法的函数名称为 EO。

```
%%--------------平衡优化器算法函数----------------------%%
%% 输入
%    pop 为种群数量
%    dim 为每个个体的维度
%    ub 为个体上边界信息，维度为[1,dim]
%    lb 为个体下边界信息，维度为[1,dim]
%    fobj 为适应度函数接口
%    maxIter 为算法的最大迭代次数，用于控制算法的停止
%% 输出
%    Best_Pos 为平衡优化器算法找到的最优位置
%    Best_fitness 为最优位置对应的适应度
%    IterCure 用于记录每次迭代的最佳适应度，即后续用来绘制迭代曲线
function [Best_Pos,Best_fitness,IterCurve] = EO(pop,dim,ub,lb,fobj,maxIter)
    %初始化平衡池
    Ceq1=zeros(1,dim);
    Ceq1_fit=inf;
    Ceq2=zeros(1,dim);
    Ceq2_fit=inf;
    Ceq3=zeros(1,dim);
    Ceq3_fit=inf;
    Ceq4=zeros(1,dim);
    Ceq4_fit=inf;

    %% 种群初始化
    C = initialization(pop,ub,lb,dim);
    %% 计算适应度
    fitness = zeros(1,pop);
    for i = 1:pop
        fitness(i) = fobj(C(i,:));
    end
    %适应度排序索引
    [~,SortIndex]=sort(fitness);
    Ceq1 = C(SortIndex(1),:);
    Ceq1_fit = fitness(SortIndex(1));
    Ceq2 = C(SortIndex(2),:);
    Ceq2_fit = fitness(SortIndex(2));
    Ceq3 = C(SortIndex(3),:);
    Ceq3_fit = fitness(SortIndex(3));
```

```
Ceq4 = C(SortIndex(4),:);
Ceq4_fit = fitness(SortIndex(4));
%获取种群最优个体搜索位置及适应度
Best_Pos = Ceq1;
Best_fitness = Ceq1_fit;
%% 迭代
for Iter=1:maxIter
    %% 建立平衡状态池
    %适应度排序索引
    [~,SortIndex]=sort(fitness);
    Ceq1 = C(SortIndex(1),:);
    Ceq1_fit = fitness(SortIndex(1));
    Ceq2 = C(SortIndex(2),:);
    Ceq2_fit = fitness(SortIndex(2));
    Ceq3 = C(SortIndex(3),:);
    Ceq3_fit = fitness(SortIndex(3));
    Ceq4 = C(SortIndex(4),:);
    Ceq4_fit = fitness(SortIndex(4));
    if Ceq1_fit<Best_fitness
        Best_fitness = Ceq1_fit;
        Best_Pos = Ceq1;
    end
    %计算平均解
    Ceq_ave=(Ceq1+Ceq2+Ceq3+Ceq4)/4;
    C_pool=[Ceq1; Ceq2; Ceq3; Ceq4; Ceq_ave];%平衡状态池
    a1=2;%控制勘探能力的常数
    a2=1;%控制开采能力的常数
    t=(1-Iter/maxIter)^(a2*Iter/maxIter);%t 值计算，式（7.9）
    for i=1:pop
        lambda=rand(1,dim);
        r=rand(1,dim);
        Ceq=C_pool(randi(5),1);%随机选择平衡池中的一个
        F=a1*sign(r-0.5).*(exp(-lambda.*t)-1);   %计算指数项系数 F
        r1=rand(); r2=rand();
        GP=0.5;
        if r2>=GP
            GCP=0.5*r1;
        else
             GCP=0;
        end
        G0=GCP.*(Ceq-lambda.*C(i,:));
        G=G0.*F;%质量生成速率 G 计算
        V=1;
        C(i,:)=Ceq+(C(i,:)-Ceq).*F+(G./lambda*V).*(1-F); %更新位置
        C(i,:)=BoundaryCheck(C(i,:),ub,lb,dim);%边界检查
```

```
                fitness(i)=fobj(C(i,:));%计算适应度
            end
            %记录当前迭代的最优解适应度
            IterCurve(Iter) = Best_fitness;
        end
end
```

综上，平衡优化器算法的基本代码编写完成，可以通过函数 EO 进行调用。下面将讲解如何使用上述平衡优化器算法解决优化问题。

7.3 函数寻优

本节主要介绍如何利用平衡优化器算法对函数进行寻优。主要包括寻优函数问题描述；适应度函数设计；主函数设计几个部分。

7.3.1 问题描述

求解一组 x_1, x_2，使得下面函数的值最小，即求解函数的极小值。

$$f(x_1, x_2) = x_1^4 + 2x_2^4 + random[0,1)$$

式中，x_1 和 x_2 的取值范围分别为[−1.28,1.28]，[−1.28,1.28]。

待求解函数的搜索空间是怎样的呢？为了直观、形象、生动地展现待求解函数的搜索空间，可以使用 MATLAB 绘图的方式查看，以 x_1 为 X 轴，x_2 为 Y 轴，$f(x_1, x_2)$ 为 Z 轴，绘制该待求解函数的搜索空间，代码如下，效果如图 7.4 所示。

```
%% 绘制 f(x1,x2)的搜索曲面
clc;clear;
x1 =-1.28:0.01:1.28; %以 0.01 步长，生成[-1.28,1.28]的 x1 的值
x2 = -1.28:0.01:1.28;%以 0.01 步长，生成[-1.28,1.28]的 x2 的值
for i= 1:size(x1,2)
    for j = 1:size(x2,2)
        X1(i,j) = x1(i);
        X2(i,j) = x2(j);
        f(i,j) = X1(i,j)^4+2*X2(i,j)^4+rand();%函数 f(x1,x2)的值
    end
end
surfc(X1,X2,f,'LineStyle','none'); %绘制曲面
xlabel('x1');
ylabel('x2');
zlabel('f(x1,x2)')
title('f(x1,x2)函数搜索空间')
```

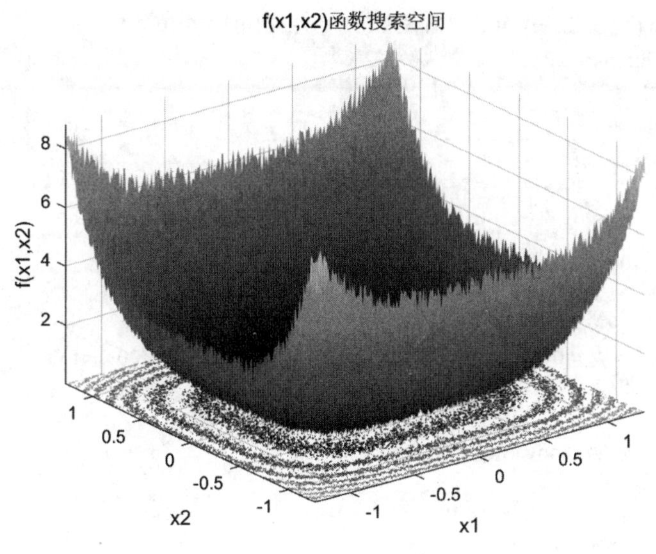

图 7.4　程序运行结果

7.3.2　适应度函数设计

在该问题中，变量范围的约束条件如下：

$$-1.28 \leqslant x_1 \leqslant 1.28$$
$$-1.28 \leqslant x_2 \leqslant 1.28$$

可以通过设置平衡器个体的维度和边界条件进行设置。即设置平衡器个体的维度 *dim* 为 2，平衡器个体上边界 *ub* =[1.28,1.28]，平衡器个体下边界 *lb*=[-1.28,-1.28]。

根据问题设定适应度函数 fun.m 如下：

```
%% 适应度函数
function fitness = fun(x)
%x 为输入一个个体，维度为[1,dim]
%fitness 为输出的适应度
    fitness = x(1)^4+2*x(2)^4+rand();
end
```

7.3.3　主函数设计

设置平衡器优化算法的参数如下。

平衡器数量 *pop* 为 50，最大迭代次数 *maxIter* 为 100，平衡器个体的维度 *dim* 为 2，平衡器个体上边界 *ub* =[1.28,1.28]，平衡器个体下边界 *lb*=[-1.28,-1.28]。使用平衡器优化算法求解待求解函数极值问题的主函数 main.m 如下：

```
%% 平衡优化器算法求解 x(1)^4+2*x(2)^4+rand()的最小值
clc;clear all;close all;
%参数设定
pop = 50;%种群数量
dim = 2;%变量维度
ub = [1.28,1.28];%个体上边界信息
lb = [-1.28,-1.28];%个体下边界信息
maxIter = 100;%最大迭代次数
fobj = @(x) fun(x);%设置适应度函数为 fun(x);
%平衡优化器算法求解问题
[Best_Pos,Best_fitness,IterCurve] = EO(pop,dim,ub,lb,fobj,maxIter);
%绘制迭代曲线
figure
plot(IterCurve,'r-','linewidth',1.5);
grid on;%网格开
title('平衡优化器算法迭代曲线')
xlabel('迭代次数')
ylabel('适应度')

disp(['求解得到的 x1，x2 为',num2str(Best_Pos(1)),'    ',num2str(Best_Pos(2))]);
disp(['最优解对应的函数值为：',num2str(Best_fitness)]);
```

程序运行得到的平衡优化器算法迭代曲线，如图 7.5 所示。

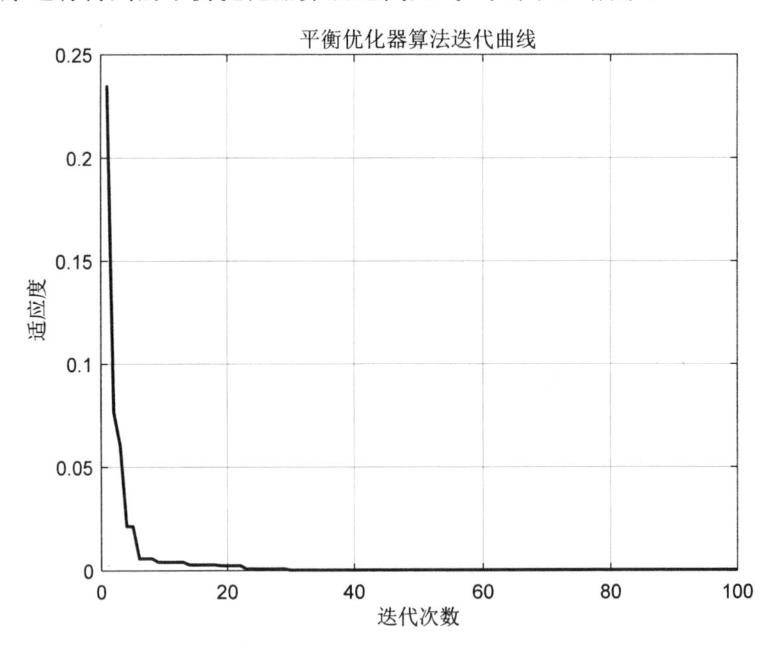

图 7.5　程序运行结果

运行结果如下：

```
求解得到的 x1，x2 为-0.081671    -0.081633
最优解对应的函数值为：0.00021998
```

从平衡优化器算法寻优的结果看，最终的求解值为(-0.081671, -0.081633)，十分接近理论最优值(0,0)，表明平衡优化器算法具有较好的寻优能力。

7.4　管状柱设计

本节主要介绍如何利用平衡优化器算法对管状柱设计工程问题进行参数寻优。主要包括问题描述；适应度函数设计；主函数设计几个部分。

7.4.1　问题描述

这个问题是一个设计均匀的管状截面柱以最小成本承载压缩载荷的例子。如图 7.6 所示，该问题有两个设计变量，一个是柱子的平均厚度 d（$=x_1$），一个是管厚度 t（$=x_2$）。柱由具有屈服应力 $\sigma_y = 500\text{kgf/cm}^2$ 和弹性模量为 $E = 0.85 \times 10^6 \text{kgf/cm}^2$ 的材料制成。该问题的数学模型如下。

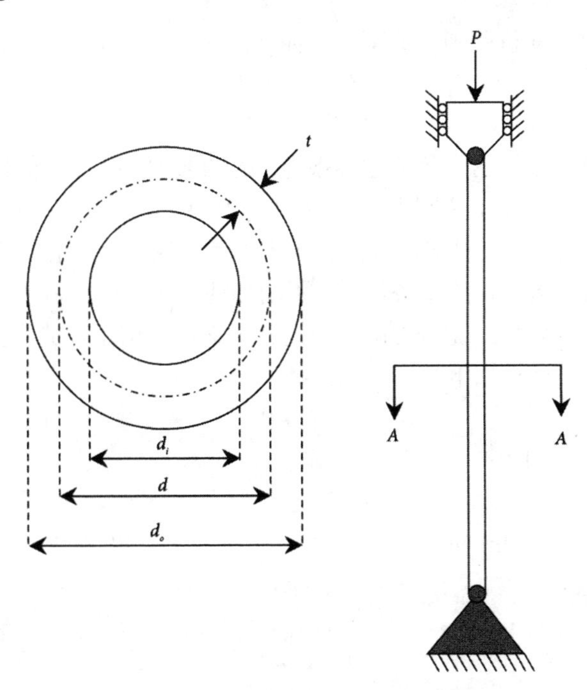

图 7.6　管状柱设计问题示意图

最小化：

$$\min f(x)=9.8x_1x_2+2x_1$$

约束条件为：

$$g_1(X)=1.59-x_1x_2\leqslant 0$$
$$g_2(X)=47.4-x_1x_2(x_1^2+x_2^2)\leqslant 0$$
$$g_3(X)=\frac{2.0}{x_1}-1\leqslant 0$$
$$g_4(X)=\frac{x_1}{14}-1\leqslant 0$$
$$g_5(X)=\frac{0.2}{x_2}-1\leqslant 0$$
$$g_6(X)=\frac{x_2}{8}-1\leqslant 0$$

变量范围：

$$2\leqslant x_1\leqslant 14$$
$$0.2\leqslant x_2\leqslant 0.8$$

7.4.2 适应度函数设计

在该问题中，变量范围的约束条件如下：

$$2\leqslant x_1\leqslant 14$$
$$0.2\leqslant x_2\leqslant 0.8$$

可以通过设置平衡器个体的边界条件进行设置。即设置平衡器个体的上边界为 *ub*=[14,0.8]，平衡器个体的下边界为 *lb*=[2,0.2]。针对约束 $g_1(X)-g_6(X)$，在适应度函数中进行处理。针对不满足约束条件的情况，采用增加惩罚数的方式对适应度进行求解，当满足约束条件时，不增加惩罚数，反之增加，使得不满足条件个体的适应度比较大，竞争力减弱。定义不满足约束条件的个数为 n，惩罚系数为 P，惩罚数的计算如下：

$$V=nP$$

适应度的计算如下：

$$fitness=f(x)+V$$

定义适应度函数 fun 如下：

```
%% 适应度函数
function [fitness,g] = fun(x)
    P=10E4;%惩罚系数
    x1=x(1);
    x2=x(2);
```

```
    f=9.8*x1*x2+2*x1;
    %约束条件计算
    g(1)=1.59-x1*x2;
    g(2)=47.4-x1*x2*(x1^2+x2^2);
    g(3)=2/x1-1;
    g(4)=x1/14-1;
    g(5)=0.2/x2-1;
    g(6)=x2/8-1;
    V = P*sum(g>0);%惩罚数计算
    fitness=f + V;%计算适应度
end
```

7.4.3　主函数设计

通过上述分析，可以设置平衡器优化算法参数如下。

设置平衡器种群数量 *pop* 为 30，最大迭代次数 *maxIter* 为 500，个体维度 *dim* 设定为 2（即 x_1，x_2），个体上边界 *ub*=[14,2]，个体下边界 *lb*=[2,0.2]。平衡优化器算法求解管状柱设计问题的主函数 main 设计如下：

```
%% 基于平衡优化器算法的管状柱设计
clc;clear all;close all;
%参数设定
pop = 30;%种群数量
dim = 2;%个体维度
ub = [14,0.8];%个体上边界信息
lb = [2,0.2];%个体下边界信息
maxIter = 500;%最大迭代次数
fobj = @(x) fun(x);%设置适应度函数为 fun(x)
%平衡优化器算法求解问题
[Best_Pos,Best_fitness,IterCurve] = EO(pop,dim,ub,lb,fobj,maxIter);
%绘制迭代曲线
figure
plot(IterCurve,'r-','linewidth',1.5);
grid on;%网格开
title('平衡优化器算法迭代曲线')
xlabel('迭代次数')
ylabel('适应度')
disp(['求解得到的 x1 为：',num2str((Best_Pos(1)))]);
disp(['求解得到的 x2 为：',num2str((Best_Pos(2)))]);
disp(['最优解对应的函数值为：',num2str(Best_fitness)]);
%计算不满足约束条件的个数
[fitness,g]=fun(Best_Pos);
n=sum(g>0);%约束的值大于 0 的个数
disp(['违反约束条件的个数',num2str(n)]);
```

程序运行结果如图 7.7 所示。

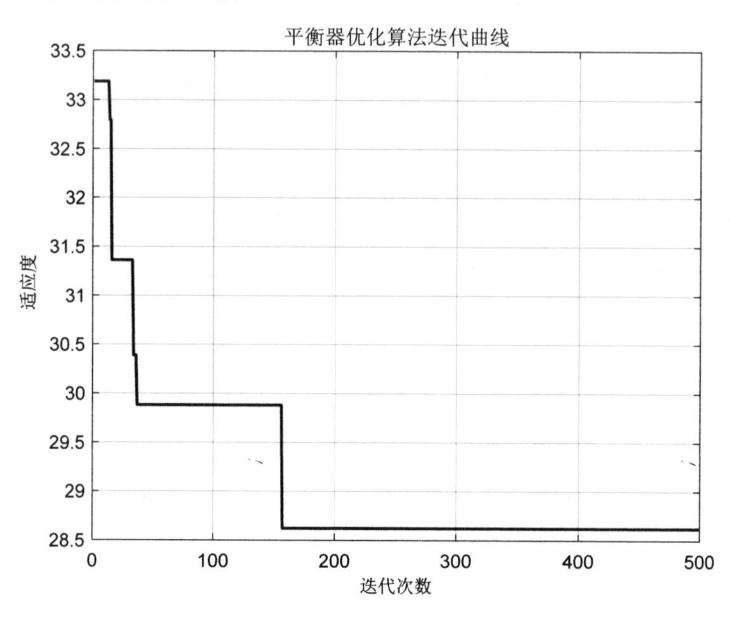

图 7.7 程序运行结果

运行结果如下：

```
求解得到的 x1 为：5.4062
求解得到的 x2 为：0.33616
最优解对应的函数值为：28.6219
违反约束条件的个数 0
```

从收敛曲线上看，适应度函数值随着迭代次数不断减小，表明平衡优化器算法不断地对参数进行优化。最后，在约束条件范围内，得到了一组满足约束条件的参数，对管状柱的优化设计具有指导意义。

参 考 文 献

[1] Faramarzi A, Heidarinejad M, Stephens B, et al. Equilibrium optimizer: A novel optimization algorithm[J]. Knowledge-Based Systems, 2020, 191: 105190.

[2] 崔心惠，詹玉新，李文萱，等. 改进平衡优化器算法研究综述[J]. 微电子学与计算机，2022，39（7）：1-11.

[3] 张伟康，刘升，黄倩，等. 考虑距离因素与精英进化策略的平衡优化器[J]. 计算机应用，2022，42（06）：1844-1851.

[4] 杨蕾，李胜男，黄伟，等. 基于平衡优化器的含高比例风光新能源电网无功优化[J]. 电

力系统及其自动化学报，2021，33（4）：32-39.

[5] Too J, Mirjalili S. General learning equilibrium optimizer: a new feature selection method for biological data classification[J]. Applied Artificial Intelligence, 2021, 35(3): 247-263.

[6] Wunnava A, Naik M K, Panda R, et al. A novel interdependence based multilevel thresholding technique using adaptive equilibrium optimizer[J]. Engineering Applications of Artificial Intelligence, 2020, 94: 103836.

[7] 赵娟. 基于改进平衡优化器的电力系统最优潮流计算[J]. 宁夏电力，2021（02）：1-7.

[8] 井萌. 基于 EO 优化 ELM 的变压器励磁涌流识别方法研究[D]. 西安科技大学，2021.

[9] 李守玉，何庆，陈俊. 改进平衡优化器算法的 WSN 覆盖优化[J]. 计算机应用研究，2022.

[10] Abdel-Basset M, Mohamed R, Mirjalili S, et al. Solar photovoltaic parameter estimation using an improved equilibrium optimizer[J]. Solar Energy, 2020, 209: 694-708.

[11] Fu Z, Hu P, Li W, et al. Parallel equilibrium optimizer algorithm and its application in capacitated vehicle routing problem[J]. Intelligent Automation and Soft Computing, 2021, 27(1): 233-247.

第 8 章　海洋捕食者算法

本章首先概述海洋捕食者算法的基本原理；然后，使用 MATLAB 实现海洋捕食者算法的基本代码；最后，将海洋捕食者算法应用于函数寻优问题和活塞杆设计问题。

8.1　基本原理

海洋捕食者算法（marine predators algorithm，MPA）是由 Afshin Faramarzi 等于 2020 年提出的一种新型元启发式优化算法，其灵感源于鲨鱼、巨蜥、太阳鱼、马鱼和箭鱼等海洋生物的捕食行为和觅食策略，通过模拟这些海洋生物捕食猎物的规律求解优化问题。

海洋捕食者与猎物之间不同的移动速率促使捕食者在 Levy 飞行运动和布朗运动中选择觅食策略。MPA 模拟海洋捕食者捕食猎物的行为可以分为 3 个阶段：第一个阶段是猎物比捕食者移动快得多，捕食者采取的觅食策略是布朗运动；第二个阶段是捕食者与猎物以几乎相同的速度移动，捕食者采取的觅食策略是 Levy 运动和布朗运动同时进行，一半种群数量的捕食者进行 Levy 运动，另外一半进行布朗运动；第三个阶段是捕食者移动速度比猎物稍快时，捕食者采取的觅食策略是 Levy 运动。

8.1.1　初始化

MPA 通过对初始种群采用随机定位模拟海洋捕食，以一组随机解作为初始化搜索空间，其数学表达式如下：

$$X_0 = X_{\min} + rand(X_{\max} - X_{\min}) \tag{8.1}$$

式中，$X_{\max}$ 和 $X_{\min}$ 分别为搜索空间的上、下限值；$rand$ 为服从[0,1]均匀分布的随机数。

根据适者生存理论，在 MPA 中，捕食者群体中捕食能力最强的个体叫作顶级捕食者，利用顶级捕食者构建一个 ***Elite*** 矩阵，在每次迭代的最后，如果有捕食能力更佳的捕食者出现，那么它将取代原有的顶级捕食者成为新的顶级捕食者，***Elite*** 矩阵也会被更新。***Elite*** 矩阵如下：

$$
\boldsymbol{Elite} = \begin{bmatrix} \boldsymbol{X}_{1,1}^{I} & \boldsymbol{X}_{1,2}^{I} & \cdots & \boldsymbol{X}_{1,d}^{I} \\ \boldsymbol{X}_{2,1}^{I} & \boldsymbol{X}_{2,2}^{I} & \cdots & \boldsymbol{X}_{2,d}^{I} \\ \cdots & \cdots & \cdots & \cdots \\ \boldsymbol{X}_{n,1}^{I} & \boldsymbol{X}_{n,2}^{I} & \cdots & \boldsymbol{X}_{n,d}^{I} \end{bmatrix}_{n\times d} \tag{8.2}
$$

式中，n 为捕食者个体数；d 为捕食者个体维度；$\boldsymbol{X}^I$ 为顶级捕食者向量，其复制多次形成了 ***Elite*** 矩阵。另一个与 ***Elite*** 矩阵具有相同维数的矩阵称为猎物 ***Prey*** 矩阵，捕食者根据它更新自己的位置。***Prey*** 矩阵如下：

$$
\boldsymbol{Prey} = \begin{bmatrix} \boldsymbol{X}_{1,1} & \boldsymbol{X}_{1,2} & \cdots & \boldsymbol{X}_{1,d} \\ \boldsymbol{X}_{2,1} & \boldsymbol{X}_{2,2} & \cdots & \boldsymbol{X}_{2,d} \\ \cdots & \cdots & \cdots & \cdots \\ \boldsymbol{X}_{n,1} & \boldsymbol{X}_{n,2} & \cdots & \boldsymbol{X}_{n,d} \end{bmatrix}_{n\times d} \tag{8.3}
$$

8.1.2　优化阶段

MPA 的优化过程按照猎物和海洋捕食者的不同速度比可分为 3 个阶段，即高速比，等速比和低速比，v 为猎物与捕食者的速度比。

1. 高速比

当高速比或当猎物比捕食者移动的速度快得多即猎物与捕食者的速度比大于等于 10（$v \geqslant 10$）时，此阶段发生在迭代总数的前三分之一处，MPA 处于勘探阶段，捕食者的最佳觅食策略是布朗运动，勘探搜索空间并捕获猎物，捕食者位置更新如下：

$$
\begin{cases} stepsize_i = \boldsymbol{R}_B \otimes (\boldsymbol{Elite}_i - \boldsymbol{R}_B \otimes \boldsymbol{Prey}_i) \\ \boldsymbol{Prey}_i = \boldsymbol{Prey}_i + P \cdot \boldsymbol{R} \otimes stepsize_i \end{cases}, \quad i = 1,2,\cdots,n.t < T/3 \tag{8.4}
$$

式中，$stepsize$ 为移动步长；$\boldsymbol{R}_B$ 为包含一系列基于正态分布产生的随机数向量，它表示布朗运动；$\boldsymbol{Elite}_i$ 为由顶级捕食者构造的精英矩阵；$\boldsymbol{Prey}_i$ 为与精英矩阵具有相同维数的猎物矩阵；$\otimes$ 为逐项乘法运算符；P 等于 0.5；$\boldsymbol{R}$ 为[0,1]内均匀随机向量；n 为种群规模；t 为当前迭代次数；T 为最大迭代次数。

2. 等速比

在单位速度比下（$v \approx 1$），猎物和捕食者速度相当，都在寻找食物，该阶段发生在迭代总数的中期，这时算法由勘探逐渐过渡为开发。其中，猎物基于 Levy 运动进行开发，捕食者基于布朗运动进行勘探，由于勘探和开发都很重要，所以在 MPA 中，种群的前半部分用于勘探，另一半种群被用于开发。

当 $T/3 < t < 2T/3$ 时，上述过程的前半部分种群位置更新如下：

$$
\begin{cases} stepsize_i = \boldsymbol{R}_L \otimes (\boldsymbol{Elite}_i - \boldsymbol{R}_L \otimes \boldsymbol{Prey}_i) \\ \boldsymbol{Prey}_i = \boldsymbol{Prey}_i + P \cdot \boldsymbol{R} \otimes stepsize_i \end{cases}, \quad i = 1,2,\cdots,n/2 \tag{8.5}
$$

另一半种群位置更新如下：

$$\begin{cases} stepsize_i = \boldsymbol{R}_B \otimes (\boldsymbol{R}_B \otimes \boldsymbol{Elite}_i - \boldsymbol{Prey}_i) \\ \boldsymbol{Prey}_i = \boldsymbol{Elite}_i + P \cdot CF \otimes stepsize_i \end{cases}, \quad i = n/2, \cdots, n \tag{8.6}$$

式中，$\boldsymbol{R}_L$ 为遵循 Levy 分布的随机向量，代表 Levy 运动；$CF = (1 - t/T)^{(2t/T)}$ 为控制捕食者移动步长的自适应参数。

3. 低速比

当低速比或捕食者移动速度快于猎物时（v=0.1），该阶段发生在迭代总数的最后阶段，MPA 由勘探已转化为开发，主要提高算法的开发能力。捕食者的最佳觅食策略是 Levy 运动，其位置更新可表示为：

$$\begin{cases} stepsize_i = \boldsymbol{R}_L \otimes (\boldsymbol{R}_L \otimes \boldsymbol{Elite}_i - \boldsymbol{Prey}_i) \\ \boldsymbol{Prey}_i = \boldsymbol{Elite}_i + P \cdot CF \otimes stepsize_i \end{cases}, \quad i = 1, 2, \cdots, n. t > 2T/3 \tag{8.7}$$

8.1.3 涡流形成与鱼群聚集装置效应

导致海洋捕食者行为改变的另一个原因是环境问题，如涡流形成或人工鱼群聚集装置（fish aggregation devices，FADs）效应。根据研究，海洋捕食者 80%以上的时间都在 FADs 附近，而剩下的 20%，它们可能会在不同维度上进行更长的跳跃，以找到一个有其他猎物分布的环境。FADs 可以表示探索区域的局部最优，为避免陷入这种局部最优的停滞状态，可以通过在算法优化过程中设置更长的跳跃，此过程可以描述为：

$$\begin{cases} \boldsymbol{Prey}_i = \boldsymbol{Prey}_i + CF[\boldsymbol{X}_{\min} + R \otimes (\boldsymbol{X}_{\max} - \boldsymbol{X}_{\min})] \otimes \boldsymbol{U} & 若\ r \leqslant \text{FADs} \\ \boldsymbol{Prey}_i = \boldsymbol{Prey}_i + [\text{FADs}(1-r) + r](\boldsymbol{Prey}_{r1} - \boldsymbol{Prey}_{r2}) & 若\ r > \text{FADs} \end{cases} \tag{8.8}$$

式中，FADs 为影响算法优化过程的概率，在通常情况下取 0.2；$\boldsymbol{U}$ 是包含 0 和 1 的二进制向量，通过在[0,1]中生成一个随机数组，如果随机数组小于 0.2，则随机数组 $\boldsymbol{U}$ 转换为 0，如果大于 0.2，则 $\boldsymbol{U}$ 转换为 1；r 表示[0,1]中产生的一个随机数，$\boldsymbol{X}_{\max}$ 和 $\boldsymbol{X}_{\min}$ 为包含维数上下限的向量；r_1 和 r_2 分别为 $\boldsymbol{Prey}$ 矩阵的随机索引。当 $r \leqslant$ FADs 时，捕食者会在不同的维度上进行更长时间的跳跃，以此寻找其他最优解分布空间，从而达到跳出局部最优的效果；当 $r >$ FADs 时，捕食者会在当前的捕食者空间内随机移动。

8.1.4 海洋捕食者算法流程

海洋捕食者优化算法的流程图如图 8.1 所示，具体步骤如下。

步骤 1：设定算法参数，初始化种群。

步骤 2：计算适应度，记录最优位置，构建 $\boldsymbol{Elite}$ 矩阵。

步骤 3：捕食者根据迭代阶段，按式（8.4）进行勘探并更新位置；按式（8.5）和式（8.6）进行勘探与开发之间的转换并更新位置；根据式（8.7）进行开发并更新位置。

步骤 4：计算适应度，更新最优位置。

步骤 5：应用 FADs 的作用，根据式（8.8）更新种群。

步骤 6：判断是否满足停止条件，如果不满足，则重复步骤 3～步骤 5，否则输出算法最优结果。

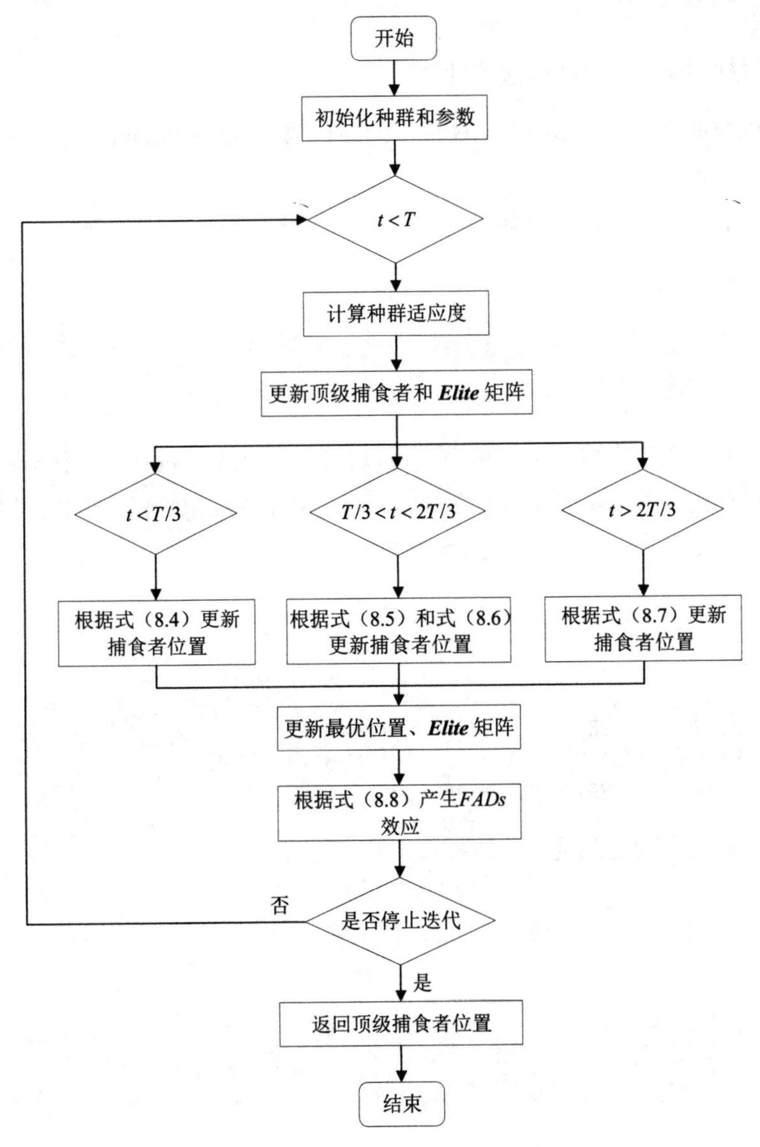

图 8.1　海洋捕食者算法流程图

8.2　MATLAB 实现

本节主要介绍海洋捕食者算法的MATLAB代码具体实现，包括种群初始化；适应度函数；边界检查和约束函数；海洋捕食者算法代码几个部分。

8.2.1　种群初始化

1．MATLAB 随机数生成函数

随机数的生成采用 MATLAB 自带的随机数生成函数 rand()，rand()生成[0,1]之间的随机数。

```
>> rand()
```

运行结果如下：

```
ans =

    0.8540
```

如果要一次性生成多个随机数，可以使用 rand(row, col)，其中 row，col 分别代表行和列，如 rand(3,4)表示生成 3 行 4 列的范围在[0,1]之间的随机数。

```
>> rand(3,4)
```

运行结果如下：

```
ans =

    0.5147    0.9334    0.4785    0.8649
    0.7058    0.4324    0.5449    0.3576
    0.1670    0.2975    0.9585    0.9706
```

如果要生成指定范围内的随机数，其表达式如下：

$$r = lb + (ub - lb) \times \mathrm{rand}()$$

式中，ub 代表范围的上边界，lb 代表范围的下边界。如在[0,3]范围内生成 5 个随机数：

```
ub = 3; %上边界
lb = 0; %下边界
r = (ub - lb).*rand(1,5) + lb
```

运行结果如下：

```
r =

    2.5472    1.3766    3.8785    2.9672    0.2071
```

2. 海洋捕食者算法种群初始化函数编写

将海洋捕食者算法种群初始化函数单独定义为一个函数，命名为initialization。利用随机数生成方式生成初始种群。

```
%% 初始化函数
function X = initialization(pop,ub,lb,dim)
    %pop 为种群数量
    %dim 为每个个体的维度
    %ub 为每个维度的变量上边界，维度为[1,dim]
    %lb 为每个维度的变量下边界，维度为[1,dim]
    %X 为输出的种群，维度为[pop,dim]
    X = zeros(pop,dim); %为 X 事先分配空间
    for i = 1:pop
        for j = 1:dim
            X(i,j) = (ub(j) - lb(j))*rand() + lb(j);   %生成[lb,ub]之间的随机数
        end
    end
end
```

例如，设定种群数量为 5，每个个体维度为 3，每个维度的边界为[-3,3]，利用初始化函数生成初始种群。

```
pop = 5; %种群数量
dim = 3; %每个个体维度
ub = [3,3,3]; %上边界
lb = [-3,-3,-3]; %下边界
position = initialization(pop,ub,lb,dim)
```

运行结果如下：

```
position =

    2.6040    1.0724    1.5464
    1.4588   -0.6466    0.9329
   -1.9729    1.2363   -2.8090
   -1.3385   -2.7230   -2.4172
    1.9407    1.1690   -1.0974
```

从运行结果可以看出，通过初始化函数得到的种群均在设定的上下边界范围内。

为了更加直观地表现随机初始化函数的效果，设定种群数量为 20，每个个体维度为 2，维度边界分别设置为[0,1]、[-2,-1]、[2,3]，绘制 3 种范围的随机数

生成结果，如图 8.2 所示。

```
pop = 20; %种群数量
dim = 2; %每个个体维度
ub = [1,1]; %上边界
lb = [0,0]; %下边界
position0 = initialization(pop, ub, lb, dim);
ub = [-1,-1]; %上边界
lb = [-2,-2]; %下边界
position1 = initialization(pop, ub, lb, dim);
ub = [3,3]; %上边界
lb = [2,2]; %下边界
position2 = initialization(pop, ub, lb, dim);
figure
plot(position0(:,1),position0(:,2),'bo');
hold on
plot(position1(:,1),position1(:,2),'b.');
plot(position2(:,1),position2(:,2),'bo');
grid on
title('不同随机数范围生成结果')
xlabel('X')
ylabel('Y')
legend('[0,1]','[-2,-1]','[2,3]')
```

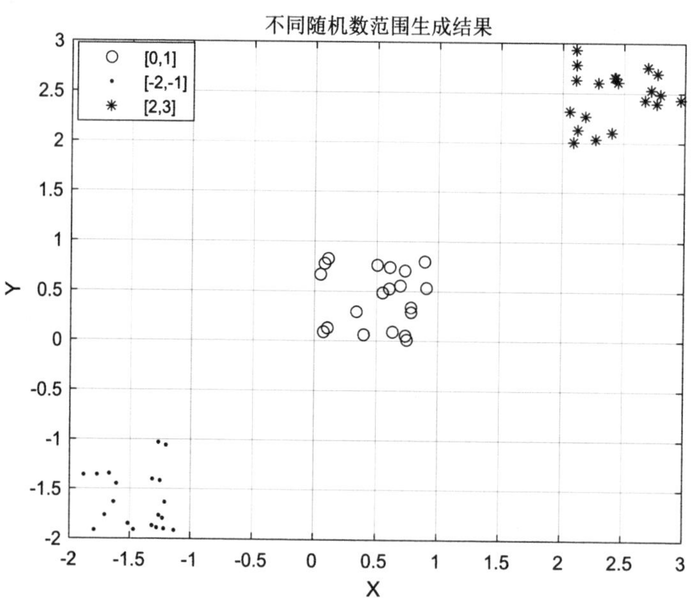

图 8.2　程序运行结果

从图 8.2 可以看出，生成的种群均在相应的边界范围内产生。

8.2.2　适应度函数

在学术研究与工程实践中，优化问题是多种多样的，需要根据问题优化目标的不同设计相应的适应度函数（也称目标函数）。为了便于后续优化算法调用适应度函数，通常将适应度函数单独写成一个函数，命名为 fun()。如定义一个适应度函数 fun()，并存放在 fun.m 中，适应度函数 fun()定义如下：

```
%% 适应度函数
function fitness = fun(x)
%x 为输入一个个体，维度为 dim
%fitness 为输出的适应度
    fitness =sum(x.^2);
end
```

可以看到，适应函数 fun()是 x 所有维度的平方和，如 x=[2,3]，那么经过适应度函数计算后得到的值为 13。

```
x=[2,3];
fitness = fun(x)
```

运行结果如下：

```
fitness =

    13
```

8.2.3　边界检查和约束函数

边界检查的目的是防止变量超过预先指定的范围，具体逻辑是当变量大于上边界（ub）时，将变量设为上边界；当变量小于下边界（lb）时，将变量设为下边界；当变量小于等于上边界（ub），且大于等于下边界（lb）时，变量保持不变。形式化描述如下：

$$val = \begin{cases} ub, 若\ val > ub \\ lb, 若\ val < lb \\ val, 若\ lb \leqslant val \leqslant ub \end{cases}$$

定义边界检查函数为 BoundaryCheck。

```
%% 边界检查函数
function [X] = BoundaryCheck(x,ub,lb,dim)
    %x 为输入数据，维度为[1,dim]
    %ub 为数据上边界，维度为[1,dim]
    %lb 为数据下边界，维度为[1,dim]
```

```
    %dim 为数据的维度大小
    for i = 1:dim
        if x(i)>ub(i)
            x(i) = ub(i);
        end
        if x(i)<lb(i)
            x(i) = lb(i);
        end
    end
    X = x;
end
```

如 x=[0.5,2,-2,1]，定义上边界为[1,1,1,1]，下边界为[-1,-1,-1,-1]，经过边界检查和约束后，x 应该为[0.5,1,-1,1]。

```
x = [0.5,1,-1,1];
ub = [1,1,1,1];
lb = [-1,-1,-1,-1];
x = BoundaryCheck(x)
```

运行结果如下：

```
x =

    0.5000    1.0000   -1.0000    1.0000
```

8.2.4 Levy 飞行

在 8.1.2 节中的优化阶段策略中，使用了 Levy 飞行，其表达式如下：

$$LF(D)=0.01\times\frac{u\times\sigma}{|v|^{\frac{1}{\beta}}},\sigma=\left(\frac{\Gamma(1+\beta)\times\sin\left(\frac{\pi\beta}{2}\right)}{\Gamma\left(\frac{1+\beta}{2}\right)\times\beta\times2^{\left(\frac{\beta-1}{2}\right)}}\right)^{\frac{1}{\beta}}$$

式中，β 是一个默认变量，通常情况下取 1.5；u 和 v 是一个[0,1]范围内的随机变量；Γ 表示 Gamma 函数，对于整数 β，$\Gamma(1+\beta)=\beta$。

为了方便调用，将 Levy 飞行单独写成一个函数，命名为 Levy。

```
%% Levy 飞行函数
%输入：d 产生 Levy 飞行数据的个数
%输出：o 为 Levy 飞行生成的数据，维度为 d 维
function o=Levy(d)
    beta=1.5;
    sigma=(gamma(1+beta)*sin(pi*beta/2)/(gamma((1+beta)/2)*beta*2^((beta-1)/2)))^
(1/beta);
```

```
    u=randn(1,d)*sigma;
    v=randn(1,d);
    step=u./abs(v).^(1/beta);
    o=0.01*step;
end
```

用 Levy 飞行生成 20 组二维数据，观察其变化，二维 Levy 飞行变化图如图 8.3 所示。

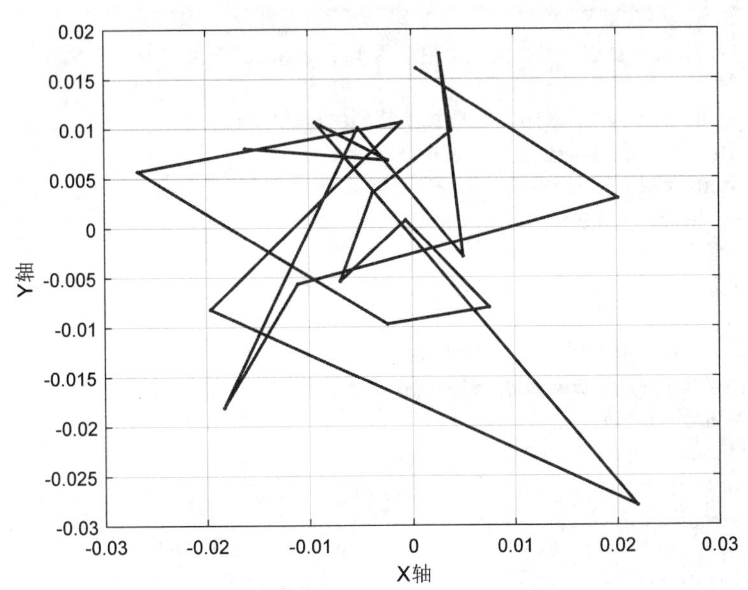

图 8.3　二维 Levy 飞行变化示意图

```
%Levy 飞行示意图
X=Levy(20);%20 组数据的横坐标
Y=Levy(20);%20 组数据的纵坐标
figure
plot(X,Y,'.-','LineWidth',1.5);
xlabel('X 轴');
ylabel('Y 轴');
grid on
title('二维 Levy 飞行示意图')
```

在图 8.3 中可以看出，Levy 飞行的轨迹随机性较强，有利于帮助海洋捕食者的探索。

8.2.5　海洋捕食者算法代码

由 8.1 节海洋捕食者算法的基本原理编写海洋捕食者算法的基本代码，定义海洋捕食者算法的函数名为 MPA。

```
%%-------------海洋捕食者优化算法函数---------------------%%
%% 输入
%    pop 为种群数量
%    dim 为每个个体的维度
%    ub 为个体上边界信息，维度为[1,dim]
%    lb 为个体下边界信息，维度为[1,dim]
%    fobj 为适应度函数接口
%    maxIter 为算法的最大迭代次数，用于控制算法的停止
%% 输出
%    Best_Pos 为海洋捕食者优化算法找到的最优位置
%    Best_fitness 为最优位置对应的适应度
%    IterCure 用于记录每次迭代的最佳适应度，即后续用来绘制迭代曲线
function [Best_Pos,Best_fitness,IterCurve] = MPA(pop,dim,ub,lb,fobj,maxIter)
    %参数设定
    P=0.5;
    FADs=0.2;
    %% 海洋捕食者种群初始化
    Prey = initialization(pop,ub,lb,dim);
    %% 计算适应度
    fitness = zeros(1,pop);
    for i = 1:pop
        fitness(i) = fobj(Prey(i,:));
    end
    %获取种群最优个体及适应度，最优个体位置即为猎物位置
    [fitnessBest,indexMin] = min(fitness);
    Best_Pos = Prey(indexMin,:);
    Best_fitness = fitnessBest;

    %% 迭代
    for t=1:maxIter
        %精英矩阵生成
        Elite = repmat(Best_Pos,pop,1);
        CF=(1-t/maxIter)^(2*t/maxIter);%控制捕食者移动步长的自适应参数
        for i =1:pop
            RL=Levy(dim);%Levy 随机变量
            for j =1:dim
                %% 优化阶段（1）高速比
                if t<maxIter/3
                    RB=randn();
                    R=rand();
                    stepSize=RB*(Elite(i,j)-RB)*Prey(i,j);
                    Prey(i,j)=Prey(i,j)+P*R*stepSize;%式（8.4）
```

```
            elseif t>=maxIter/3&&t<2*maxIter/3 %等速比
                if i>pop/2
                    RB=randn();
                    stepsize=RB*(RB*Elite(i,j)-Prey(i,j));
                    Prey(i,j)=Elite(i,j)+P*CF*stepsize; %式（8.6）
                else
                    stepsize=RL(j)*(Elite(i,j)-RL(j)*Prey(i,j));
                    Prey(i,j)=Prey(i,j)+P*R*stepsize; %式（8.5）
                end
            else %低速比
                stepsize(i,j)=RL(j)*(Elite(i,j)-RL(j)*Prey(i,j));
                Prey(i,j)=Elite(i,j)+P*CF*stepsize(i,j);  %式（8.7）
            end
        end
        Prey(i,:)=BoundaryCheck(Prey(i,:),ub,lb,dim);%边界检查
        fitness(i)=fobj(Prey(i,:));%计算适应度
        %更新最优位置和适应度
        if fitness(i)<Best_fitness
            Best_fitness = fitness(i);
            Best_Pos = Prey(i,:);
        end
    end
    %% 涡流形成与 FADs 效应式（8.8）
    if rand()<FADs
        for i=1:pop
            for j=1:dim
                if rand()<0.2
                    U=0;
                else
                    U=1;
                end
                Prey(i,j)=Prey(i,j)+CF*((lb(j)+rand()*(ub(j)-lb(j)))*U);
            end
        end
    else
        for i=1:pop
            index=randperm(pop,2);%随机选取 2 个索引
            for j=1:dim
                Prey(i,j)=Prey(i,j)+CF*(FADs*(1-rand())+rand())*(Prey(index(1),
j)-Prey(index(2),j));
            end
        end
    end
```

```
        %记录当前迭代的最优解适应度
        IterCurve(t) = Best_fitness;
    end
end
```

综上，海洋捕食者算法的基本代码编写完成，可以通过函数 MPA 进行调用。下面将讲解如何使用上述海洋捕食者算法解决优化问题。

8.3　函 数 寻 优

本节主要介绍如何利用海洋捕食者算法对函数进行寻优，包括：寻优函数问题描述；适应度函数设计；主函数设计几个部分。

8.3.1　问题描述

求解一组 x_1, x_2，使得下面函数的值最小，即求解函数的极小值。

$$f(x_1, x_2) = -x_1 \sin\left(\sqrt{|x_1|}\right) - x_2 \sin\left(\sqrt{|x_2|}\right)$$

式中，x_1 和 x_2 的取值范围分别为[−500,500]，[−500,500]。

待求解函数的搜索空间是怎样的呢？为了直观、形象、生动地展现待求解函数的搜索空间，可以使用 MATLAB 绘图的方式进行查看，以 x_1 为 X 轴，x_2 为 Y 轴，$f(x_1, x_2)$ 为 Z 轴，绘制该待求解函数的搜索空间，代码如下，效果如图 8.4 所示。

```
%% 绘制 f(x1,x2)的搜索曲面
clc;clear;
x1 =-500:2:500; %以 2 步长，生成[-500,500]的 x1 的值
x2 = -500:2:500;%以 2 步长，生成[-500,500]的 x2 的值
for i= 1:size(x1,2)
    for j = 1:size(x2,2)
        X1(i,j) = x1(i);
        X2(i,j) = x2(j);
        f(i,j)  =  -X1(i,j)*sin(sqrt(abs(X1(i,j))))-X2(i,j)*sin(sqrt(abs(X2(i,j))));%函数  f(x1,
x2)的值
    end
end
surfc(X1,X2,f,'LineStyle','none'); %绘制曲面
xlabel('x1');
ylabel('x2');
zlabel('f(x1,x2)')
title('f(x1,x2)函数搜索空间')
```

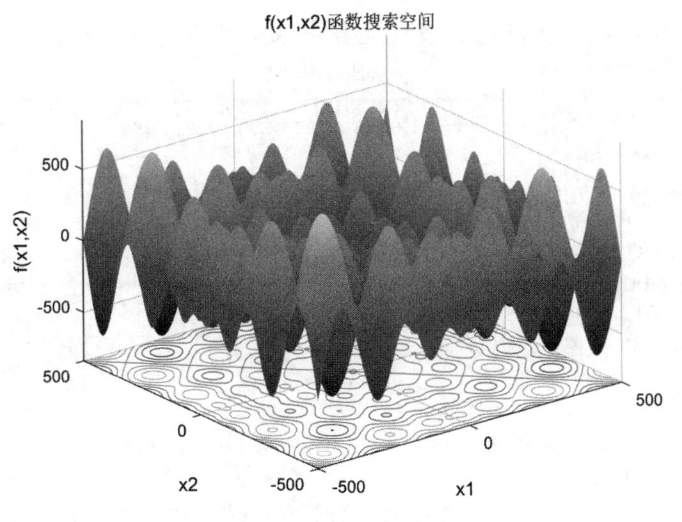

图 8.4　程序运行结果

8.3.2　适应度函数设计

在该问题中，变量范围的约束条件如下：

$$-500 \leqslant x_1 \leqslant 500$$
$$-500 \leqslant x_2 \leqslant 500$$

可以通过设置海洋捕食者个体的维度和边界条件进行设置。即设置海洋捕食者个体的维度 *dim* 为 2，海洋捕食者个体上边界 *ub* =[500,500]，海洋捕食者个体下边界 *lb*=[-500,-500]。

根据问题设定适应度函数 fun.m 如下：

```
%% 适应度函数
function fitness = fun(x)
%x 为输入一个个体，维度为[1,dim]
%fitness 为输出的适应度
    x1=x(1);
    x2=x(2);
    fitness = -x1*sin(sqrt(abs(x1)))-x2*sin(sqrt(abs(x2)));
end
```

8.3.3　主函数设计

设置海洋捕食者算法的参数如下。

海洋捕食者数量 *pop* 为 50，最大迭代次数 *maxIter* 为 100，海洋捕食者个体的维度 *dim* 为 2，海洋捕食者个体上边界 *ub* =[500,500]，海洋捕食者个体下边界

lb=[-500,-500]。使用海洋捕食者优化算法求解待求解函数极值问题的主函数 main.m 如下：

```
%% 海洋捕食者优化算法求解-x1*sin(sqrt(abs(x1)))-x2*sin(sqrt(abs(x2)))的最小值
clc;clear all;close all;
%参数设定
pop = 50;%种群数量
dim = 2;%变量维度
ub = [500,500];%个体上边界信息
lb = [-500,-500];%个体下边界信息
maxIter = 100;%最大迭代次数
fobj = @(x) fun(x);%设置适应度函数为 fun(x)
%海洋捕食者优化算法求解问题
[Best_Pos,Best_fitness,IterCurve] = MPA(pop,dim,ub,lb,fobj,maxIter);
%绘制迭代曲线
figure
plot(IterCurve,'r-','linewidth',1.5);
grid on;%网格开
title('海洋捕食者优化算法迭代曲线')
xlabel('迭代次数')
ylabel('适应度')

disp(['求解得到的 x1，x2 为',num2str(Best_Pos(1)),'     ',num2str(Best_Pos(2))]);
disp(['最优解对应的函数值为：',num2str(Best_fitness)]);
```

程序运行得到的海洋捕食者优化算法迭代曲线，如图 8.5 所示。

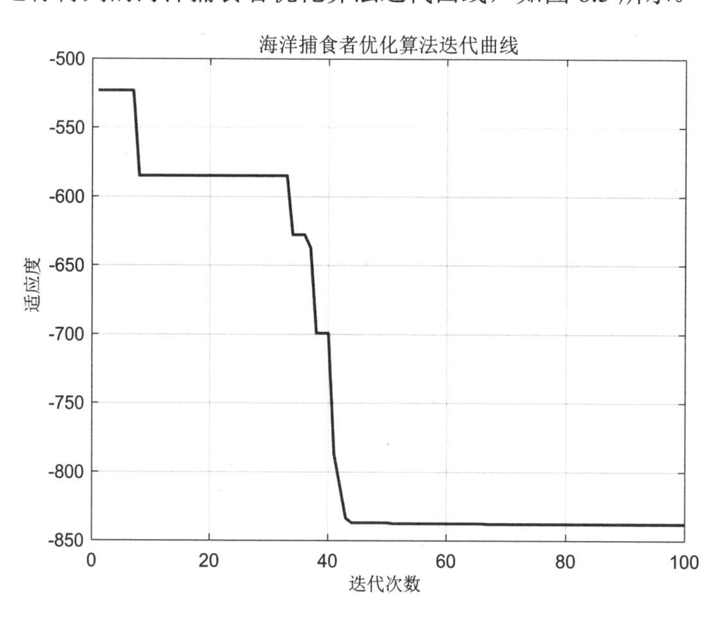

图 8.5　程序运行结果

运行结果如下：

```
求解得到的 x1，x2 为 420.9688    420.9688
最优解对应的函数值为：-837.9658
```

从海洋捕食者算法寻优的结果看，最终的求解值为(420.9688,420.9688)，适应度与理论最优值-418.9829*2=-837.9658 相等，表明海洋捕食者优化算法具有较好的寻优能力。

8.4 活塞杆设计

本节主要介绍如何利用海洋捕食者算法对活塞杆设计工程问题进行参数寻优。主要包括问题描述；适应度函数设计；主函数设计几个部分。

8.4.1 问题描述

此问题主要是通过将活塞杆从 0°～45°抬起时的油量最小化，活塞部件的设计如图 8.6 所示。该问题有 4 个设计变量 $H(=x_1)$，$B(=x_2)$，$D(=x_3)$，$X(=x_4)$，数学模型如下。

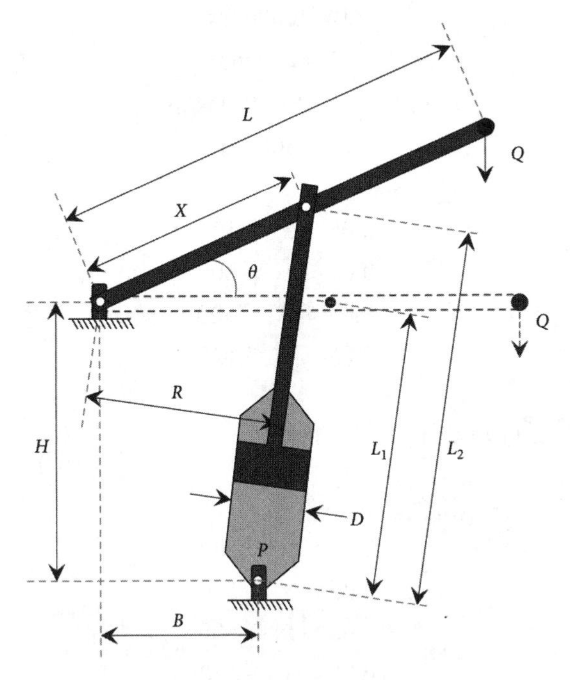

图 8.6 活塞杆设计问题示意图

最小化：

$$\min f(x) = \frac{1}{4}\pi x_3^2(L_2 \quad L_1)$$

约束条件为：

$$g_1(X) = QL\cos\theta - R \times F \leqslant 0$$
$$g_2(X) = Q(L - x_4) - M_{\max}$$
$$g_3(X) = 1.2(L_2 - L_1) - L_1 \leqslant 0$$
$$g_4(X) = \frac{x_3}{2} - x_2 \leqslant 0$$

式中：

$$R = \frac{\left|-x_4(x_4\sin\theta + x_1) + x_1(x_2 - x_4\cos\theta)\right|}{\sqrt{(x_4 - x_2)^2 + x_1^2}}$$
$$F = \frac{\pi P x_3^2}{4}$$
$$L_1 = \sqrt{(x_4 - x_2)^2 + x_1^2}$$
$$L_2 = \sqrt{(x_4\sin\theta + x_1)^2 + (x_2 - x_4\cos\theta)^2}$$
$$\theta = 45^\circ$$
$$Q = 10{,}000 \text{ lbs}$$
$$L = 240 \text{ in}$$
$$M_{\max} = 1.8 \times 10^6 \text{ lbs/in}$$
$$P = 1500 \text{ psi}$$

变量范围：

$$0.05 \leqslant x_1 \leqslant 500$$
$$0.05 \leqslant x_2 \leqslant 500$$
$$0.05 \leqslant x_3 \leqslant 500$$
$$0.05 \leqslant x_4 \leqslant 120$$

8.4.2　适应度函数设计

在该问题中，变量范围的约束条件如下：

$$0.05 \leqslant x_1 \leqslant 500$$
$$0.05 \leqslant x_2 \leqslant 500$$
$$0.05 \leqslant x_3 \leqslant 500$$
$$0.05 \leqslant x_4 \leqslant 120$$

可以通过设置海洋捕食者个体的边界条件进行设置。即设置海洋捕食者个体的

上边界为 ub=[500,500,500,120]，海洋捕食者个体的下边界为 lb =[0.05,0.05,0.05,0.05]。针对约束 $g_1(X)$～$g_4(X)$，在适应度函数中进行处理。针对不满足约束条件的情况，采用增加惩罚数的方式对适应度进行求解，当满足约束条件时，不增加惩罚数，反之增加，使得不满足条件个体的适应度比较大，竞争力减弱。定义不满足约束条件的个数为 n，惩罚系数为 P，惩罚数的计算如下：

$$V = nP$$

适应度的计算如下：

$$fitness = f(x) + V$$

定义适应度函数 fun 如下：

```
%% 适应度函数
function [fitness,g] = fun(x)
    Ps=10E4;%惩罚系数
    H=x(1);
    B=x(2);
    D=x(3);
    X=x(4);
    P=1500;
    Q=10000;
    L=240;
    Mmax=1.8e+6;
    teta = 0.25*pi;
    R=abs(-X*(X*sin(teta)+H)+H*(B-X*cos(teta)))/sqrt((X-B)^2+H^2);
    F=0.25*pi*P*D^2;
    l1=((X-B)^2+H^2)^0.5;
    l2=((X*sin(teta)+H)^2+(B-X*cos(teta))^2)^0.5;
    f=0.25*pi*P*D^2*(l2-l1);
    %约束条件计算
    g(1)=Q*L*cos(teta)-R*F;
    g(2)=Q*(L-X)-Mmax;
    g(3)=1.2*(l2-l1)-l1;
    g(4)=0.5*D-B;

    V = Ps*sum(g>0);%惩罚数计算
    fitness=f + V;%计算适应度
end
```

8.4.3　主函数设计

通过上述分析，可以设置海洋捕食者算法参数如下。

设置海洋捕食者种群数量 pop 为 30，最大迭代次数 $maxIter$ 为 100，个体维度 dim 设定为 4（即 x_1，x_2，x_3，x_4），个体上边界 ub=[500,500,500,120]，个体

下边界 *lb*=[0.05,0.05,0.05,0.05]。海洋捕食者优化算法求解管状柱设计问题的主函数 main 设计如下：

```
%% 基于海洋捕食者优化算法的活塞杆设计
clc;clear all;close all;
%参数设定
pop = 30;%种群数量
dim = 4;%变量维度
ub = [ 500,500,500,120];%个体上边界信息
lb = [0.05,0.05,0.05,0.05];%个体下边界信息
maxIter = 100;%最大迭代次数
fobj = @(x) fun(x);%设置适应度函数为 fun(x)
%海洋捕食者优化算法求解问题
[Best_Pos,Best_fitness,IterCurve] = MPA(pop,dim,ub,lb,fobj,maxIter);
%绘制迭代曲线
figure
plot(IterCurve,'r-','linewidth',1.5);
grid on;%网格开
title('海洋捕食者优化算法迭代曲线')
xlabel('迭代次数')
ylabel('适应度')
disp(['求解得到的 x1 为：',num2str(Best_Pos(1))]);
disp(['求解得到的 x2 为：',num2str(Best_Pos(2))]);
disp(['求解得到的 x3 为：',num2str(Best_Pos(3))]);
disp(['求解得到的 x4 为：',num2str(Best_Pos(4))]);
disp(['最优解对应的函数值为：',num2str(Best_fitness)]);
%计算不满足约束条件的个数
[fitness,g]=fun(Best_Pos);
n=sum(g>0);%约束的值大于 0 的个数
disp(['违反约束条件的个数',num2str(n)]);
```

程序运行结果如图 8.7 所示。

运行结果如下：

```
求解得到的 x1 为：0.050043
求解得到的 x2 为：2.0415
求解得到的 x3 为：4.083
求解得到的 x4 为：119.9998
最优解对应的函数值为：12619.8461
违反约束条件的个数 0
```

从收敛曲线看，适应度函数值随着迭代次数不断减小，表明海洋捕食者算法不断地对参数进行优化。最后，在约束条件范围内，得到了一组满足约束条件的参数，对活塞杆的优化设计具有指导意义。

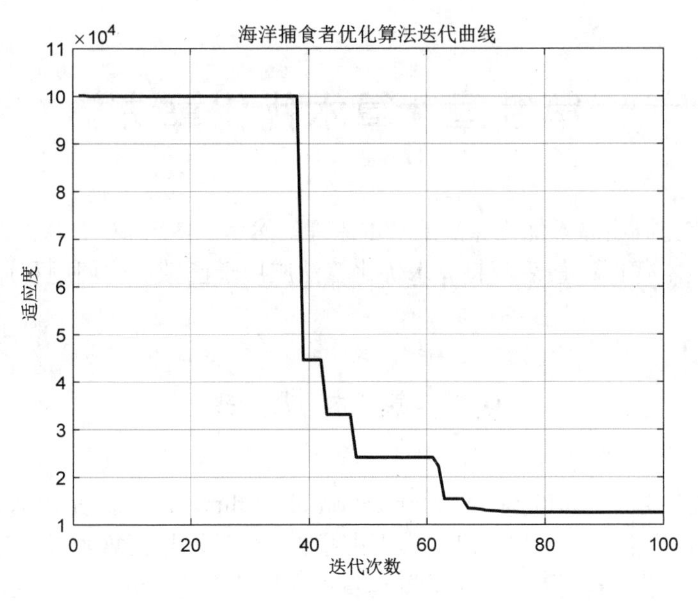

图 8.7　程序运行结果

参 考 文 献

[1] Afshin F, Seyedali M, et al. Marine Predators Algorithm: A nature-inspired metaheuristic[J]. Expert Systems with Applications, 2020, 152: 113377.

[2] 龚荣，谢宁新，李德伦，等. 基于邻域粗糙集和海洋捕食者算法的特征选择方法[J]. 微电子学与计算机，2022，39（09）：35-45.

[3] 张潇. 海洋捕食者算法的改进及应用[D]. 四川师范大学，2022.

[4] 张青，曾庆华，张宗宇，等. 基于海洋捕食者算法的武器-目标分配问题研究[J]. 兵器装备工程学报，2022，43（08）：158-163.

[5] 钟科宇. 多目标海洋捕食者算法及应用研究[D]. 广西民族大学，2022.

[6] 付华，刘尚霖，管智峰，等. 阶段化改进的海洋捕食者算法及其应用[J/OL]. 控制与决策：1-9[2022-09-14]. DOI:10.13195/j.kzyjc.2021.1749.

[7] 张磊，刘升，高文欣，等. 多子群改进的海洋捕食者算法[J]. 微电子学与计算机，2022，39（02）：51-59.

[8] 李守玉，何庆. 改进海洋捕食者算法的特征选择[J/OL]. 计算机工程与应用：1-14[2022-09-14]. http://kns.cnki.net/kcms/detail/11.2127.TP.20220428.1658.018.html.

[9] 彭晓旭. 基于改进海洋捕食者算法优化 PSPNet 的医学影像语义分割研究[D]. 东北林业大学，2021.

[10] 胡顺强，崔东文. 基于海洋捕食者算法优化的长短期记忆神经网络径流预测[J]. 中国农村水利水电，2021，（02）：78-82+90.

第 9 章　算术优化算法

本章首先概述算术优化算法的基本原理；然后，使用 MATLAB 实现算术优化算法的基本代码；最后，将算术优化算法应用于函数寻优问题和焊接梁设计问题。

9.1　基 本 原 理

算术优化算法（arithmetic optimization algorithm，AOA）是由 Abualigah 等于 2021 年提出的一种新型元启发式优化算法，该算法根据算术操作符的分布特性实现全局寻优，利用算术中的乘除运算扩大算法全局搜索的分散性，并通过加减运算提高算法局部搜索的精确性。

9.1.1　算术优化算法的原理

算术是数学的一个基本组成部分，与几何、代数和分析一样，它也是现代数学的重要组成部分之一。算术中常见的运算符就是“加（A）减（S）乘（M）除（D）”，这里把这些运算符当成算子，AOA 就是对这些简单的算子进行优化，从一组候选方案中确定符合特定标准的最佳元素。在 AOA 中，首先从矩阵（9.1）中选择一组随机生成的候选解 X，每次迭代中的最佳候选解被认为是当前的最佳解。

$$
\boldsymbol{X}=\begin{bmatrix}
x_{1,1} & \cdots & \cdots & x_{1,j} & x_{1,n-1} & x_{1,n} \\
x_{2,1} & \cdots & \cdots & x_{2,j} & \cdots & x_{2,n} \\
\cdots & \cdots & \cdots & \cdots & \cdots & \cdots \\
\vdots & \vdots & \vdots & \vdots & \vdots & \vdots \\
x_{N-1,1} & \cdots & \cdots & x_{N-1,j} & \vdots & x_{N-1,n} \\
x_{N,1} & \cdots & \cdots & x_{N,j} & x_{N,n-1} & x_{N,n}
\end{bmatrix} \tag{9.1}
$$

式中，N 为种群数量；n 为探索空间维度；$x_{i,j}$ 为第 i 个解在第 j 维空间的位置。

算法分为初始化阶段、勘探阶段和开发阶段。勘探阶段和开发阶段之间的自适应转换可以帮助 AOA 找到最佳解，并保持潜在解的多样性，从而进行更广泛的搜索。图 9.1 为 AOA 的勘探和开发机制。

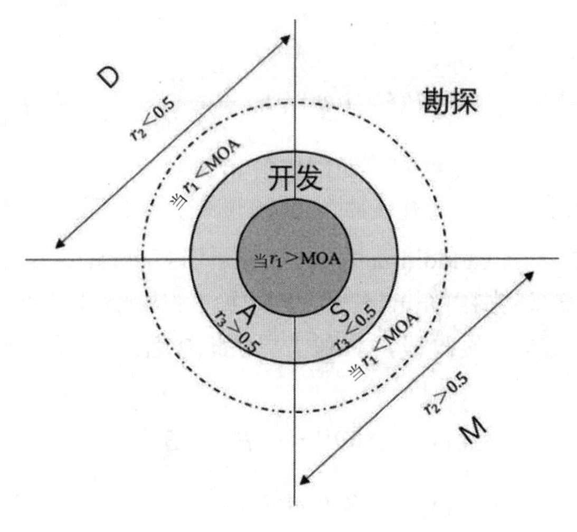

图 9.1　AOA 的勘探和开发机制

（1）初始化阶段。AOA 寻优过程分为勘探和开发阶段，并根据式（9.2）计算算术加速优化器（Math optimizer accelerated，MOA），MOA 是算法进入勘探和开发阶段的控制系数，并且随着当前迭代次数变化不断更新，其数学模型如式（9.2）所示：

$$MOA(C\_Iter) = Min + C\_Iter \times \left(\frac{Max - Min}{M\_Iter}\right) \tag{9.2}$$

式中，$MOA(C_Iter)$为当前迭代计算得出数学优化系数的具体值；Min 和 Max 分别为加速函数 $MOA()$ 的最小值和最大值；M_Iter 为最高迭代次数；C_Iter 为当前迭代次数，其值在 1～M_Iter；r_1为服从[0,1]均匀分布的随机数，当$r_1 \leqslant MOA$时，算法进行勘探阶段；当$r_1 > MOA$时，算法进行开发阶段。

（2）勘探阶段。在该阶段，AOA 主要使用除法算子 D（division）和乘法算子 M（multiplication）在勘探区域进行全局探索，提高解的分散性，增强算法的全局寻优能力以及收敛能力，实现全局探索寻优，其数学模型为：

$$x_{i,j}(C\_Iter+1) = \begin{cases} best(x_j) \div (MOP + \varepsilon) \times \left(\left(UB_j - LB_j\right) \times \mu + LB_j\right), & r_2 < 0.5 \\ best(x_j) \times MOP \times \left(\left(UB_j - LB_j\right) \times \mu + LB_j\right), & r_2 \geqslant 0.5 \end{cases} \tag{9.3}$$

式中，$x_{i,j}(C_Iter+1)$为第 i 个解的第 j 维的位置；ε 为防止分母为零的最小常数；$best(x_j)$为在迭代过程中最佳解在第 j 维的位置；UB_j 和 LB_j 分别表示在第 j 维上最优值的上界值和下界值；μ 为调整探索过程的控制参数，通常取值为 0.5；r_2 为服从[0,1]均匀分布的随机数，当$r_2 < 0.5$时，算法执行除法算子（D）进行探索阶段的寻优工作，当$r_2 \geqslant 0.5$时，算法选择乘法算子（M）执行寻优任务。

算法中设置了一个数学优化器概率系数（Math optimizer probability，MOP），其计算公式为：

$$MOP(C\_Iter) = 1 - \frac{C\_Iter^{1/\alpha}}{M\_Iter^{1/\alpha}} \tag{9.4}$$

式中，α 为迭代期间的有效精度，通常取值为 5。

（3）开发阶段。当 $r_1 > \text{MOA}$ 时，算法进入开发阶段。在该阶段，AOA 算法主要使用加法算子 A（adddition）和减法算子 S（subtraction）降低解的分散性，这有利于种群在局部范围内充分开发，提高算法的局部寻优能力。因此采用加强 A 和 S 的联系来支持开发阶段，有利于更快地接近最优解，该阶段的数学模型如下：

$$x_{i,j}(C\_Iter+1) = \begin{cases} best(x_j) - MOP \times \left(\left(UB_j - LB_j\right) \times \mu + LB_j\right), & r_3 < 0.5 \\ best(x_j) + MOP \times \left(\left(UB_j - LB_j\right) \times \mu + LB_j\right), & r_3 \geqslant 0.5 \end{cases} \tag{9.5}$$

式中，r_3 为服从[0,1]均匀分布的随机数，当 $r_3 < 0.5$ 时，算法执行减法算子（S）进行开发阶段的寻优；当 $r_3 \geqslant 0.5$ 时，算法执行加法算子（A）进行开发阶段的寻优。该阶段与勘探阶段很相似，不过更有助于在勘探区域找到最优解并保持。参数 μ 是为了在每次迭代中产生不完全相同的随机值，保证每次迭代都能继续开发，有利于跳出局部最优找到全局最优解。

算术运算符的层次结构及其从外到内的优先地位，如图 9.2 所示。

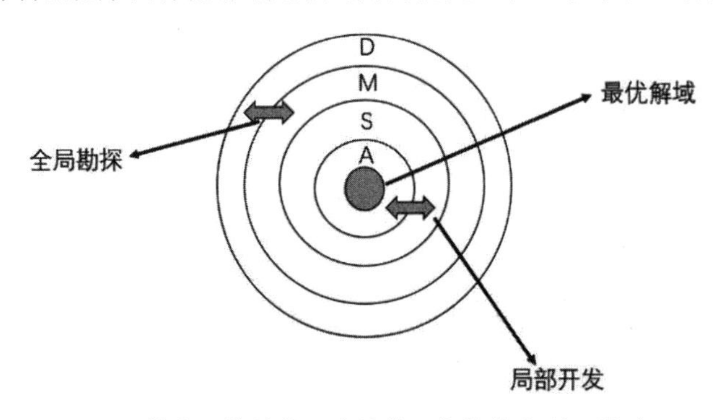

图 9.2　算术运算符的层次结构（优势从上到下递减）

9.1.2　算术优化算法流程

算术优化算法的流程如图 9.3 所示，具体步骤如下。

步骤 1：初始化种群规模 N，搜索空间维度 n，设置最大迭代次数 M_Iter、搜索范围上界 UB_j 和下界 LB_j。

步骤 2：使用式（9.2）计算 MOA，使用式（9.4）计算 MOP，产生随机数 r_1，找出当前最优个体 $best(x_j)$。

步骤 3：如果 $r_1 \leqslant MOA$，则利用式（9.3）进行位置更新，如果 $r_1 > MOA$，则利用式（9.5）进行位置更新。

步骤 4：判断是否达到最大迭代次数，满足条件，结束算法，否则执行步骤 2。

步骤 5：算法结束，输出最优个体为寻优结果。

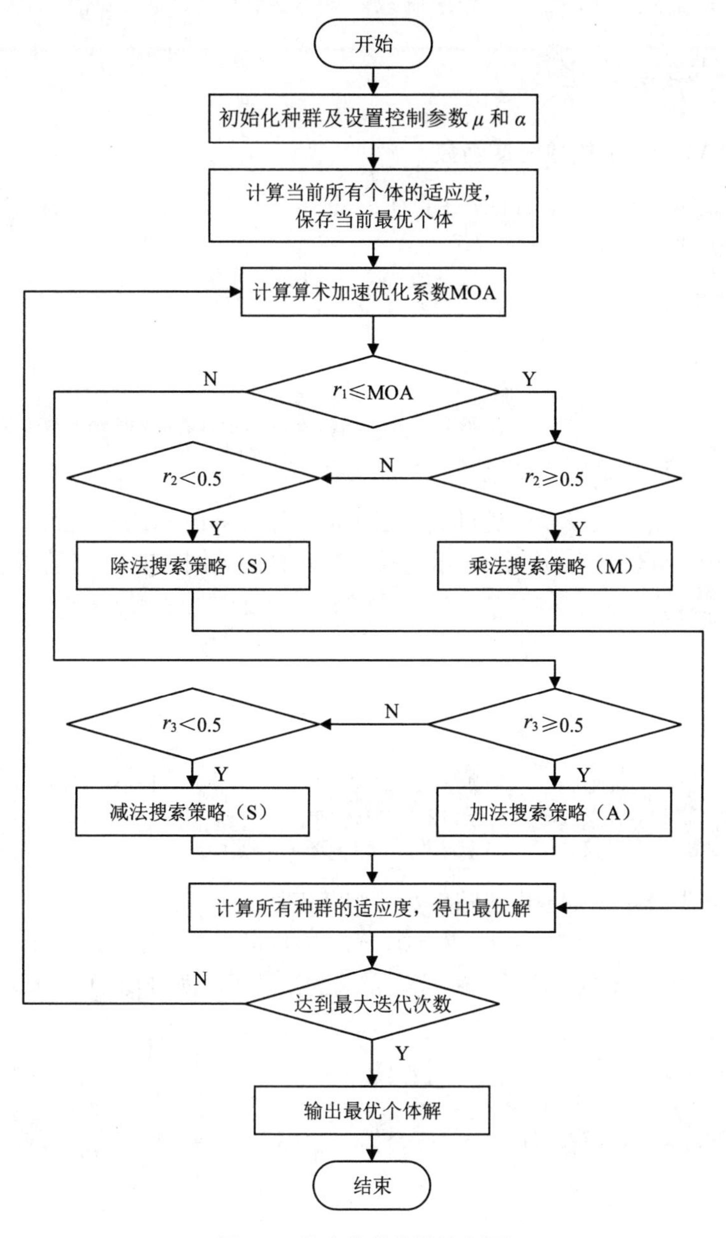

图 9.3　算术优化算法流程图

9.2 MATLAB 实现

本节主要介绍算术优化算法的 MATLAB 代码具体实现，主要包括种群初始化；适应度函数；边界检查和约束函数；算术优化算法代码几个部分。

9.2.1 种群初始化

1. MATLAB 随机数生成函数

随机数的生成采用 MATLAB 自带的随机数生成函数 rand()，rand()生成[0,1]之间的随机数。

```
>> rand()
```

运行结果如下：

```
ans =

    0.8540
```

如果要一次性生成多个随机数，则可以使用 rand(row, col)，其中 row，col 分别代表行和列，如 rand(3,4)表示生成 3 行 4 列的范围在[0,1]之间的随机数。

```
>> rand(3,4)
```

运行结果如下：

```
ans =

    0.5147    0.9334    0.4785    0.8649
    0.7058    0.4324    0.5449    0.3576
    0.1670    0.2975    0.9585    0.9706
```

如果要生成指定范围内的随机数，则其表达式如下：

$$r = lb + (ub - lb) \times \mathrm{rand}()$$

式中，ub 代表范围的上边界，lb 代表范围的下边界。如在[0,3]范围内生成 5 个随机数：

```
ub = 3; %上边界
lb = 0; %下边界
r = (ub - lb).*rand(1,5) + lb
```

运行结果如下：

```
r =

    2.5472    1.3766    3.8785    2.9672    0.2071
```

2．算术优化算法种群初始化函数编写

将算术优化算法种群初始化函数单独定义为一个函数，命名为 initialization。利用随机数生成方式生成初始种群。

```
%% 初始化函数
function X = initialization(pop,ub,lb,dim)
    %pop 为种群数量
    %dim 为每个个体的维度
    %ub 为每个维度的变量上边界，维度为[1,dim]
    %lb 为每个维度的变量下边界，维度为[1,dim]
    %X 为输出的种群，维度为[pop,dim]
    X = zeros(pop,dim); %为 X 事先分配的空间
    for i = 1:pop
        for j = 1:dim
            X(i,j) = (ub(j) - lb(j))*rand() + lb(j);   %生成[lb,ub]之间的随机数
        end
    end
end
```

例如，设定种群数量为 5，每个个体维度为 3，每个维度的边界为[-3,3]，利用初始化函数生成初始种群。

```
pop = 5; %种群数量
dim = 3; %每个个体维度
ub = [3,3,3]; %上边界
lb = [-3,-3,-3]; %下边界
position = initialization(pop,ub,lb,dim)
```

运行结果如下：

```
position =

    2.6040    1.0724    1.5464
    1.4588   -0.6466    0.9329
   -1.9729    1.2363   -2.8090
   -1.3385   -2.7230   -2.4172
    1.9407    1.1690   -1.0974
```

从运行结果可以看出，通过初始化函数得到的种群均在设定的上下边界范围内。

为了更加直观地表现随机初始化函数的效果，设定种群数量为 20，每个个体维度为 2，维度边界分别设置为[0,1]、[-2,-1]、[2,3]，绘制 3 种范围的随机数生成结果，如图 9.4 所示。

```
pop = 20; %种群数量
dim = 2; %每个个体维度
ub = [1,1]; %上边界
lb = [0,0]; %下边界
position0 = initialization(pop, ub, lb, dim);
ub = [-1,-1]; %上边界
lb = [-2,-2]; %下边界
position1 = initialization(pop, ub, lb, dim);
ub = [3,3]; %上边界
lb = [2,2]; %下边界
position2 = initialization(pop, ub, lb, dim);
figure
plot(position0(:,1),position0(:,2),'bo');
hold on
plot(position1(:,1),position1(:,2),'b.');
plot(position2(:,1),position2(:,2),'bo');
grid on
title('不同随机数范围生成结果')
xlabel('X')
ylabel('Y')
legend('[0,1]','[-2,-1]','[2,3]')
```

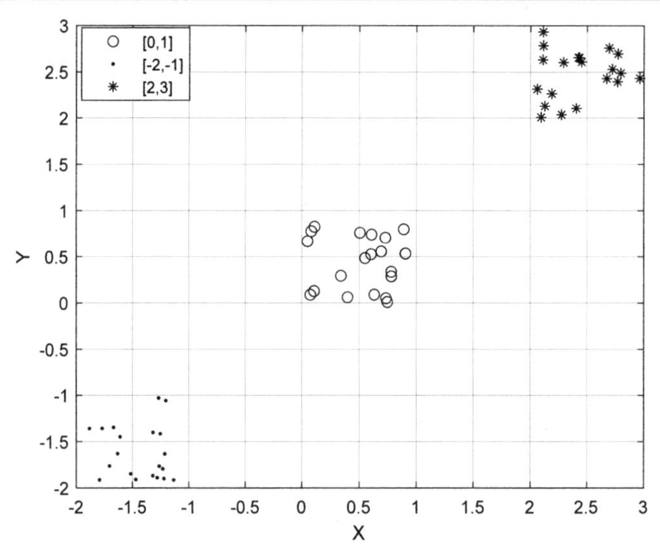

图 9.4　不同随机数范围生成结果

从图 9.4 可以看出，生成的种群均在相应的边界范围内产生。

9.2.2　适应度函数

在学术研究与工程实践中，优化问题是多种多样的，需要根据问题优化目标的不同设计相应的适应度函数（也称目标函数）。为了便于后续优化算法调用适应度函数，通常将适应度函数单独写成一个函数，命名为 fun()。如定义一个适应度函数 fun()，并存放在 fun.m 中，适应度函数 fun()定义如下：

```
%% 适应度函数
function fitness = fun(x)
%x 为输入一个个体，维度为 dim
%fitness 为输出的适应度
    fitness =sum(x.^2);
end
```

可以看到，适应函数 fun()是 x 所有维度的平方和，如 x=[2,3]，那么经过适应度函数计算后得到的值为 13。

```
x=[2,3];
fitness = fun(x)
```

运行结果如下：

```
fitness =

   13
```

9.2.3 边界检查和约束函数

边界检查的目的是防止变量超过预先指定的范围，具体逻辑是当变量大于上边界（ub）时，将变量值设为上边界；当变量小于下边界（lb）时，将变量值设为下边界；当变量小于等于上边界（ub），且大于等于下边界（lb）时，变量值保持不变。形式化描述如下：

$$val=\begin{cases}ub,\text{若 } val>ub\\ lb,\text{若 } val<lb\\ val,\text{若 } lb\leqslant val\leqslant ub\end{cases}$$

定义边界检查函数为 BoundaryCheck。

```
%% 边界检查函数
function [X] = BoundaryCheck(x,ub,lb,dim)
    %x 为输入数据，维度为[1,dim]
    %ub 为数据上边界，维度为[1,dim]
    %lb 为数据下边界，维度为[1,dim]
    %dim 为数据的维度大小
    for i = 1:dim
        if x(i)>ub(i)
            x(i) = ub(i);
        end
```

```
        if x(i)<lb(i)
            x(i) = lb(i);
        end
    end
    X = x;
end
```

如 x=[0.5,2,-2,1]，定义上边界为[1,1,1,1]，下边界为[-1,-1,-1,-1]，经过边界检查和约束后，x 应该为[0.5,1,-1,1]。

```
x = [0.5,1,-1,1];
ub = [1,1,1,1];
lb = [-1,-1,-1,-1];
x = BoundaryCheck(x)
```

运行结果如下：

```
x =

    0.5000    1.0000   -1.0000    1.0000
```

9.2.4 算术优化算法代码

由 9.1 节算术优化算法的基本原理编写算术优化算法的基本代码，定义算术优化算法的函数名称为 AOA。

```
%%-------------算术优化算法函数---------------------%%
%% 输入
%    pop 为种群数量
%    dim 为每个个体的维度
%    ub 为个体上边界信息，维度为[1,dim]
%    lb 为个体下边界信息，维度为[1,dim]
%    fobj 为适应度函数接口
%    maxIter 为算法的最大迭代次数，用于控制算法的停止
%% 输出
%    Best_Pos 为算术优化算法找到的最优位置
%    Best_fitness 为最优位置对应的适应度
%    IterCure 用于记录每次迭代的最佳适应度，即后续用来绘制迭代曲线
function [Best_Pos,Best_fitness,IterCurve] = AOA(pop,dim,ub,lb,fobj,maxIter)
    %参数设定
    MopMax=1; %加速函数最大值
    MopMin=0.2;%加速函数最小值
    Alpha=5;
    Mu=0.499;
    %%种群初始化
    X = initialization(pop,ub,lb,dim);
    %% 计算适应度
```

```
fitness = zeros(1,pop);
for i = 1:pop
    fitness(i) = fobj(X(i,:));
end
%获取种群最优个体及适应度，最优个体位置
[fitnessBest,indexMin] = min(fitness);
Best_Pos = X(indexMin,:);
Best_fitness = fitnessBest;
Xnew=X;
fitnessNew=fitness;
%% 迭代
for t=1:maxIter
     % 数学优化系数计算
     MOA=MopMin+t*((MopMax-MopMin)/maxIter);
     %数学优化器概率系数
     MOP=1-((t)^(1/Alpha)/(maxIter)^(1/Alpha));
     for i=1:pop
          r1=rand;
          for j=1:dim
               if r1<MOA % 勘探阶段，除+乘，式（9.3）
                    r2=rand;
                    if r2<0.5
                         Xnew(i,j)=Best_Pos(j)/(MOP+eps)*((ub(j)-lb(j))*Mu+lb(j));
                    else
                         Xnew(i,j)=Best_Pos(j)*MOP*((ub(j)-lb(j))*Mu+lb(j));
                    end
               else
                    r3=rand;
                    if r3<0.5 %开发阶段：加+减，式（9.5）
                         Xnew(i,j)=Best_Pos(j)-MOP*((ub(j)-lb(j))*Mu+lb(j));
                    else
                         Xnew(i,j)=Best_Pos(j)+MOP*((ub(j)-lb(j))*Mu+lb(j));
                    end
               end
          end
          %边界检查
          Xnew(i,:)=BoundaryCheck(Xnew(i,:),ub,lb,dim);
          %适应度计算
          fitnessNew(i)=fobj(Xnew(i,:));
          if fitnessNew(i)<fitness(i)
               fitness(i)=fitnessNew(i);
               X(i,:)=Xnew(i,:);
          end
          if fitnessNew(i)<Best_fitness
               Best_fitness=fitnessNew(i);
               Best_Pos=Xnew(i,:);
```

```
            end
        end

        %记录当前迭代的最优解适应度
        IterCurve(t) = Best_fitness;
    end
end
```

综上，算术优化算法的基本代码编写完成，可以通过函数 AOA 进行调用。下面将讲解如何使用上述算术优化算法解决优化问题。

9.3 函数寻优

本节主要介绍如何利用算术优化算法对函数进行寻优。包括寻优函数问题描述；适应度函数设计；主函数设计几个部分。

9.3.1 问题描述

求解一组 x_1,x_2，使得下面函数的值最小，即求解函数的极小值。

$$f(x_1,x_2)=(x_1^2-10\cos(2\pi x_1)+10)+(x_1^2-10\cos(2\pi x_2)+10)$$

式中，x_1 和 x_2 的取值范围分别为[−5.12,5.12]，[−5.12,5.12]。

待求解函数的搜索空间是怎样的呢？为了直观、形象、生动地展现待求解函数的搜索空间，可以使用 MATLAB 绘图的方式进行查看，以 x_1 为 X 轴，x_2 为 Y 轴，$f(x_1,x_2)$ 为 Z 轴，绘制该待求解函数的搜索空间，代码如下，效果如图 9.5 所示。

```
%% 绘制 f(x1,x2)的搜索曲面
clc;clear;
x1 =-5.12:0.1:5.12; %以 0.1 步长，生成[-5.12,5.12]的 x1 的值
x2 = -5.12:0.1:5.12;%以 0.1 步长，生成[-5.12,5.12]的 x2 的值
for i= 1:size(x1,2)
    for j = 1:size(x2,2)
        X1(i,j) = x1(i);
        X2(i,j) = x2(j);
        f(i,j) = X1(i,j)^2-10*cos(2*pi*X1(i,j))+10+X2(i,j)^2-10*cos(2*pi*X2(i,j))+10 ;%函
数 f(x1,x2)的值
    end
end
surfc(X1,X2,f,'LineStyle','none'); %绘制曲面
xlabel('x1');
ylabel('x2');
```

```
zlabel('f(x1,x2)')
title('f(x1,x2)函数搜索空间')
```

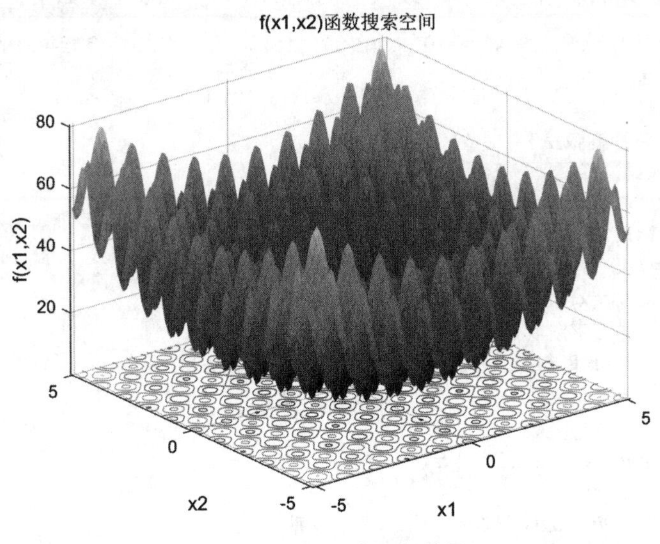

图 9.5　程序运行结果

9.3.2　适应度函数设计

在该问题中，变量范围的约束条件如下：

$$-5.12 \leqslant x_1 \leqslant 5.12$$

$$-5.12 \leqslant x_2 \leqslant 5.12$$

可以通过设置算术个体的维度和边界条件进行设置。即设置算术个体维度 *dim* 为 2，算术个体上边界 *ub*=[5.12,5.12]，算术个体下边界 *lb*=[-5.12,-5.12]。

根据问题设定适应度函数 fun.m 如下：

```
%% 适应度函数
function fitness = fun(x)
%x 为输入一个个体，维度为[1,dim]
%fitness 为输出的适应度
    x1=x(1);
    x2=x(2);
    fitness = x1^2-10*cos(2*pi*x1)+10+x2^2-10*cos(2*pi*x2)+10;
endend
```

9.3.3　主函数设计

设置算术优化算法的参数如下。

算术优化数量 *pop* 为 50，最大迭代次数 *maxIter* 为 100，算术优化个体的维度

dim 为 2，算术优化个体上边界 *ub*=[5.12,5.12]，算术优化个体下边界 *lb*=[-5.12,-5.12]。使用算术优化算法求解待求解函数极值问题的主函数 main.m 如下：

```
%% 算术优化算法求解 x1^2-10*cos(2*pi*x1)+10+x2^2-10*cos(2*pi*x2)+10;的最小值
clc;clear all;close all;
%参数设定
pop = 50;%种群数量
dim = 2;%变量维度
ub = [5.12,5.12];%个体上边界信息
lb = [-5.12,-5.12];%个体下边界信息
maxIter = 100;%最大迭代次数
fobj = @(x) fun(x);%设置适应度函数为 fun(x);
%算术优化算法求解问题
[Best_Pos,Best_fitness,IterCurve] = AOA(pop,dim,ub,lb,fobj,maxIter);
%绘制迭代曲线
figure
plot(IterCurve,'r-','linewidth',1.5);
grid on;%网格开
title('算术优化算法迭代曲线')
xlabel('迭代次数')
ylabel('适应度')

disp(['求解得到的 x1，x2 为',num2str(Best_Pos(1)),'     ',num2str(Best_Pos(2))]);
disp(['最优解对应的函数值为：',num2str(Best_fitness)]);
```

程序运行得到的算术优化算法迭代曲线，如图 9.6 所示。

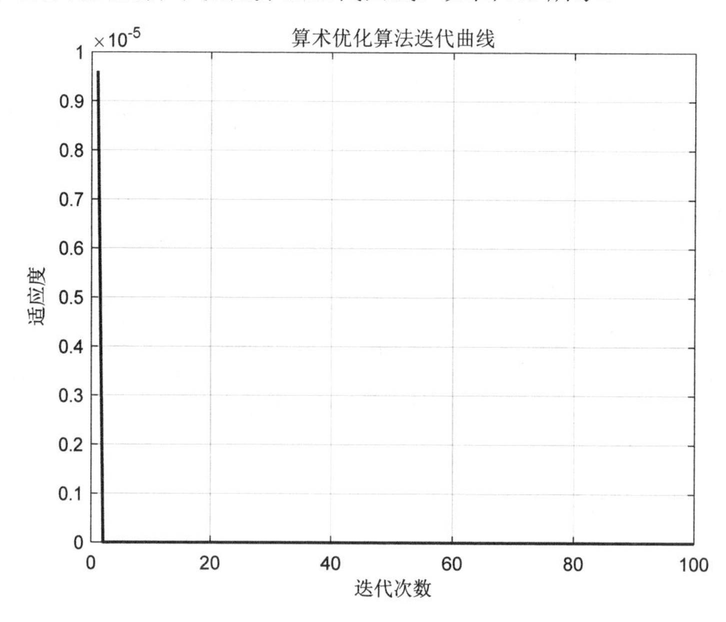

图 9.6　程序运行结果

运行结果如下：

```
求解得到的 x1，x2 为 5.0484e-10    1.5047e-12
最优解对应的函数值为：0
```

从算术优化算法寻优的结果看，最终的求解值为(5.0484e-10, 1.5047e-12)，十分接近理论最优值(0,0)，表明算术优化算法具有较好的寻优能力。

9.4　焊接梁设计

本节主要介绍如何利用算术优化算法对焊接梁设计工程问题进行参数寻优。包括问题描述；适应度函数设计；主函数设计几个部分。

9.4.1　问题描述

如图 9.7 所示为横梁受到的垂直力。该问题的目标是找到焊接梁的最小制造成本。该问题受应力、挠度、焊接和几何形状的 7 个约束，寻优变量为焊缝厚度 $h(=x_1)$，长度 $l(=x_2)$，高度 $t(=x_3)$，钢筋厚度 $b(=x_4)$，数学模型如下。

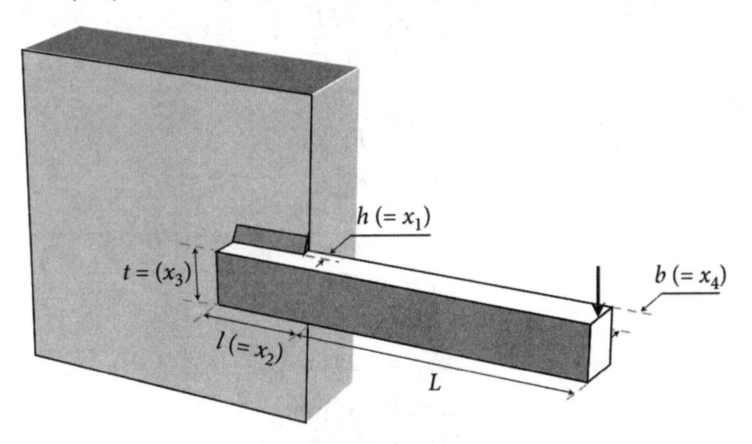

图 9.7　焊接梁设计问题示意图

最小化：

$$\min f(x)=1.10471x_1^2x_2+0.04811x_3x_4(14.0+x_2)$$

约束条件为：

$$g_1(X)=\tau(X)-\tau_{\max}$$
$$g_2(X)=\sigma(X)-\sigma_{\max}$$
$$g_3(X)=\delta(X)-\delta_{\max}$$
$$g_4(X)=x_1-x_4\leqslant 0$$

$$g_5(X) = P - P_c(X) \leqslant 0$$

$$g_6(X) = 0.125 - x_1 \leqslant 0$$

$$g_7(X) = 1.10471x_1^2 + 0.04811x_3x_4(14.0 + x_2) - 5.0 \leqslant 0$$

式中：

$$\tau(X) = \sqrt{(\tau')^2 + 2\tau'\tau''\frac{x_2}{2R} + (\tau'')^2}$$

$$\tau' = \frac{P}{\sqrt{2}x_1x_2}$$

$$\tau'' = \frac{MR}{J}$$

$$M = P\left(L + \frac{x_2}{2}\right)$$

$$R = \sqrt{\frac{x_2^2}{4} + \left(\frac{x_1 + x_3}{2}\right)^2}$$

$$J = 2\left\{\sqrt{2}x_1x_2\left[\frac{x_2^2}{4} + \left(\frac{x_1 + x_3}{2}\right)^2\right]\right\}$$

$$\sigma(\vec{X}) = \frac{6PL}{x_4x_3^2}$$

$$\delta(\vec{X}) = \frac{6PL^3}{Ex_3^2x_4}$$

$$P_c(\vec{X}) = \frac{4.013E\sqrt{x_3^2x_4^6/36}}{L^2}\left(1 - \frac{x_3}{2L}\sqrt{\frac{E}{4G}}\right)$$

$$P = 6000\text{lb}$$

$$L = 14\text{ in}$$

$$\delta_{\max} = 0.25\text{ in}$$

$$E = 30 \times 10^6\text{psi}$$

$$G = 12 \times 10^6\text{psi}$$

$$\tau_{\max} = 13{,}600\text{psi}$$

$$\sigma_{\max} = 30{,}000\text{psi}$$

变量范围：

$$0.1 \leqslant x_1 \leqslant 2$$

$$0.1 \leqslant x_2 \leqslant 10$$

$$0.1 \leqslant x_3 \leqslant 10$$

$$0.1 \leqslant x_4 \leqslant 2$$

9.4.2　适应度函数设计

在该问题中，变量范围的约束条件如下：

$$0.1 \leqslant x_1 \leqslant 2$$
$$0.1 \leqslant x_2 \leqslant 10$$
$$0.1 \leqslant x_3 \leqslant 10$$
$$0.1 \leqslant x_4 \leqslant 2$$

可以通过设置算术优化个体的边界条件进行设置。即设置算术优化个体的上边界 ub=[2,10,10,2]，算术优化个体的下边界 lb =[0.1,0.1,0.1,0.1]。针对约束 $g_1(X)$ 至 $g_7(X)$，在适应度函数中进行处理。针对不满足约束条件的情况，采用增加惩罚数的方式对适应度进行求解，当满足约束条件时，不增加惩罚数，反之增加，使得不满足条件个体的适应度比较大，竞争力减弱。定义不满足约束条件的个数为 n，惩罚系数为 P，惩罚数的计算如下：

$$V = nP$$

适应度的计算如下：

$$fitness = f(x) + V$$

定义适应度函数 fun 如下：

```
%% 适应度函数
function [fitness,g] = fun(x)
    Ps=10E4;%惩罚系数
    f=1.10471*x(1)^2*x(2)+0.04811*x(3)*x(4)*(14+x(2));

    p = 6000;
    l = 14;
    e = 30e6;
    g = 12e6;
    deltamax=0.25;
    tomax=13600;
    sigmamax=30000;
    m = p*(l+x(2)/2);
    r = ((x(2)/2)^2+((x(1)+x(3))/2)^2)^0.5;
    j = 2*(2^0.5*x(1)*x(2)*(x(2)^2/12 + ((x(1)+x(3))/2)^2));
    toprim = p/(2^0.5*x(1)*x(2));
    tozegond = m*r/j;
    sigma = 6*p*l/(x(4)*x(3)^2);
    delta = (4*p*l^3)/(e*x(3)^3*x(4));
    pc = ((4.013*e*(x(3)^2*x(4)^6/36)^0.5)/l^2)...
        *(1-0.5*(x(3)/l)*(e/(4*g))^0.5);
    to = (toprim^2+2*toprim*tozegond*x(2)/(2*r)+tozegond^2)^0.5;
```

```
    %约束条件计算
    g(1)=to-tomax;
    g(2)=sigma-sigmamax;
    g(3)=x(1)-x(4);
    g(4)=1.10471*x(1)^2+0.04811*x(3)*x(4)*(14+x(2))-5;
    g(5)=0.125-x(1);
    g(6)=delta-deltamax;
    g(7)=p-pc;

    V = Ps*sum(g>0);%惩罚数计算
    fitness=f + V;%计算适应度
end
```

9.4.3 主函数设计

通过上述分析，可以设置算术优化算法参数如下。

设置算术优化种群数量 *pop* 为 30，最大迭代次数 *maxIter* 为 100，个体维度 *dim* 设定为 4（即 x_1，x_2，x_3，x_4），个体上边界 *ub*=[2,10,10,2]，个体下边界 *lb*=[0.1,0.1,0.1,0.1]。算术优化算法求解管状柱设计问题的主函数 main 设计如下：

```
%% 基于算术优化算法的焊接梁设计
clc;clear all;close all;
%参数设定
pop = 30;%种群数量
dim = 4;%变量维度
ub = [ 2,10,10,2];%个体上边界信息
lb = [0.1,0.1,0.1,0.1];%个体下边界信息
maxIter = 100;%最大迭代次数
fobj = @(x) fun(x);%设置适应度函数为 fun(x);
%算术优化算法求解问题
[Best_Pos,Best_fitness,IterCurve] = AOA(pop,dim,ub,lb,fobj,maxIter);
%绘制迭代曲线
figure
plot(IterCurve,'r-','linewidth',1.5);
grid on;%网格开
title('算术优化算法迭代曲线')
xlabel('迭代次数')
ylabel('适应度')
disp(['求解得到的 x1 为：',num2str(Best_Pos(1))]);
disp(['求解得到的 x2 为：',num2str(Best_Pos(2))]);
disp(['求解得到的 x3 为：',num2str(Best_Pos(3))]);
disp(['求解得到的 x4 为：',num2str(Best_Pos(4))]);
disp(['最优解对应的函数值为：',num2str(Best_fitness)]);
%计算不满足约束条件的个数
[fitness,g]=fun(Best_Pos);
```

```
n=sum(g>0);%约束的值大于 0 的个数
disp(['违反约束条件的个数',num2str(n)]);
```

程序运行结果如图 9.8 所示。

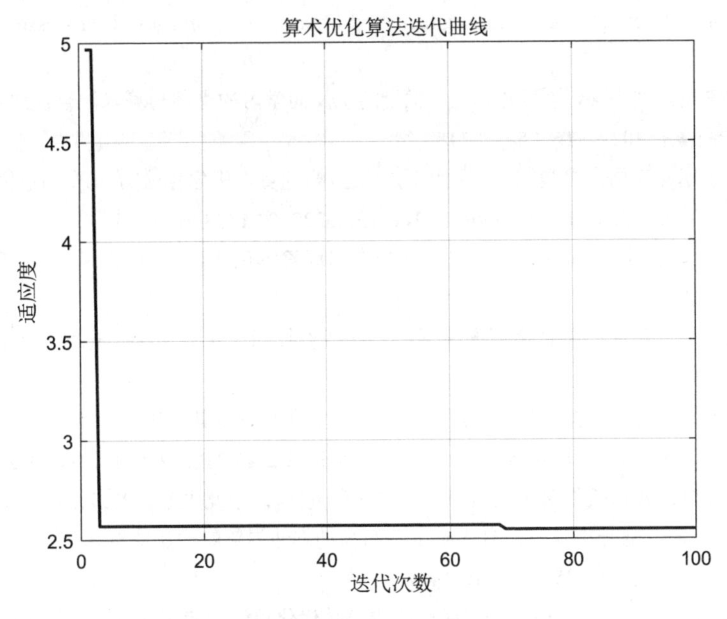

图 9.8　程序运行结果

运行结果如下：

```
求解得到的 x1 为：0.2082
求解得到的 x2 为：3.605
求解得到的 x3 为：10
求解得到的 x4 为：0.28048
最优解对应的函数值为：2.5482
违反约束条件的个数 0
```

从收敛曲线看，适应度函数值随着迭代次数不断减小，表明算术优化算法不断地对参数进行优化。最后，在约束条件范围内，得到了一组满足约束条件的参数，对焊接梁的优化设计具有指导意义。

参 考 文 献

[1] Abualigah L, Diabat A, Mirjalili S, et al. The arithmetic optimization algorithm[J]. Computer methods in applied mechanics and engineering, 2021, 376: 113609.

[2] Khatir S, Tiachacht S, Le Thanh C, et al. An improved Artificial Neural Network using

Arithmetic Optimization Algorithm for damage assessment in FGM composite plates[J]. Composite Structures, 2021, 273: 114287.

[3] Abualigah L, Diabat A, Sumari P, et al. A novel evolutionary arithmetic optimization algorithm for multilevel thresholding segmentation of covid-19 ct images[J]. Processes, 2021, 9(7): 1155.

[4] 贾鹤鸣，刘宇翔，刘庆鑫，等. 融合随机反向学习的黏菌与算术混合优化算法[J]. 计算机科学与探索，2022，16（5）：1182.

[5] 付小朋，王勇，冯爱武. 采用协同搜索策略的算术优化算法[J/OL]. 小型微型计算机系统. https://kns.cnki.net/kcms/detail/21.1106.TP.20220803.1838.016.html.

[6] 杨文珍，何庆. 具有激活机制的多头反向串联算术优化算法[J]. 计算机应用研究，2022，39（01）：151-156.

[7] 杨文珍，何庆. 融合微平衡激活的小孔成像算术优化算法[J]. 计算机工程与应用，2022，58（13）：85-93.

[8] 田露，刘升. 支持向量机辅助演化的算术优化算法及其应用[J/OL]. 计算机工程与应用：1-12[2022-09-14]. http://kns.cnki.net/kcms/detail/11.2127.TP.20220613.0845.002.html.

[9] 常佳豪. 转辙机柱塞泵的故障诊断方法研究[D]. 中北大学，2022.DOI：10.27470.

[10] 郑婷婷，刘升，叶旭. 自适应 t 分布与动态边界策略改进的算术优化算法[J]. 计算机应用研究，2022，39（05）：1410-1414.

[11] 刘成汉，何庆. 自适应分组融合改进算数优化算法及应用[J/OL]. 计算机科学：1-13[2022-09-14]. http://kns.cnki.net/kcms/detail/50.1075.TP.20220609.1007.018.html.

第 10 章　蝠鲼觅食优化算法

本章首先概述蝠鲼觅食优化算法的基本原理；然后，使用 MATLAB 实现蝠鲼觅食优化算法的基本代码；最后，将蝠鲼觅食优化算法应用于函数寻优问题和钢筋混凝土梁设计问题。

10.1　基 本 原 理

蝠鲼觅食优化（manta ray foraging optimization，MRFO）算法是由 Zhao Weiguo 等于 2019 年提出的新型智能仿生群体算法，其灵感源于蝠鲼在海洋中的觅食策略。

在自然界中，蝠鲼的觅食过程主要分为 3 个部分：链式觅食、螺旋式觅食和翻滚式觅食，主要的觅食对象为浮游生物。链式觅食策略指蝠鲼排成一排，形成一条有序的链状，体型较小的雄性蝠鲼依靠在雌性蝠鲼背上，以配合雌性蝠鲼胸鳍的节拍进而共同运动。因此，前面蝠鲼错过的浮游生物将被后面的蝠鲼抓起，通过相互合作可以使捕食效率最大化。螺旋式觅食策略指当浮游生物浓度很高时，几十条蝠鲼聚集在一起，它们的尾端与头部呈螺旋状连接，在螺旋中心形成一个螺旋顶点，一层一层向水面的浮游生物进行“过滤”。翻滚式觅食策略指当蝠鲼找到食物最密集点时，它们会做一系列向后翻滚的动作，围绕浮游生物旋转，将其吸引到同伴身边。这里的翻滚行为是一种随机、频繁、局部和周期性的操作，所以有助于蝠鲼自身控制对食物的摄入。

10.1.1　链式觅食

如图 10.1 所示，蝠鲼在链式觅食过程中，从头到尾排成一条捕食链，蝠鲼个体下一位置的移动方向与步长是由当前最优解与前一个体位置共同决定的，其位置更新表达式如下：

$$x_i^d(t+1)=\begin{cases}x_i^d(t)+r\left(x_{\text{best}}^d(t)-x_i^d(t)\right)+\alpha\left(x_{\text{best}}^d-x_i^d(t)\right), i=1\\ x_i^d(t)+r\left(x_{i-1}^d(t)-x_i^d(t)\right)+\alpha\left(x_{\text{best}}^d-x_i^d(t)\right), i=2,3,\cdots,N\end{cases} \tag{10.1}$$

$$\alpha=2r\sqrt{\left|\log(r)\right|} \tag{10.2}$$

式中，$x_i^d(t)$ 为第 t 代、第 i 个个体在 d 维上的位置；r 为[0,1]上均匀分布的随机数；$x_{\text{best}}^{d}(t)$ 为第 t 代最优个体在第 d 维上的位置；N 表示个体数量。

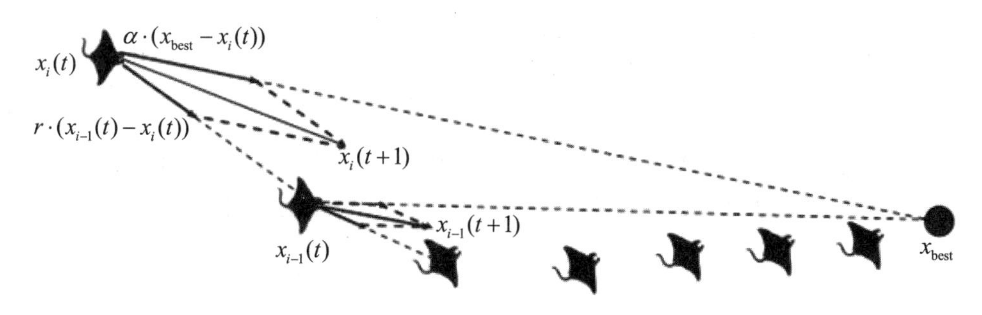

图 10.1　二维空间中的链式觅食行为

10.1.2　螺旋式觅食

如图 10.2 所示，在螺旋式觅食过程中，蝠鲼个体发现猎物之后，它们形成一条长长的觅食链，并以螺旋状游向猎物，猎物被产生的漩涡拉到中心，每个蝠鲼个体还会随着前面的个体移动。当 $t/T > rand$ 时，所有个体都以猎物作为参考位置执行搜索，其位置更新表达式如下：

$$x_i^d(t+1)=\begin{cases}x_{\text{best}}^d(t)+r\left(x_{\text{best}}^d(t)-x_i^d(t)\right)+\beta\left(x_{\text{best}}^d-x_i^d(t)\right), i=1\\ x_{\text{best}}^d(t)+r\left(x_{i-1}^d(t)-x_i^d(t)\right)+\beta\left(x_{\text{best}}^d-x_i^d(t)\right), i=2,3,\cdots,N\end{cases} \tag{10.3}$$

$$\beta=2\mathrm{e}^{r_1\frac{T-t+1}{T}}\sin(2\pi r_1) \tag{10.4}$$

式中，β 为权重因子；T 为迭代总次数；r_1 为[0,1]上的随机数。

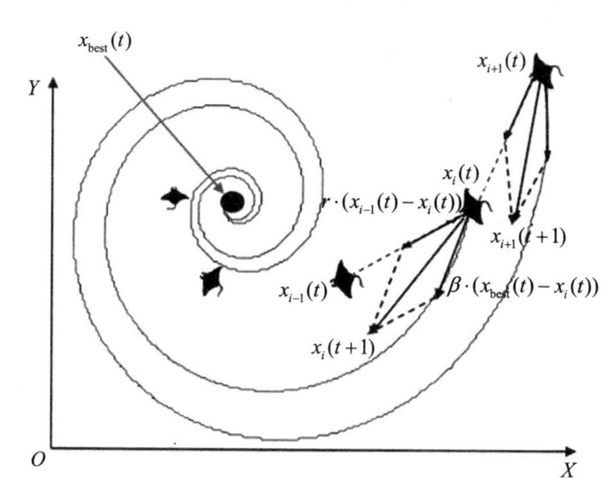

图 10.2　二维空间中的螺旋式觅食行为

当 $t/T \leqslant rand$ 时，优化参考点发生了改变。为了进一步加强全局计算，以整个寻优空间中的随机位置作为参考点，此时每个个体的寻优能力为整个优化过程的主要阶段，使 MRFO 能够在整个搜索空间内进行全方位的搜寻，描述这一过程的表达式如下：

$$x_i^d(t+1)=\begin{cases} x_{\text{rand}}^d(t)+r\left(x_{\text{rand}}^d(t)-x_i^d(t)\right)+\beta\left(x_{\text{rand}}^d-x_i^d(t)\right), i=1 \\ x_{\text{rand}}^d(t)+r\left(x_{i-1}^d(t)-x_i^d(t)\right)+\beta\left(x_{\text{rand}}^d-x_i^d(t)\right), i=2,3,\cdots,N \end{cases} \tag{10.5}$$

$$x_{\text{rand}}^d=Lb^d+r(Ub^d-Lb^d) \tag{10.6}$$

式中，$x_{\text{rand}}^d(t)$ 表示第 t 代、第 d 维的随机位置；Ub^d 和 Lb^d 分别为搜索空间的上、下界。

10.1.3　翻滚式觅食

在翻滚式觅食中，蝠鲼个体在翻滚范围内可以移动到任何一个新位置，一般以当前最优解作为翻滚支点，翻滚至与其当前位置成镜像关系的另一侧进行捕食。这一阶段也是 MRFO 算法的关键阶段，因为在捕食过程中群体总是围绕着最优点进行位置更新。其位置更新表达式如下：

$$x_i^d(t+1)=x_i^d(t)+S\left(r_2x_{\text{best}}^d-r_3x_i^d(t)\right), i=1,2,\cdots,N \tag{10.7}$$

式中，S 为决定蝠鲼翻滚强度的翻滚因子，$S=2$；r_2 和 r_3 均为[0,1]上的随机数。

从式（10.7）可以看出，在定义了空翻范围后，每个个体都有可能移动到位于当前位置和目前找到的最佳位置周围的对称位置之间的新搜索域中的任何位置。当单个位置和目前找到的最佳位置之间的距离减小时，当前位置上的扰动也减小。所有个体在搜索空间中逐渐逼近最优解。因此，随着迭代次数的增加，翻滚搜索范围自适应减小。图 10.3 为二维空间中翻滚式觅食行为示意图。

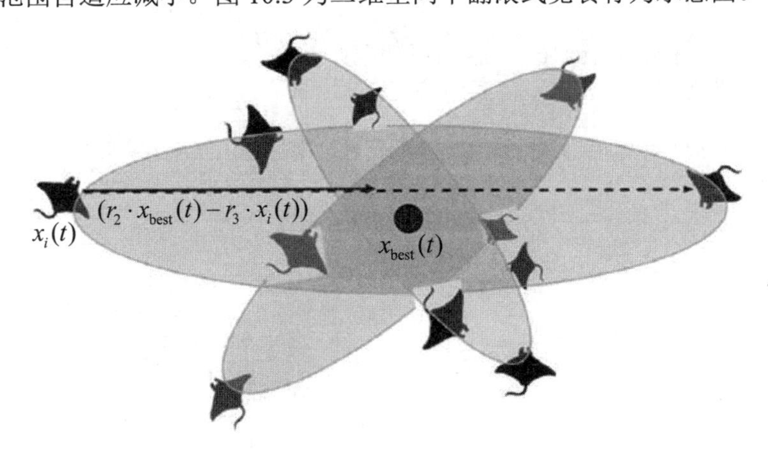

图 10.3　二维空间中的翻滚式觅食行为

10.1.4　蝠鲼觅食优化算法流程

蝠鲼觅食优化算法的流程如图 10.4 所示，具体步骤如下。

步骤 1：初始化参数。初始化空间维数 d、种群规模 N、最大迭代次数 T。

步骤 2：初始化种群。初始化种群并计算最优适应度。

步骤 3：在[0,1]中生成一个随机数 $rand$，判断该数是否小于 0.5，若是，则执行链式觅食；否则执行螺旋式觅食，并按式（10.1）和式（10.2）更新位置。

步骤 4：在螺旋式觅食中，由[0,1]产生一个随机数 $rand$，判断该数是否小于 t/T，若是，则按式（10.3）和式（10.4）更新位置；否则，按式（10.5）和式（10.6）更新位置。

步骤 5：在翻滚式觅食中，按照式（10.7）更新位置。

步骤 6：判断是否满足停止条件，如果不满足则重复步骤 3～步骤 5，否则输出算法最优结果。

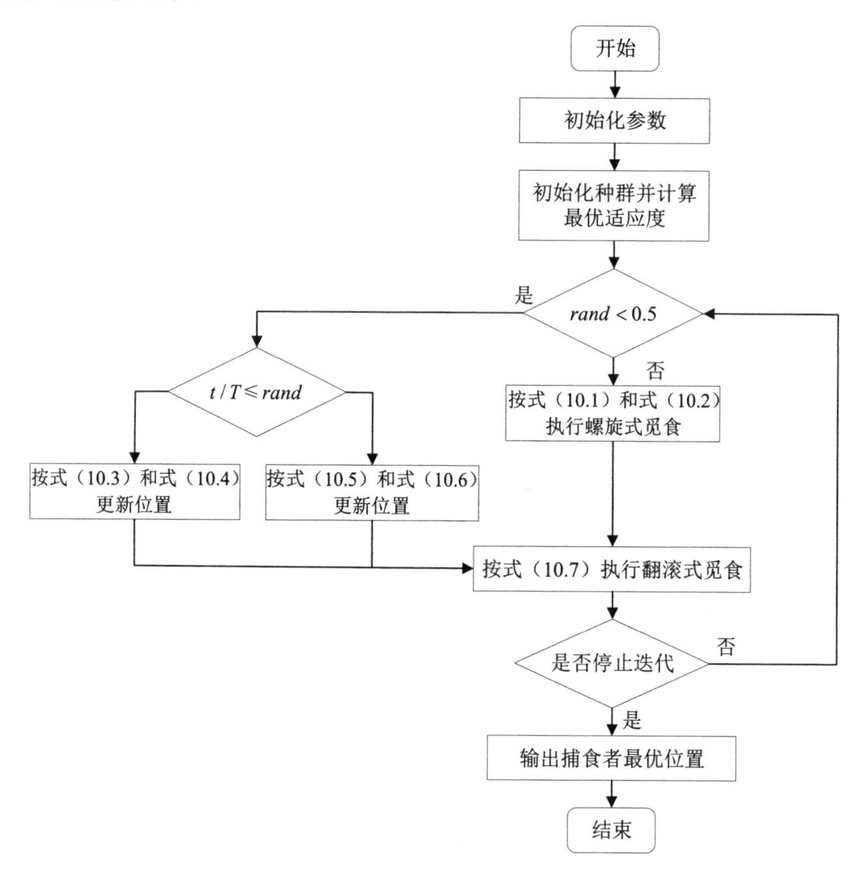

图 10.4　蝠鲼觅食优化算法流程图

10.2　MATLAB 实现

本节主要介绍蝠鲼觅食优化算法的 MATLAB 代码具体实现，包括种群初始化；适应度函数；边界检查和约束函数；蝠鲼觅食优化算法代码几个部分。

10.2.1　种群初始化

1．MATLAB 随机数生成函数

随机数的生成采用 MATLAB 自带的随机数生成函数 rand()，rand()生成[0,1]之间的随机数。

```
>> rand()
```

运行结果如下：

```
ans =

    0.8540
```

如果要一次性生成多个随机数，则可以使用 rand(row, col)，其中 row，col 分别代表行和列，如 rand(3,4)表示生成 3 行 4 列的范围在[0,1]之间的随机数。

```
>> rand(3,4)
```

运行结果如下：

```
ans =

    0.5147    0.9334    0.4785    0.8649
    0.7058    0.4324    0.5449    0.3576
    0.1670    0.2975    0.9585    0.9706
```

如果要生成指定范围内的随机数，则其表达式如下：

$$r = lb + (ub - lb) \times \mathrm{rand}()$$

式中，ub 代表范围的上边界，lb 代表范围的下边界。如在[0,3]范围内生成 5 个随机数：

```
ub = 3; %上边界
lb = 0; %下边界
r = (ub - lb).*rand(1,5) + lb
```

运行结果如下：

```
r =

    2.5472    1.3766    3.8785    2.9672    0.2071
```

2. 蝠鲼觅食优化算法种群初始化函数编写

将蝠鲼觅食优化算法种群初始化函数单独定义为一个函数，命名为initialization。利用随机数生成方式生成初始种群。

```
%% 初始化函数
function X = initialization(pop,ub,lb,dim)
    %pop 为种群数量
    %dim 为每个个体的维度
    %ub 为每个维度的变量上边界，维度为[1,dim]
    %lb 为每个维度的变量下边界，维度为[1,dim]
    %X 为输出的种群，维度为[pop,dim]
    X = zeros(pop,dim); %为 X 事先分配的空间
    for i = 1:pop
        for j = 1:dim
            X(i,j) = (ub(j) - lb(j))*rand() + lb(j);   %生成[lb,ub]之间的随机数
        end
    end
end
```

例如，设定种群数量为5，每个个体维度为3，每个维度的边界为[-3,3]，利用初始化函数生成初始种群。

```
pop = 5; %种群数量
dim = 3; %每个个体维度
ub = [3,3,3]; %上边界
lb = [-3,-3,-3]; %下边界
position = initialization(pop,ub,lb,dim)
```

运行结果如下：

```
position =

    2.6040    1.0724    1.5464
    1.4588   -0.6466    0.9329
   -1.9729    1.2363   -2.8090
   -1.3385   -2.7230   -2.4172
    1.9407    1.1690   -1.0974
```

从运行结果可以看出，通过初始化函数得到的种群均在设定的上下边界范围内。

为了更加直观地表现随机初始化函数的效果，设定种群数量为20，每个个体维度为2，维度边界分别设置为[0,1]、[-2,-1]、[2,3]，绘制3种范围的随机数生成结果，如图10.5所示。

```
pop = 20; %种群数量
dim = 2; %每个个体维度
ub = [1,1]; %上边界
lb = [0,0]; %下边界
position0 = initialization(pop, ub, lb, dim);
ub = [-1,-1]; %上边界
lb = [-2,-2]; %下边界
position1 = initialization(pop, ub, lb, dim);
ub = [3,3]; %上边界
lb = [2,2]; %下边界
position2 = initialization(pop, ub, lb, dim);
figure
plot(position0(:,1),position0(:,2),'bo');
hold on
plot(position1(:,1),position1(:,2),'b.');
plot(position2(:,1),position2(:,2),'bo');
grid on
title('不同随机数范围生成结果')
xlabel('X')
ylabel('Y')
legend('[0,1]','[-2,-1]','[2,3]')
```

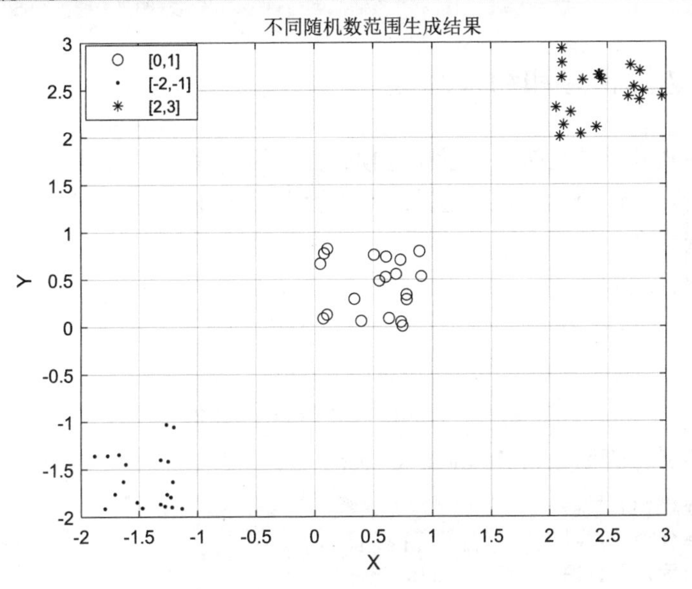

图 10.5　程序运行结果

从图 10.5 可以看出，生成的种群均在相应的边界范围内产生。

10.2.2　适应度函数

在学术研究与工程实践中，优化问题是多种多样的，需要根据问题优化目标的不同设计相应的适应度函数（也称目标函数）。为了便于后续优化算法调用适应度函数，通常将适应度函数单独写成一个函数，命名为 fun()。如定义一个适应度函数 fun()，并存放在 fun.m 中，适应度函数 fun()定义如下：

```
%% 适应度函数
function fitness = fun(x)
%x 为输入一个个体，维度为 dim
%fitness 为输出的适应度
    fitness =sum(x.^2);
end
```

可以看到，适应函数 fun()是 x 所有维度的平方和，如 x=[2,3]，那么经过适应度函数计算后得到的值为 13。

```
x=[2,3];
fitness = fun(x)
```

运行结果如下：

```
fitness =

    13
```

10.2.3　边界检查和约束函数

边界检查的目的是防止变量超过预先指定的范围，具体逻辑是当变量大于上边界（ub）时，将变量设为上边界；当变量小于下边界（lb）时，将变量设为下边界；当变量小于等于上边界（ub），且大于等于下边界（lb）时，变量保持不变。形式化描述如下：

$$val=\begin{cases}ub,\text{若 } val>ub\\ lb,\text{若 } val<lb\\ val,\text{若 } lb\leqslant val\leqslant ub\end{cases}$$

定义边界检查函数为 BoundaryCheck。

```
%% 边界检查函数
function [X] = BoundaryCheck(x,ub,lb,dim)
    %x 为输入数据，维度为[1,dim]
    %ub 为数据上边界，维度为[1,dim]
    %lb 为数据下边界，维度为[1,dim]
    %dim 为数据的维度大小
    for i = 1:dim
        if x(i)>ub(i)
            x(i) = ub(i);
        end
```

```
            if x(i)<lb(i)
                x(i) = lb(i);
            end
        end
        X = x;
end
```

如 x=[0.5,2,-2,1]，定义上边界为[1,1,1,1]，下边界为[-1,-1,-1,-1]，经过边界检查和约束后，x 应该为[0.5,1,-1,1]。

```
x = [0.5,1,-1,1];
ub = [1,1,1,1];
lb = [-1,-1,-1,-1];
x = BoundaryCheck(x)
```

运行结果如下：

```
x =

    0.5000    1.0000    -1.0000    1.0000
```

10.2.4　蝠鲼觅食优化算法代码

由 10.1 节蝠鲼觅食优化算法的基本原理编写算术优化算法的基本代码，定义蝠鲼觅食优化算法的函数名称为 MRFO。

```
%%--------------算术优化算法函数----------------------%%
%%--------------蝠鲼觅食优化算法函数----------------------%%
%% 输入
%    pop 为种群数量
%    dim 为每个个体的维度
%    ub 为个体上边界信息，维度为[1,dim]
%    lb 为个体下边界信息，维度为[1,dim]
%    fobj 为适应度函数接口
%    maxIter 为算法的最大迭代次数，用于控制算法的停止
%% 输出
%    Best_Pos 为蝠鲼觅食优化算法找到的最优位置
%    Best_fitness 为最优位置对应的适应度
%    IterCure 用于记录每次迭代的最佳适应度，即后续用来绘制迭代曲线
function [Best_Pos,Best_fitness,IterCurve] = MRFO(pop,dim,ub,lb,fobj,maxIter)
    %% 种群初始化
    X = initialization(pop,ub,lb,dim);
    %% 计算适应度
    fitness = zeros(1,pop);
    for i = 1:pop
        fitness(i) = fobj(X(i,:));
```

```
    end
    %获取种群最优个体及适应度，最优个体位置
    [fitnessBest,indexMin] = min(fitness);
    Best_Pos = X(indexMin,:);
    Best_fitness = fitnessBest;
    Xnew = X;
    fitnessNew = fitness;
    %% 迭代
    for t=1:maxIter
        % i = 1 的情况
        if rand<0.5
                %按式（10.3）～式（10.4）执行螺旋觅食操作
                r1=rand;
                Beta=2*exp(r1*((maxIter-t+1)/maxIter))*(sin(2*pi*r1));
                if t/maxIter>rand
                    Xnew(1,:)=Best_Pos+rand(1,dim).*(Best_Pos-X(1,:))+Beta*
(Best_Pos-X(1,:));
                else
                    Xrand = rand(1,dim).*(ub-lb)+lb;
                    Xnew(1,:)=Xrand+rand(1,dim).*(Xrand-X(1,:))+Beta*(Xrand-X(1,:));
                end
        else
            %链式觅食操作式（10.1）～式（10.2）
            Alpha=2*rand(1,dim).*(-log(rand(1,dim))).^0.5;
            Xnew(1,:)=X(1,:)+rand(1,dim).*(Best_Pos-X(1,:))+Alpha.*(Best_Pos-X(1,:));
        end
        %i=2,3...pop
        for i = 2:pop
            if rand<0.5
                %按式（10.3）～式（10.4）执行螺旋觅食操作
                r1=rand;
                Beta=2*exp(r1*((maxIter-t+1)/maxIter))*(sin(2*pi*r1));
                if t/maxIter>rand
                    Xnew(i,:)=Best_Pos+rand(1,dim).*(X(i-1,:)-X(i,:))+Beta*(Best_
Pos-X(i,:));
                else
                    Xrand = rand(1,dim).*(ub-lb)+lb;
                    Xnew(i,:)=Xrand+rand(1,dim).*(X(i-1,:)-X(i,:))+Beta*(Xrand-X(i,:));
                end
            else
                %链式觅食操作式（10.1）～式（10.2）
                Alpha=2*rand(1,dim).*(-log(rand(1,dim))).^0.5;
                Xnew(i,:)=X(i,:)+rand(1,dim).*(X(i-1,:)-X(i,:))+Alpha.*(Best_Pos-X(i,:));
            end
        end
        %边界检查
```

```
        Xnew(i,:)=BoundaryCheck(Xnew(i,:),ub,lb,dim);
        %适应度计算
        fitnessNew(i)=fobj(Xnew(i,:));
        if fitnessNew(i)<fitness(i)
            fitness(i)=fitnessNew(i);
            X(i,:)=Xnew(i,:);
        end
        % 翻滚觅食式（10.7）
        S=2; %翻滚因子
        for i=1:pop
            Xnew(i,:)=X(i,:)+S*(rand*Best_Pos-rand*X(i,:));
        end
        %边界检查
        Xnew(i,:)=BoundaryCheck(Xnew(i,:),ub,lb,dim);
        %适应度计算
        fitnessNew(i)=fobj(Xnew(i,:));
        if fitnessNew(i)<fitness(i)
            fitness(i)=fitnessNew(i);
            X(i,:)=Xnew(i,:);
        end
        if fitness(i)<Best_fitness
            Best_fitness=fitness(i);
            Best_Pos=X(i,:);
        end
        %记录当前迭代的最优解适应度
        IterCurve(t) = Best_fitness;
    end
end
```

综上，蝠鲼觅食优化算法的基本代码编写完成，可以通过函数 MRFO 调用。下面将讲解如何使用上述蝠鲼觅食优化算法解决优化问题。

10.3 函数寻优

本节主要介绍如何利用蝠鲼觅食优化算法对函数进行寻优。包括寻优函数问题描述；适应度函数设计；主函数设计几个部分。

10.3.1 问题描述

求解一组 x_1,x_2，使得下面函数的值最小，即求解函数的极小值。

$$f(x_1,x_2)=-20\exp\left(-0.2\sqrt{\left(x_1^2+x_2^2\right)/2}\right)-\exp\left(\frac{1}{2}(\cos(2\pi x_1)+\cos(2\pi x_2)\right)+20+e$$

式中，x_1 和 x_2 的取值范围分别为[−5.12,5.12]，[−5.12,5.12]。

待求解函数的搜索空间是怎样的呢？为了直观、形象、生动地展现待求解函数的搜索空间，可以使用 MATLAB 绘图的方式进行查看，以 x_1 为 X 轴，x_2 为 Y 轴，$f(x_1,x_2)$ 为 Z 轴，绘制该待求解函数的搜索空间，代码如下，效果如图 10.6 所示。

```
%% 绘制 f(x1,x2)的搜索曲面
clc;clear;
x1 =-32:0.5:32; %以 0.5 步长，生成[-32,32]的 x1 的值
x2 = -32:0.5:32;%以 0.5 步长，生成[-32,32]的 x2 的值
for i= 1:size(x1,2)
    for j = 1:size(x2,2)
        X1(i,j) = x1(i);
        X2(i,j) = x2(j);
        f(i,j)  =  -20*exp(-0.2*sqrt((X1(i,j)^2+X2(i,j)^2)/2))-exp(0.5*(cos(2*pi*X1(i,j))+
cos(2*pi*X2(i,j)))) +20+exp(1);%函数 f(x1,x2)的值
    end
end
surfc(X1,X2,f,'LineStyle','none'); %绘制曲面
xlabel('x1');
ylabel('x2');
zlabel('f(x1,x2)')
title('f(x1,x2)函数搜索空间')
```

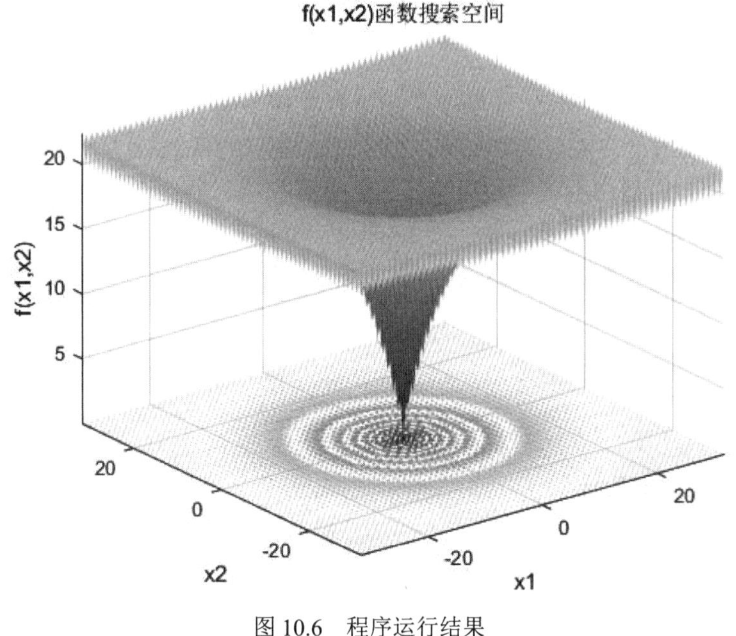

图 10.6　程序运行结果

10.3.2　适应度函数设计

在该问题中，变量范围的约束条件如下：

$$-32 \leqslant x_1 \leqslant 32$$

$$-32 \leqslant x_2 \leqslant 32$$

可以通过设置蝠鲼个体的维度和边界条件进行设置。即设置蝠鲼的维度 *dim* 为 2，蝠鲼个体上边界 *ub* =[32,32]，蝠鲼个体下边界 *lb*=[-32,-32]。

根据问题设定适应度函数 fun.m 如下：

```
%% 适应度函数
function fitness = fun(x)
%x 为输入一个个体，维度为[1,dim]
%fitness 为输出的适应度
    x1=x(1);
    x2=x(2);
    fitness = -20*exp(-0.2*sqrt((x1^2+x2^2)/2))-exp(0.5*(cos(2*pi*x1)+cos(2*pi*x2)))
+20+exp(1);
end
```

10.3.3　主函数设计

设置蝠鲼觅食优化算法的参数如下。

蝠鲼觅食优化种群数量 *pop* 为 50，最大迭代次数 *maxIter* 为 100，蝠鲼觅食优化个体的维度 *dim* 为 2，蝠鲼觅食优化个体上边界 *ub* =[32,32]，蝠鲼觅食优化个体下边界 *lb*=[-32,-32]。使用蝠鲼觅食优化算法求解待求解函数极值问题的主函数 main.m 如下：

```
%% 蝠鲼觅食优化算法求解-20*exp(-0.2*sqrt((x1^2+x2^2)/2))-exp(0.5*(cos(2*pi*x1)+
cos(2*pi*x2))) +20+exp(1);的最小值
clc;clear all;close all;
%参数设定
pop = 50;%种群数量
dim = 2;%变量维度
ub = [32,32];%个体上边界信息
lb = [-32,-32];%个体下边界信息
maxIter = 100;%最大迭代次数
fobj = @(x) fun(x);%设置适应度函数为 fun(x)
%蝠鲼觅食优化算法求解问题
[Best_Pos,Best_fitness,IterCurve] = MRFO(pop,dim,ub,lb,fobj,maxIter);
%绘制迭代曲线
figure
plot(IterCurve,'r-','linewidth',1.5);
```

```
grid on;%网格开
title('蝠鲼觅食优化算法迭代曲线')
xlabel('迭代次数')
ylabel('适应度')

disp(['求解得到的 x1，x2 为',num2str(Best_Pos(1)),'      ',num2str(Best_Pos(2))]);
disp(['最优解对应的函数值为：',num2str(Best_fitness)]);
```

程序运行得到的算术优化算法迭代曲线，如图 10.7 所示。

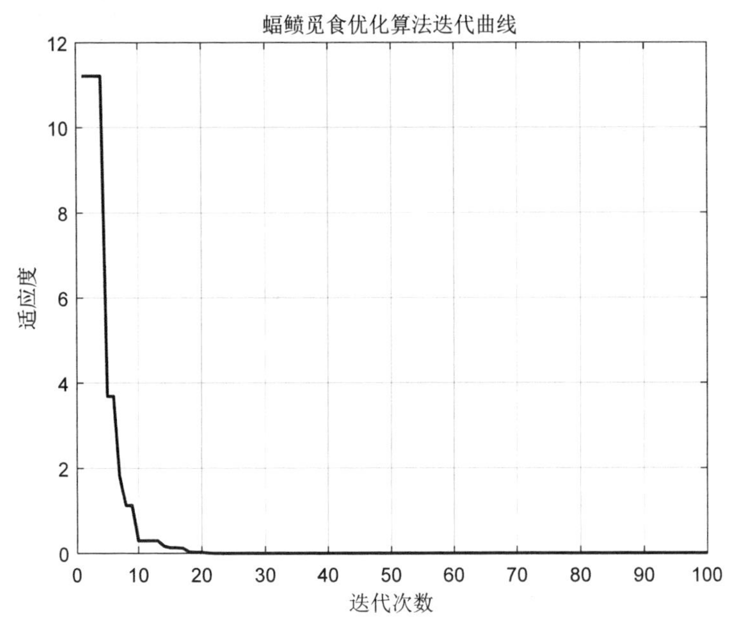

图 10.7　程序运行结果

运行结果如下：

```
求解得到的 x1，x2 为-1.6783e-16      -3.2939e-16
最优解对应的函数值为：8.8818e-16
```

从蝠鲼觅食优化算法寻优的结果看，最终的求解值为(-1.6783e-16, -3.2939e-16)，十分接近理论最优值(0,0)，表明蝠鲼觅食优化算法具有较好的寻优能力。

10.4　钢筋混凝土梁设计

本节主要介绍如何利用蝠鲼觅食优化算法对钢筋混凝土梁设计工程问题进行参数寻优。主要包括问题描述；适应度函数设计；主函数设计几个部分。

10.4.1　问题描述

一个简化的钢筋混凝土梁设计如图 10.8 所示。假定梁的跨度为 30ft（英尺，1 英尺=0.3048 米），并承受 2000lbf（磅力，1 磅力=0.45 千克）的活荷载和 1000lbf（磅力）的恒荷载（包括梁的质量）。混凝土抗压强度（σ_c）为 5ksi（千磅力/平方英寸，1ksi=6.895Mpa），钢筋屈服应力（σ_y）为 50ksi。混凝土成本为 0.02$/in^2/liner ft（0.02 美元/每立方英尺），钢材成本为 1.0$/in^2/liner ft（1 美元/每立方英尺）。优化目标为：结构的总成本最小化。优化参数为：钢筋面积 *As*（x_1），梁的宽度 *b*（x_2），梁的深度 *h*（x_3）数学模型如下。

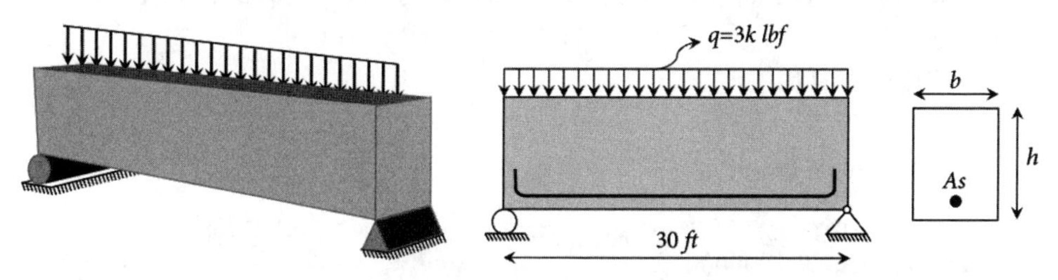

图 10.8　钢筋混凝土梁设计问题示意图

最小化：

$$\min f(x) = 2.9x_1 + 0.6x_2x_3$$

约束条件为：

$$g_1(X) = \frac{x_2}{x_3} - 4 \leqslant 0$$

$$g_2(X) = 180 + 7.375\frac{x_1^2}{x_3} - x_1x_2 \leqslant 0$$

变量范围：

$$x_1 \in \{6, 6.16, 6.32, 6.6, 7, 7.11, 7.2, 7.8, 7.9, 8, 8.4\}$$

$$x_2 \in \{28, 29, 30, \cdots, 40\}$$

$$5 \leqslant x_3 \leqslant 10$$

10.4.2　适应度函数设计

在该问题中，变量范围的约束条件如下：

$$x_1 \in \{6, 6.16, 6.32, 6.6, 7, 7.11, 7.2, 7.8, 7.9, 8, 8.4\}$$

$$x_2 \in \{28, 29, 30, \cdots, 40\}$$

$$5 \leqslant x_3 \leqslant 10$$

在该变量范围约束条件中，x_1，x_2 为离散值，而算法处理的连续值，这里需要做一下离散转换。

首先针对 x_1，x_1 中包含 11 个值，对这 11 个值，利用 1～11 的索引进行查询。将 x_1 的边界条件转换为：$1 \leqslant x_1 \leqslant 11$，同时在计算适应度时需要对 x_1 取整，这样就可以得到相应的索引，并用该索引查询 x_1 的真实变量值。

针对 x_2，只需在适应度函数中，对连续值取整即可得到离散的整数值。

即设置蝠鲼觅食优化个体的上边界为 ub=[11,40,10]，算术优化个体的下边界为 lb =[1,28,5]。针对约束 $g_1(X) \sim g_2(X)$，在适应度函数中进行处理。针对不满足约束条件的情况，采用增加惩罚数的方式对适应度进行求解，当满足约束条件时，不增加惩罚数，反之增加，使得不满足条件个体的适应度比较大，竞争力减弱。定义不满足约束条件的个数为 n，惩罚系数为 P，惩罚数的计算如下：

$$V = nP$$

适应度的计算如下：

$$fitness = f(x) + V$$

定义适应度函数 fun 如下：

```
%% 适应度函数
function [fitness,g] = fun(x)
    Ps=10E4;%惩罚系数
    x1Table = [ 6, 6.16, 6.32, 6.6, 7, 7.11, 7.2, 7.8, 7.9, 8, 8.4];
    index = floor(x(1)); %x1 的索引
    x1 = x1Table(index);%x1 的离散值
    x2=floor(x(2));%取整
    x3=x(3);
    f=2.9*x1+0.6*x2*x3;
    %约束条件计算
    g(1)=x2/x3-4;
    g(2)=180+7.375*x1^2/x3-x1*x2;

    V = Ps*sum(g>0);%惩罚数计算
    fitness=f + V;%计算适应度
end
```

10.4.3 主函数设计

通过上述分析，可以设置蝠鲼觅食优化算法参数如下。

设置蝠鲼觅食优化种群数量 pop 为 30，最大迭代次数 $maxIter$ 为 100，个体的维度 dim 设定为 3（即 x_1，x_2，x_3），个体上边界 ub=[11,40,10]，个体下边界 lb =[1,28,5]。蝠鲼觅食优化算法求解管状柱设计问题的主函数 main 设计如下：

```
%% 基于蝠鲼觅食优化算法的钢筋混凝土梁设计
clc;clear all;close all;
x1Table = [ 6, 6.16, 6.32, 6.6, 7, 7.11, 7.2, 7.8, 7.9, 8, 8.4];%x1 的离散值
```

```
%参数设定
pop = 30;%种群数量
dim = 3;%变量维度
ub = [ 11,40,10];%个体上边界信息
lb = [1,28,5];%个体下边界信息
maxIter = 100;%最大迭代次数
fobj = @(x) fun(x);%设置适应度函数为 fun(x)
%蝠鲼觅食优化算法求解问题
[Best_Pos,Best_fitness,IterCurve] = MRFO(pop,dim,ub,lb,fobj,maxIter);
%绘制迭代曲线
figure
plot(IterCurve,'r-','linewidth',1.5);
grid on;%网格开
title('蝠鲼觅食优化算法迭代曲线')
xlabel('迭代次数')
ylabel('适应度')
disp(['求解得到的 x1 为：',num2str(x1Table(floor(Best_Pos(1))))]);
disp(['求解得到的 x2 为：',num2str(Best_Pos(2))]);
disp(['求解得到的 x3 为：',num2str(Best_Pos(3))]);
disp(['最优解对应的函数值为：',num2str(Best_fitness)]);
%计算不满足约束条件的个数
[fitness,g]=fun(Best_Pos);
n=sum(g>0);%约束的值大于 0 的个数
disp(['违反约束条件的个数',num2str(n)]);
```

程序运行结果如图 10.9 所示。

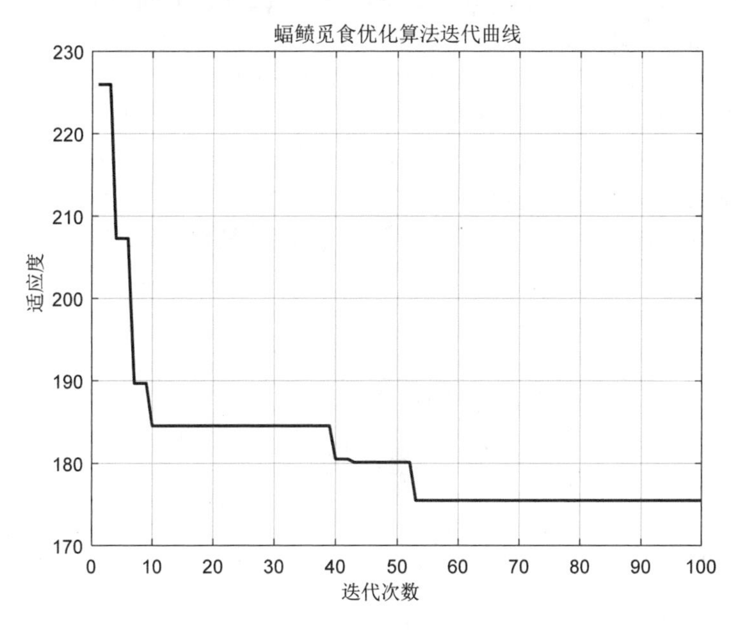

图 10.9　程序运行结果

运行结果如下：

```
求解得到的 x1 为：7.2
求解得到的 x2 为：32.9934
求解得到的 x3 为：8.0528
最优解对应的函数值为：175.494
违反约束条件的个数 0
```

从收敛曲线看，适应度函数值随着迭代次数不断减小，表明蝠鲼觅食优化算法不断地对参数进行优化。最后，在约束条件范围内，得到了一组满足约束条件的参数，对钢筋混凝土梁的优化设计具有指导意义。

参 考 文 献

[1] ZHAO WEIGUO, ZHANG ZHENXING, et al. Manta Ray Foraging Optimization:An Effective Bio-inspired Optimizer for Engineering Applications[J]. Engineering Applications of Artificial Intelligence, 2020, 87: 103300.

[2] 张荣升，刘丽桑，徐辉，等. 改进蝠鲼觅食优化算法的配电网故障定位[J]. 福建工程学院学报，2022，20（03）：267-274.

[3] 黄鹤，李潇磊，杨澜，等. 引入改进蝠鲼觅食优化算法的水下无人航行器三维路径规划[J]. 西安交通大学学报，2022，56（07）：9-18.

[4] 杨博，俞磊，王俊婷，等. 基于自适应蝠鲼觅食优化算法的分布式电源选址定容[J]. 上海交通大学学报，2021，55（12）：1673-1688.

[5] 徐立立，杨超，伍虹，等. 蝠鲼觅食优化算法在配电网故障定位中的应用[J]. 智能计算机与应用，2021，11（11）：92-96.

[6] 叶剑华，罗凤章，杨理. 基于改进蝠鲼觅食优化 SVM 的配电网拓扑辨识[J]. 电力系统及其自动化学报，2021，33（10）：43-50.

[7] 李璟楠，乐美龙. 多种群蝠鲼觅食优化求解多跑道机场航班排序[J]. 航空计算技术，2020，50（06）：47-51.

第 11 章　智能优化算法基准函数集合

本章主要介绍国际常用的对比智能优化算法的 23 个基准测试函数。首先介绍基准测试函数的基本信息，然后介绍基准测试函数的代码和寻优空间的绘制。

11.1　基准测试集简介

为了测试智能优化算法的性能，许多学者提出了一些测试函数，其中用得最多的基准测试函数有 23 个，将其分别命名为 F1～F23，如表 11.1 所示。

表 11.1　基准测试函数

名称	函数表达式（function）	维度（dim）	变量范围值（range）	全局最优值（fmin）
F1	$f_1(x)=\sum_{i=1}^{n}x_i^2$	30	[-100,100]	0
F2	$f_2(x)=\sum_{i=1}^{n}\lvert x_i\rvert+\prod_{i=1}^{n}\lvert x_i\rvert$	30	[-10,10]	0
F3	$f_3(x)=\sum_{i=1}^{n}\left(\sum_{j-1}^{i}x_j\right)^2$	30	[-100,100]	0
F4	$f_4(x)=\max_i\left\{\lvert x_i\rvert,1\leqslant i\leqslant n\right\}$	30	[-100,100]	0
F5	$f_5(x)=\sum_{i=1}^{n-1}\left[100(x_{i+1}-x_i^2)^2+(x_i-1)^2\right]$	30	[-30,30]	0
F6	$f_6(x)=\sum_{i=1}^{n}[x_i+0.5]^2$	30	[-100,100]	0
F7	$f_7(x)=\sum_{i=1}^{n}ix_i^4+random[0,1)$	30	[-1.28,1.28]	0
F8	$f_8(x)=\sum_{i=1}^{n}-x_i\sin\left(\sqrt{\lvert x_i\rvert}\right)$	30	[-500,500]	-418.9829*dim
F9	$f_9(x)=\sum_{i=1}^{n}\left[x_1^2-10\cos(2\pi x_i)+10\right]$	30	[-5.12,5.12]	0
F10	$f_{10}(x)=-20\exp\left(-0.2\sqrt{\frac{1}{n}\sum_{i=1}^{n}x_i^2}\right)-\exp\left(\frac{1}{n}\sum_{i=1}^{n}\cos(2\pi x_i)\right)+20+e$	30	[-32,32]	0

续表

名称	函数表达式 (function)	维度 (dim)	变量范围值 (range)	全局最优值 (fmin)
F11	$f_{11}(x)=\frac{1}{4000}\sum_{i=1}^{n}x_i^2-\prod_{i=1}^{n}\cos\left(\frac{x_i}{\sqrt{i}}\right)+1$	30	[-600,600]	0
F12	$f_{12}(x)=\frac{\pi}{n}\left\{10\sin(\pi y_1)+\sum_{i=1}^{n-1}(y_i-1)^2\left[1+10\sin^2(\pi y_{i+1})\right]+(y_n-1)^2\right\}+\sum_{i=1}^{n}u(x_i,10,100,4)$ $y_i=1+\frac{x_i-1}{4}$ $u(x_i,a,k,m)=\begin{cases}k(x_i-a)^m,x_i>a\\0,-a<x_i<a\\k(-x_i-a)^m,x_i<-a\end{cases}$	30	[-50,50]	0
F13	$f_{13}(x)=0.1\left\{\sin^2(3\pi x_1)+\sum_{i=1}^{n}(x_i-1)^2\left[1+\sin^2(3\pi x_i+1)\right](x_n-1)^2\left[1+\sin^2(2\pi x_n)\right]\right\}+\sum_{i=1}^{n}u(x_i,5,100,4)$	30	[-50,50]	0
F14	$f_{14}(x)=\left(\frac{1}{500}+\sum_{j=1}^{25}\frac{1}{j+\sum_{i=1}^{2}(x_i-a_{ij})^6}\right)^{-1}$	2	[-65,65]	1
F15	$f_{15}(x)=\sum_{i=1}^{11}\left[a_i-\frac{x_1(b_i^2+b_ix_2)}{b_i^2+b_ix_3+x_4}\right]^2$	4	[-5,5]	0.0003
F16	$f_{16}(x)=4x_1^2-2.1x_1^4+\frac{1}{3}x_1^6+x_1x_2-4x_2^2+4x_2^4$	2	[-5,5]	-1.3016
F17	$f_{17}(x)=\left(x_2-\frac{5.1}{4\pi^2}x_1^2+\frac{5}{\pi}x_1-6\right)^2+10\left(1-\frac{1}{8\pi}\right)\cos x_1+10$	2	[-5,5]	0.398
F18	$f_{18}(x)=[1+(x_1+x_2+1)^2(19-14x_1+3x_1^2-14x_2+6x_1x_2+3x_2^2)]\times[30+(2x_1-3x_2)^2\times[18-32x_1+12x_1^2+48x_2-36x_1x_2+27x_2^2)]$	2	[-2,2]	3
F19	$f_{19}(x)=-\sum_{i=1}^{4}c_i\exp\left(-\sum_{j=1}^{3}a_{ij}(x_j-p_{ij})^2\right)$	3	[1,3]	-3.86

续表

名称	函数表达式（function）	维度（dim）	变量范围值（range）	全局最优值（fmin）
F20	$f_{20}(x)=-\sum_{i=1}^{4}c_i\exp\left(-\sum_{j=1}^{6}a_{ij}(x_j-p_{ij})^2\right)$	6	[0,1]	-3.32
F21	$f_{21}(x)=-\sum_{i=1}^{5}[(X-a_i)(X-a_i)^T+c_i]^{-1}$	4	[0,10]	-10.1532
F22	$f_{22}(x)=-\sum_{i=1}^{7}[(X-a_i)(X-a_i)^T+c_i]^{-1}$	4	[0,10]	-10.4028
F23	$f_{23}(x)=-\sum_{i=1}^{10}[(X-a_i)(X-a_i)^T+c_i]^{-1}$	4	[0,10]	-10.5363

11.2　基准测试函数搜索空间绘图和代码

11.2.1　F1 函数

F1 函数的函数表达式如表 11.2 所示。

表 11.2　F1 函数

名称	函数表达式（function）	维度（dim）	变量范围值（range）	全局最优值（fmin）
F1	$f_1(x)=\sum_{i=1}^{n}x_i^2$	30	[-100,100]	0

当维度为二维时的搜索空间曲面如图 11.1 所示。

函数 F1 的 MATLAB 代码如下：

```
function o = F1_Fun(x)
o=sum(x.^2);
end
```

绘制曲面 MATLAB 代码如下：

```
%F1 搜索空间绘图函数
function F1_FunPlot()
    x=-100:2:100;   %x 的范围[-100,100]
    y=x; %y 的范围[-100,100]
    L=length(x);
    for i = 1:L
        for j = 1:L
            f(i,j) = F1_Fun([x(i),y(j)]); %输入[x,y]对应的函数输出值
```

```
            end
        end
        surfc(x,y,f,'LineStyle','none');%绘制曲面
        title('F1 space') %图表名称
        xlabel('x_1');%x 轴名称
        ylabel('x_2');%y 轴名称
end
```

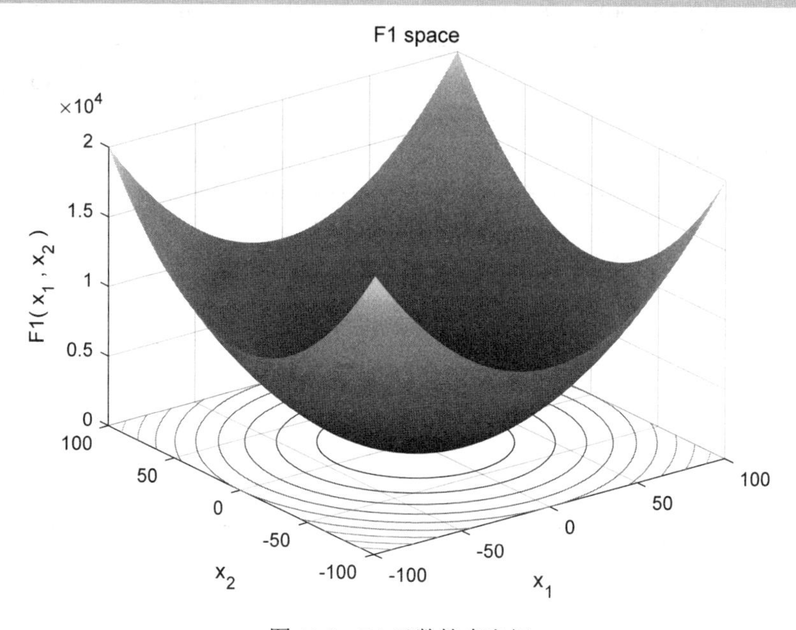

图 11.1　F1 函数搜索空间

11.2.2　F2 函数

F2 函数的函数表达式如表 11.3 所示。

表 11.3　F2 函数

名称	函数表达式（function）	维度（dim）	变量范围值（range）	全局最优值（fmin）
F2	$f_2(x)=\sum_{i=1}^{n}\lvert x_i\rvert+\prod_{i=1}^{n}\lvert x_i\rvert$	30	[-10,10]	0

当维度为二维时的搜索空间曲面如图 11.2 所示。

函数 F2 的 MATLAB 代码如下：

```
function o = F2_Fun(x)
o=sum(abs(x))+prod(abs(x));
end
```

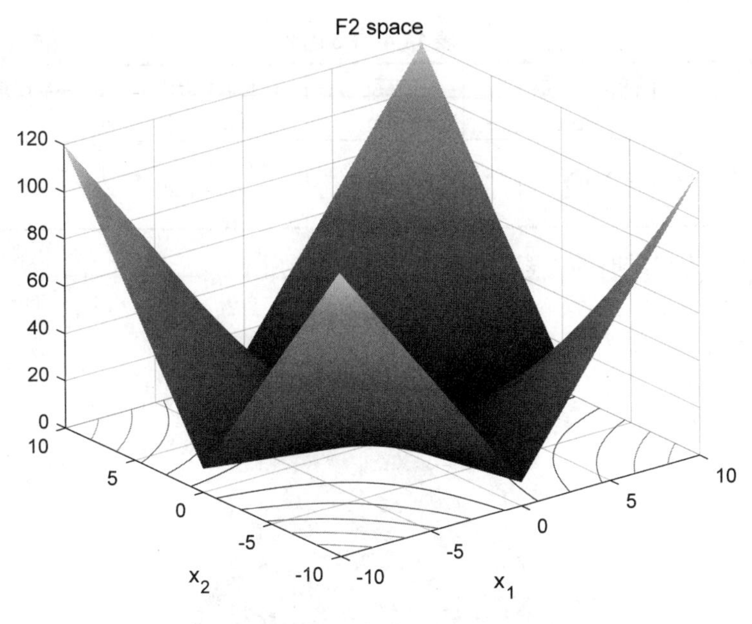

图 11.2　F2 函数搜索空间

绘制曲面 MATLAB 代码如下：

```
%F2 搜索空间绘图函数
function F2_FunPlot()
    x=-10:0.1:10;   %x 的范围[-10,10]
    y=x; %y 的范围[-10,10]
    L=length(x);
    for i = 1:L
        for j = 1:L
            f(i,j) = F2_Fun([x(i),y(j)]); %输入[x,y]对应的函数输出值
        end
    end
    surfc(x,y,f,'LineStyle','none');%绘制曲面
    title('F2 space') %图表名称
    xlabel('x_1');%x 轴名称
    ylabel('x_2');%y 轴名称
    grid on
end
```

11.2.3　F3 函数

F3 函数的函数表达式如表 11.4 所示。

表 11.4　F3 函数

名称	函数表达式（function）	维度（dim）	变量范围值（range）	全局最优值（fmin）
F3	$f_3(x)=\sum_{i=1}^{n}\left(\sum_{j-1}^{i}x_j\right)^2$	30	[-100,100]	0

当维度为二维时的搜索空间曲面如图 11.3 所示。

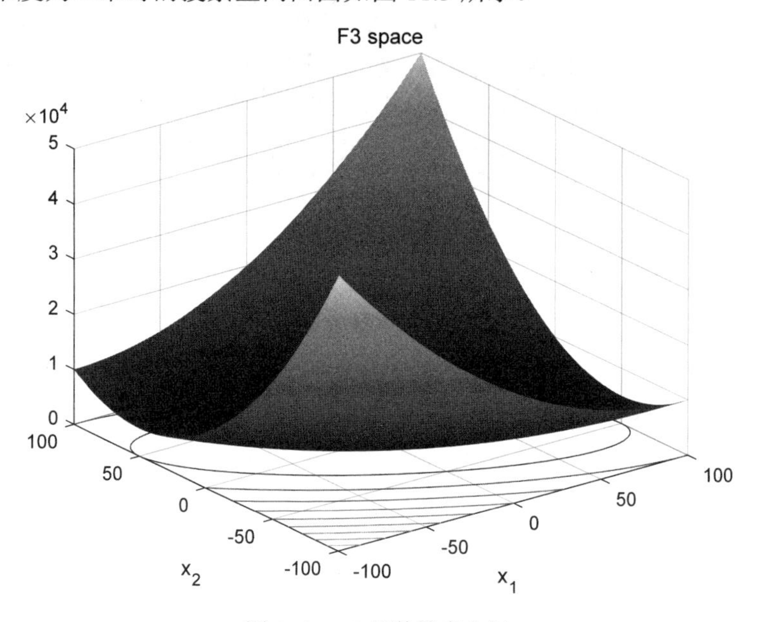

图 11.3　F3 函数搜索空间

函数 F3 的 MATLAB 代码如下：

```
function o = F3_Fun(x)
    dim=size(x,2);
    o=0;
    for i=1:dim
        o=o+sum(x(1:i))^2;
    end
end
```

绘制曲面 MATLAB 代码如下：

```
%F3 搜索空间绘图函数
function F3_FunPlot()
    x=-100:2:100;   %x 的范围[-100,100]
    y=x; %y 的范围[-100,100]
    L=length(x);
    for i = 1:L
```

```
        for j = 1:L
            f(i,j) = F3_Fun([x(i),y(j)]); %输入[x,y]对应的函数输出值
        end
    end
    surfc(x,y,f,'LineStyle','none');%绘制曲面
    title('F3 space') %图表名称
    xlabel('x_1');%x 轴名称
    ylabel('x_2');%y 轴名称
    grid on
end
```

11.2.4　F4 函数

F4 函数的函数表达式如表 11.5 所示。

表 11.5　F4 函数

名称	函数表达式（function）	维度（dim）	变量范围值（range）	全局最优值（fmin）
F4	$f_4(x)=\max_i\{\|x_i\|,1\leqslant i\leqslant n\}$	30	[-100,100]	0

当维度为二维时的搜索空间曲面如图 11.4 所示。

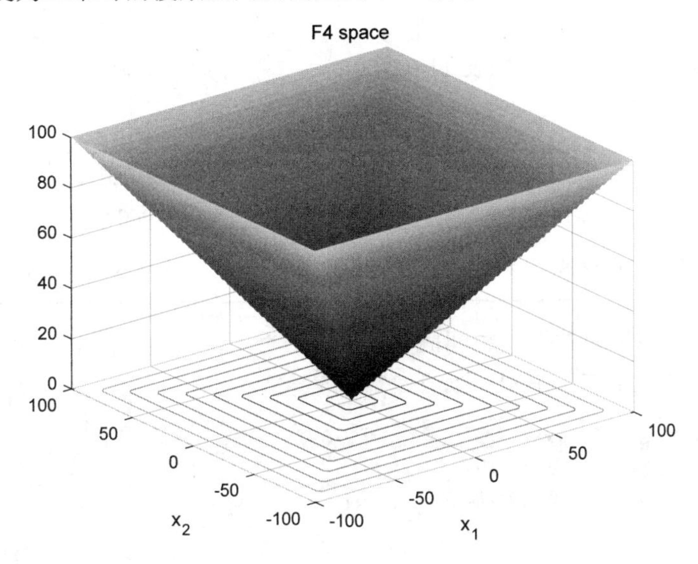

图 11.4　F4 函数搜索空间

函数 F4 的 MATLAB 代码如下：

```
function o = F4_Fun(x)
o=max(abs(x));
```

```
end
```

绘制曲面 MATLAB 代码如下：

```
%F4 搜索空间绘图函数
function F4_FunPlot()
    x=-100:2:100;   %x 的范围[-100,100]
    y=x; %y 的范围[-100,100]
    L=length(x);
    for i = 1:L
        for j = 1:L
            f(i,j) = F4_Fun([x(i),y(j)]); %输入[x,y]对应的函数输出值
        end
    end
    surfc(x,y,f,'LineStyle','none');%绘制曲面
    title('F4 space') %图表名称
    xlabel('x_1');%x 轴名称
    ylabel('x_2');%y 轴名称
    grid on
end
```

11.2.5　F5 函数

F5 函数的函数表达式如表 11.6 所示。

表 11.6　F5 函数

名称	函数表达式（function）	维度（dim）	变量范围值（range）	全局最优值（fmin）
F5	$f_5(x)=\sum_{i=1}^{n-1}[100(x_{i+1}-x_i^2)^2+(x_i-1)^2]$	30	[-30,30]	0

当维度为二维时的搜索空间曲面如图 11.5 所示。

函数 F5 的 MATLAB 代码如下：

```
function o = F5_Fun(x)
dim=size(x,2);
o=sum(100*(x(2:dim)-(x(1:dim-1).^2)).^2+(x(1:dim-1)-1).^2);
end
```

绘制曲面 MATLAB 代码如下：

```
%F5 搜索空间绘图函数
function F5_FunPlot()
    x=-30:0.2:30;   %x 的范围[-30,30]
    y=x; %y 的范围[-30,30]
```

```
    L=length(x);
    for i = 1:L
        for j = 1:L
            f(i,j) = F5_Fun([x(i),y(j)]); %输入[x,y]对应的函数输出值
        end
    end
    surfc(x,y,f,'LineStyle','none');%绘制曲面
    title('F5 space') %图表名称
    xlabel('x_1');%x 轴名称
    ylabel('x_2');%y 轴名称
    grid on
end
```

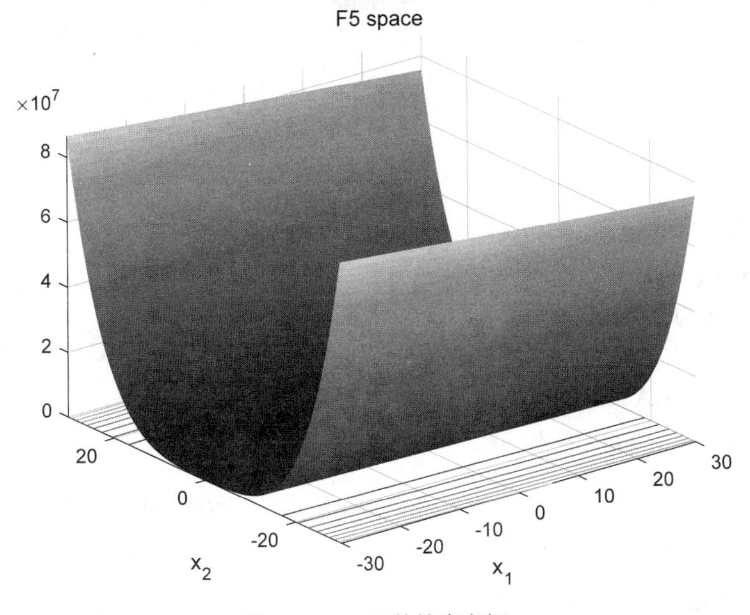

图 11.5　F5 函数搜索空间

11.2.6　F6 函数

F6 函数的函数表达式如表 11.7 所示。

表 11.7　F6 函数

名称	函数表达式（function）	维度（dim）	变量范围值（range）	全局最优值（fmin）
F6	$f_6(x)=\sum_{i=1}^{n}[x_i+0.5]^2$	30	[-100,100]	0

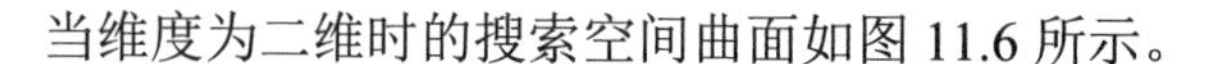

当维度为二维时的搜索空间曲面如图 11.6 所示。

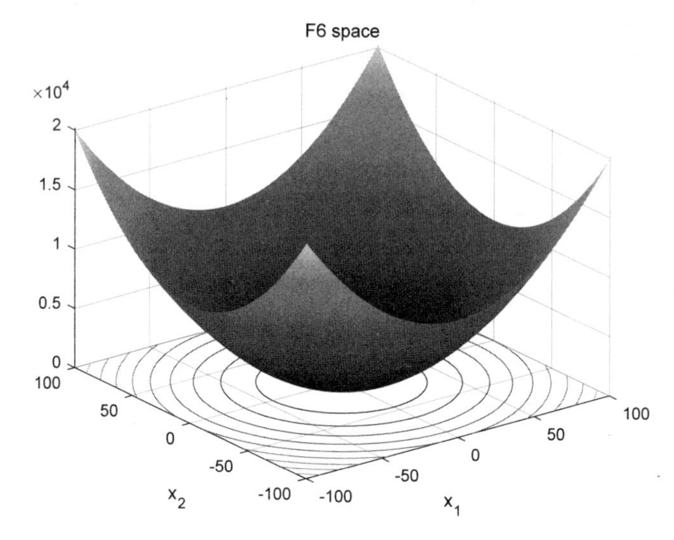

图 11.6　F6 函数搜索空间

函数 F6 的 MATLAB 代码如下：

```
function o = F6_Fun(x)
    o=sum(abs((x+.5)).^2);
end
```

绘制曲面 MATLAB 代码如下：

```
%F6 搜索空间绘图函数
function F6_FunPlot()
    x=-100:2:100;   %x 的范围[-5,5]
    y=x; %y 的范围[-5,5]
    L=length(x);
    for i = 1:L
        for j = 1:L
            f(i,j) = F6_Fun([x(i),y(j)]); %输入[x,y]对应的函数输出值
        end
    end
    surfc(x,y,f,'LineStyle','none');%绘制曲面
    title('F6 space') %图表名称
    xlabel('x_1');%x 轴名称
    ylabel('x_2');%y 轴名称
    grid on
end
```

11.2.7　F7 函数

F7 函数的函数表达式如表 11.8 所示。

表 11.8　F7 函数

名称	函数表达式（function）	维度（dim）	变量范围值（range）	全局最优值（fmin）
F7	$f_7(x)=\sum_{i=1}^{n} ix_i^4 + random[0,1)$	30	[-1.28,1.28]	0

当维度为二维时的搜索空间曲面如图 11.7 所示。

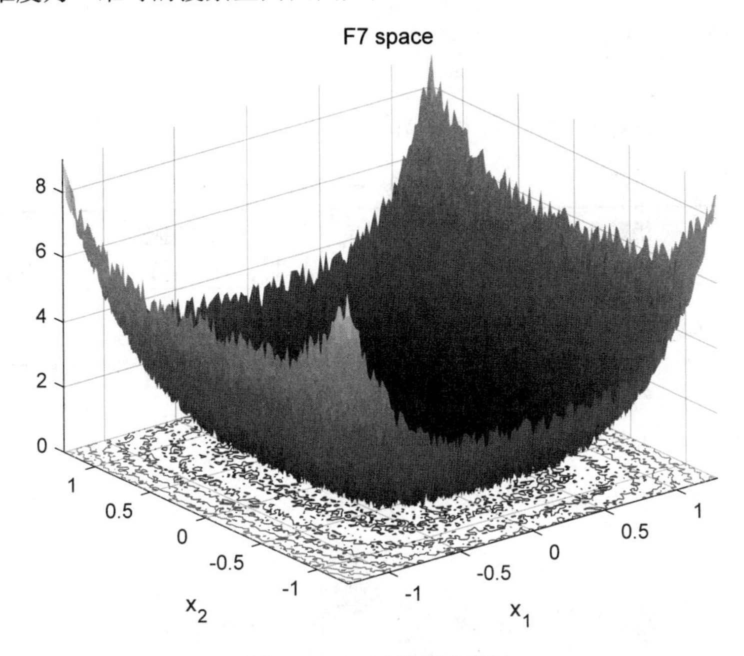

图 11.7　F7 函数搜索空间

函数 F7 的 MATLAB 代码如下：

```
function o = F7_Fun(x)
    dim=length(x);
    o=sum([1:dim].*(x.^4))+rand;
end
```

绘制曲面 MATLAB 代码如下：

```
%F7 搜索空间绘图函数
function F7_FunPlot()
    x=-1.28:0.02:1.28;   %x 的范围[-1.28,1.28]
```

```
    y=x; %y 的范围[-1.28,1.28]
    L=length(x);
    for i = 1:L
        for j = 1:L
            f(i,j) = F7_Fun([x(i),y(j)]); %输入[x,y]对应的函数输出值
        end
    end
    surfc(x,y,f,'LineStyle','none');%绘制曲面
    title('F7 space') %图表名称
    xlabel('x_1');%x 轴名称
    ylabel('x_2');%y 轴名称
    grid on
end
```

11.2.8　F8 函数

F8 函数的函数表达式如表 11.9 所示。

表 11.9　F8 函数

名称	函数表达式（function）	维度（dim）	变量范围值（range）	全局最优值（fmin）
F8	$f_8(x)=\sum_{i=1}^{n}-x_i\sin\left(\sqrt{\lvert x_i\rvert}\right)$	30	[-500,500]	-418.9829*dim

当维度为二维时的搜索空间曲面如图 11.8 所示。

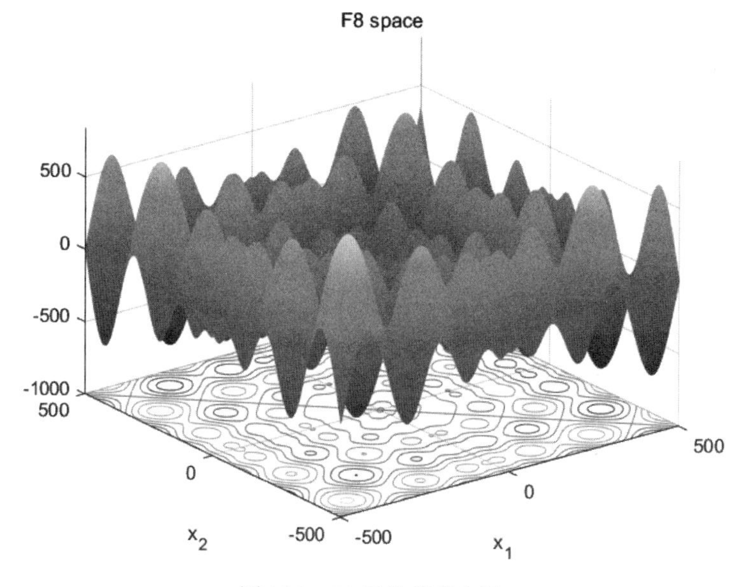

图 11.8　F8 函数搜索空间

函数 F8 的 MATLAB 代码如下：

```
function o = F8_Fun(x)
    o=sum(-x.*sin(sqrt(abs(x))));
end
```

绘制曲面 MATLAB 代码如下：

```
%F8 搜索空间绘图函数
function F8_FunPlot()
    x=-500:2:500;   %x 的范围[-500,500]
    y=x; %y 的范围[-500,500]
    L=length(x);
    for i = 1:L
        for j = 1:L
            f(i,j) = F8_Fun([x(i),y(j)]); %输入[x,y]对应的函数输出值
        end
    end
    surfc(x,y,f,'LineStyle','none');%绘制曲面
    title('F8 space') %图表名称
    xlabel('x_1');%x 轴名称
    ylabel('x_2');%y 轴名称
    grid on
end
```

11.2.9　F9 函数

F9 函数的函数表达式如表 11.10 所示。

表 11.10　F9 函数

名称	函数表达式（function）	维度（dim）	变量范围值（range）	全局最优值（fmin）
F9	$f_9(x)=\sum_{i=1}^{n}[x_1^2-10\cos(2\pi x_i)+10]$	30	[-5.12,5.12]	0

当维度为二维时的搜索空间曲面如图 11.9 所示。

函数 F9 的 MATLAB 代码如下：

```
function o = F9_Fun(x)
    dim=length(x);
    o=sum(x.^2-10*cos(2*pi.*x))+10*dim;
end
```

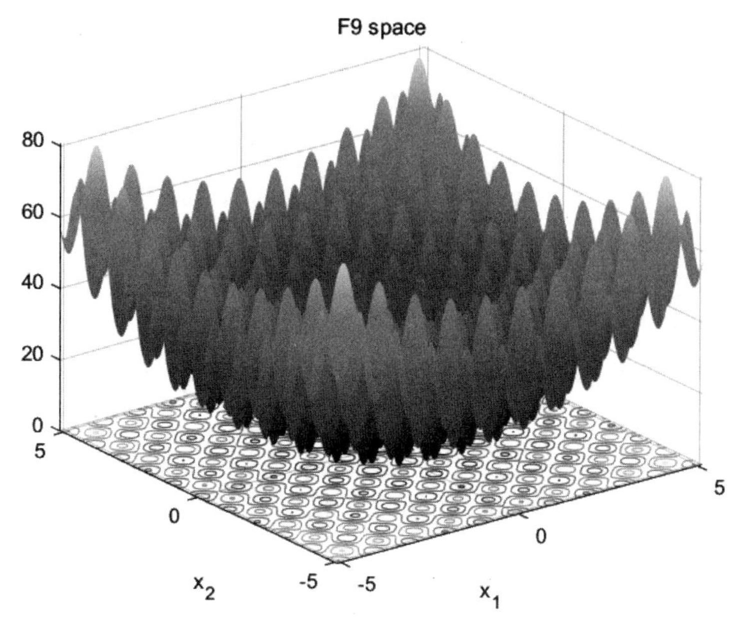

图 11.9　F9 函数搜索空间

绘制曲面 MATLAB 代码如下：

```
%F9 搜索空间绘图函数
function F9_FunPlot()
    x=-5.12:0.02:5.12;   %x 的范围[-5.12,5.12]
    y=x; %y 的范围[-5.12,5.12]
    L=length(x);
    for i = 1:L
        for j = 1:L
            f(i,j) = F9_Fun([x(i),y(j)]); %输入[x,y]对应的函数输出值
        end
    end
    surfc(x,y,f,'LineStyle','none');%绘制曲面
    title('F9 space') %图表名称
    xlabel('x_1');%x 轴名称
    ylabel('x_2');%y 轴名称
    grid on
end
```

11.2.10　F10 函数

F10 函数的函数表达式如表 11.11 所示。

表 11.11　F10 函数

名称	函数表达式 （function）	维度 （dim）	变量范围值 （range）	全局最优值 （fmin）
F10	$f_{10}(x)=-20\exp\left(-0.2\sqrt{\frac{1}{n}\sum_{i=1}^{n}x_i^2}\right)-\exp\left(\frac{1}{n}\sum_{i=1}^{n}\cos(2\pi x_i)\right)+20+e$	30	[-32,32]	0

当维度为二维时的搜索空间曲面如图 11.10 所示。

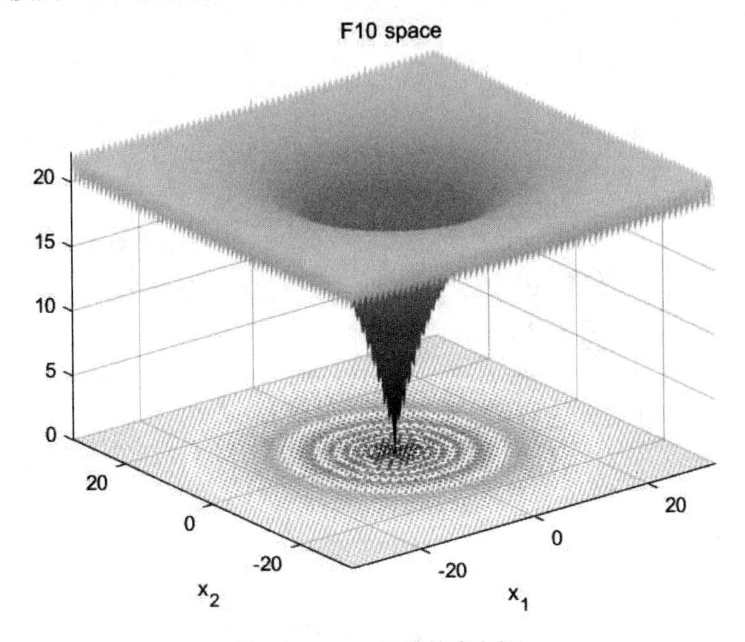

图 11.10　F10 函数搜索空间

函数 F10 的 MATLAB 代码如下：

```
function o = F10_Fun(x)
    dim=length(x);
    o=-20*exp(-.2*sqrt(sum(x.^2)/dim))-exp(sum(cos(2*pi.*x))/dim)+20+exp(1);
end
```

绘制曲面 MATLAB 代码如下：

```
%F10 搜索空间绘图函数
function F10_FunPlot()
    x=-32:0.1:32;   %x 的范围[-32,32]
    y=x; %y 的范围[-32,32]
    L=length(x);
```

```
    for i = 1:L
        for j = 1:L
            f(i,j) = F10_Fun([x(i),y(j)]); %输入[x,y]对应的函数输出值
        end
    end
    surfc(x,y,f,'LineStyle','none');%绘制曲面
    title('F10 space') %图表名称
    xlabel('x_1');%x 轴名称
    ylabel('x_2');%y 轴名称
    grid on
end
```

11.2.11　F11 函数

F11 函数的函数表达式如表 11.12 所示。

表 11.12　F11 函数

名称	函数表达式（function）	维度（dim）	变量范围值（range）	全局最优值（fmin）
F11	$f_{11}(x)=\frac{1}{4000}\sum_{i=1}^{n}x_i^2-\prod_{i=1}^{n}\cos\left(\frac{x_i}{\sqrt{i}}\right)+1$	30	[-600,600]	0

当维度为二维时的搜索空间曲面如图 11.11 所示。

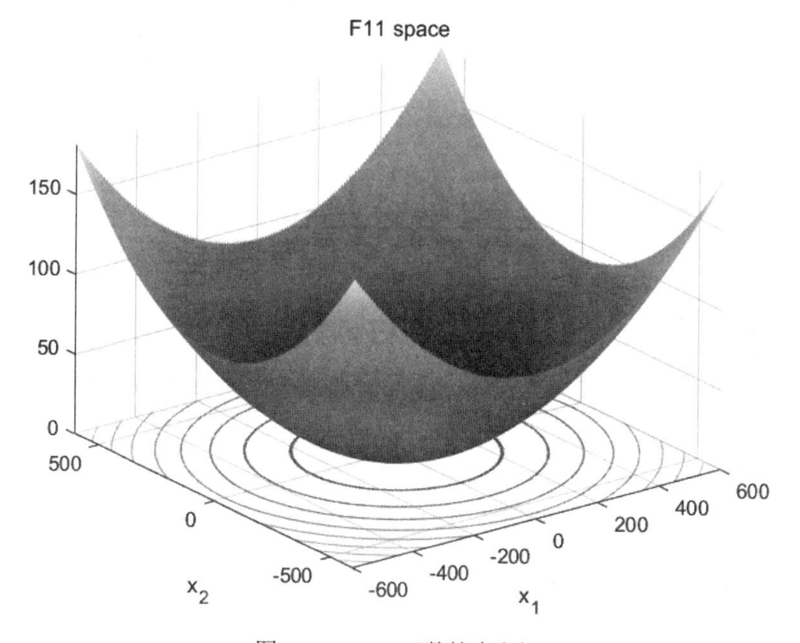

图 11.11　F11 函数搜索空间

函数 F11 的 MATLAB 代码如下：

```
function o = F11_Fun(x)
    dim=length(x);
    o=sum(x.^2)/4000-prod(cos(x./sqrt([1:dim])))+1;
end
```

绘制曲面 MATLAB 代码如下：

```
%F11 搜索空间绘图函数
function F11_FunPlot()
    x=-600:2:600;   %x 的范围[-600,600]
    y=x; %y 的范围[-600,600]
    L=length(x);
    for i = 1:L
        for j = 1:L
            f(i,j) = F11_Fun([x(i),y(j)]); %输入[x,y]对应的函数输出值
        end
    end
    surfc(x,y,f,'LineStyle','none');%绘制曲面
    title('F11 space') %图表名称
    xlabel('x_1');%x 轴名称
    ylabel('x_2');%y 轴名称
    grid on
end
```

11.2.12　F12 函数

F12 函数的函数表达式如表 11.13 所示。

表 11.13　F12 函数

名称	函数表达式（function）	维度（dim）	变量范围值（range）	全局最优值（fmin）
F12	$f_{12}(x)=\frac{\pi}{n}\left\{10\sin(\pi y_1)+\sum_{i=1}^{n-1}(y_i-1)^2\left[1+10\sin^2(\pi y_{i+1})\right]+(y_n-1)^2\right\}+\sum_{i=1}^{n}u(x_i,10,100,4)$ $y_i=1+\frac{x_i+1}{4}$ $u(x_i,a,k,m)=\begin{cases}k(x_i-a)^m,x_i>a\\0,-a<x_i<a\\k(-x_i-a)^m,x_i>-a\end{cases}$	30	[-50,50]	0

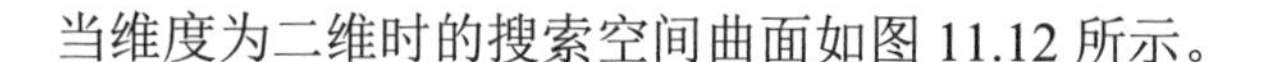
当维度为二维时的搜索空间曲面如图 11.12 所示。

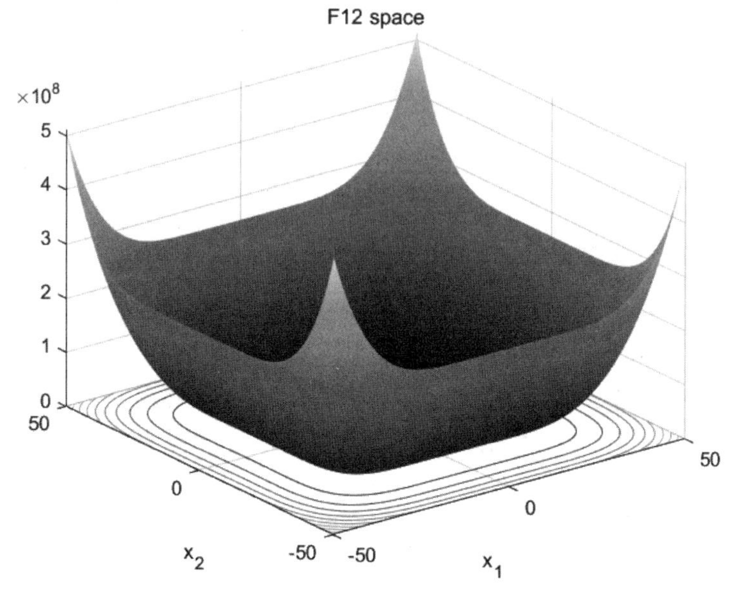

图 11.12　F12 函数搜索空间

函数 F12 的 MATLAB 代码如下：

```
function o = F12_Fun(x)
    dim=length(x);
    o=(pi/dim)*(10*((sin(pi*(1+(x(1)+1)/4)))^2)+sum((((x(1:dim-1)+1)./4).^2).*...
(1+10.*((sin(pi.*(1+(x(2:dim)+1)./4)))).^2))+((x(dim)+1)/4)^2)+sum(Ufun(x,10,100,4));
end
function o=Ufun(x,a,k,m)
o=k.*((x-a).^m).*(x>a)+k.*((-x-a).^m).*(x<(-a));
end
```

绘制曲面 MATLAB 代码如下：

```
%F12 搜索空间绘图函数
function F12_FunPlot()
    x=-50:0.1:50;   %x 的范围[-50,50]
    y=x; %y 的范围[-50,50]
    L=length(x);
    for i = 1:L
        for j = 1:L
            f(i,j) = F12_Fun([x(i),y(j)]); %输入[x,y]对应的函数输出值
        end
    end
    surfc(x,y,f,'LineStyle','none');%绘制曲面
    title('F12 space') %图表名称
```

```
    xlabel('x_1');%x 轴名称
    ylabel('x_2');%y 轴名称
    grid on
end
```

11.2.13　F13 函数

F13 函数的函数表达式如表 11.14 所示。

表 11.14　F13 函数

名称	函数表达式（function）	维度（dim）	变量范围值（range）	全局最优值（fmin）
F13	$f_{13}(x)=0.1\left\{\sin^2(3\pi x_1)+\sum_{i=1}^{n}(x_i-1)^2\left[1+\sin^2(3\pi x_i+1)\right]\right.$ $\left.(x_n-1)^2\left[1+\sin^2(2\pi x_n)\right]\right\}+\sum_{i=1}^{n}u(x_i,5,100,4)$	30	[-50,50]	0

当维度为二维时的搜索空间曲面如图 11.13 所示。

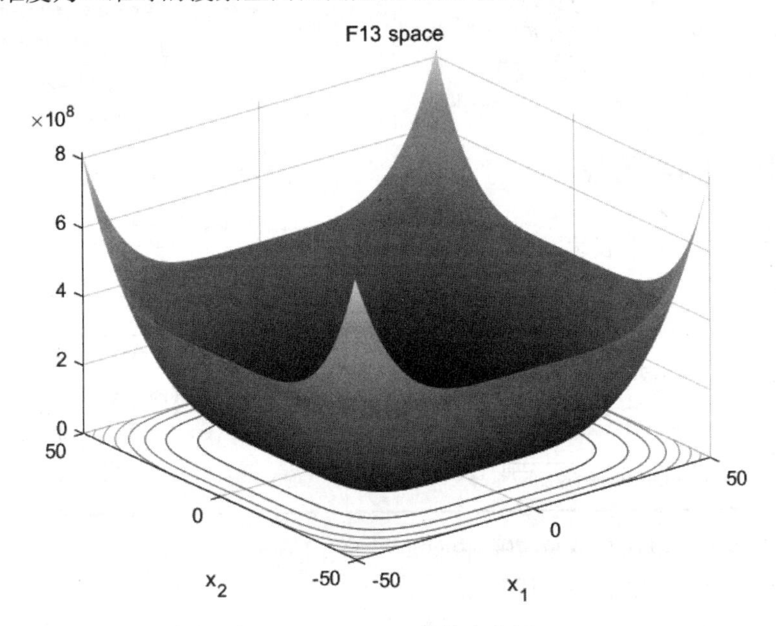

图 11.13　F13 函数搜索空间

函数 F13 的 MATLAB 代码如下：

```
function o = F13_Fun(x)
    dim=length(x);
    o=0.1*((sin(3*pi*x(1)))^2+sum((x(1:dim-1)-1).^2.*(1+(sin(3.*pi.*x(2:dim))).^2))+...
```

```
((x(dim)-1)^2)*(1+(sin(2*pi*x(dim)))^2))+sum(Ufun(x,5,100,4));
end
function o=Ufun(x,a,k,m)
    o=k.*((x-a).^m).*(x>a)+k.*((-x-a).^m).*(x<(-a));
end
```

绘制曲面 MATLAB 代码如下：

```
%F13 搜索空间绘图函数
function F13_FunPlot()
    x=-50:0.1:50;   %x 的范围[-50,50]
    y=x; %y 的范围[-50,50]
    L=length(x);
    for i = 1:L
        for j = 1:L
            f(i,j) = F13_Fun([x(i),y(j)]); %输入[x,y]对应的函数输出值
        end
    end
    surfc(x,y,f,'LineStyle','none');%绘制曲面
    title('F13 space') %图表名称
    xlabel('x_1');%x 轴名称
    ylabel('x_2');%y 轴名称
    grid on
end
```

11.2.14　F14 函数

F14 函数的函数表达式如表 11.15 所示。

表 11.15　F14 函数

名称	函数表达式（function）	维度（dim）	变量范围值（range）	全局最优值（fmin）
F14	$f_{14}(x)=\left(\frac{1}{500}+\sum_{j=1}^{25}\frac{1}{j+\sum_{i=1}^{2}(x_i-a_{ij})^6}\right)^{-1}$	2	[-65,65]	1

当维度为二维时的搜索空间曲面如图 11.14 所示。

函数 F14 的 MATLAB 代码如下：

```
function o = F14_Fun(x)
    aS=[-32 -16 0 16 32 -32 -16 0 16 32 -32 -16 0 16 32 -32 -16 0 16 32 -32 -16 0 16 32;,...
    -32 -32 -32 -32 -32 -16 -16 -16 -16 -16 0 0 0 0 0 16 16 16 16 16 32 32 32 32 32];

    for j=1:25
        bS(j)=sum((x'-aS(:,j)).^6);
    end
```

```
    o=(1/500+sum(1./([1:25]+bS))).^(-1);
end
```

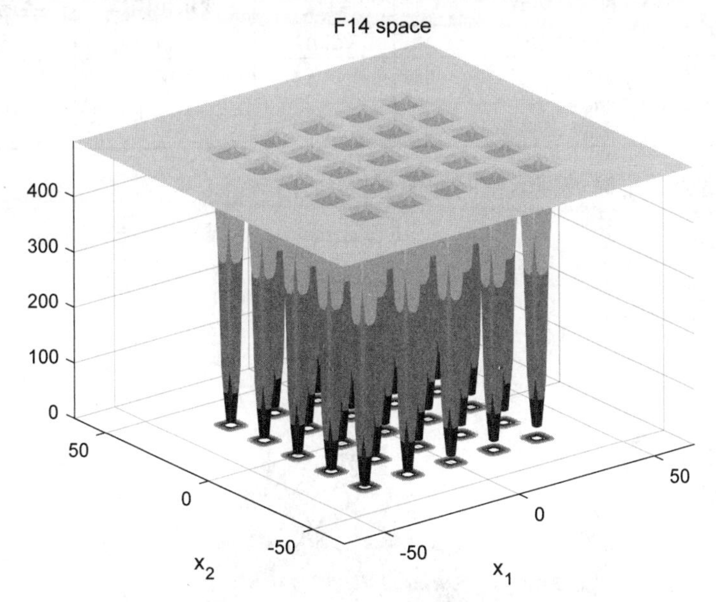

图 11.14　F14 函数搜索空间

绘制曲面 MATLAB 代码如下：

```
%F14 搜索空间绘图函数
function F14_FunPlot()
    x=-65:1:65;   %x 的范围[-65,65]
    y=x; %y 的范围[-65,65]
    L=length(x);
    for i = 1:L
        for j = 1:L
            f(i,j) = F14_Fun([x(i),y(j)]); %输入[x,y]对应的函数输出值
        end
    end
    surfc(x,y,f,'LineStyle','none');%绘制曲面
    title('F14 space') %图表名称
    xlabel('x_1');%x 轴名称
    ylabel('x_2');%y 轴名称
    grid on
end
```

11.2.15　F15 函数

F15 函数的函数表达式如表 11.16 所示。

表 11.16　F15 函数

名称	函数表达式（function）	维度（dim）	变量范围值（range）	全局最优值（fmin）
F15	$f_{15}(x)=\sum_{i=1}^{11}\left[a_i-\frac{x_1(b_i^2+b_ix_2)}{b_i^2+b_ix_3+x_4}\right]^2$	4	[-5,5]	0.0003

当维度为二维时的搜索空间曲面如图 11.15 所示。

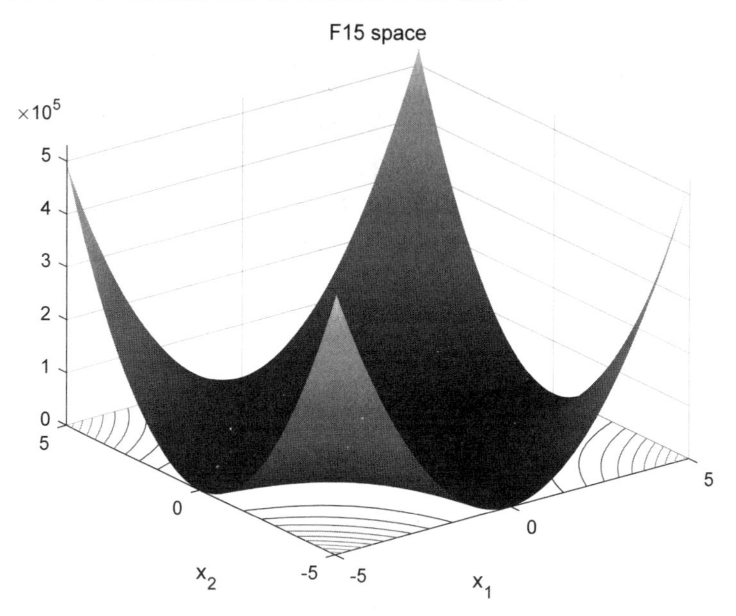

图 11.15　F15 函数搜索空间

函数 F15 的 MATLAB 代码如下：

```
function o = F15_Fun(x)
    aK=[0.1957 0.1947 0.1735 0.16 0.0844 0.0627 0.0456 0.0342 0.0323 0.0235 0.0246];
    bK=[0.25 0.5 1 2 4 6 8 10 12 14 16];bK=1./bK;
    o=sum((aK-((x(1).*(bK.^2+x(2).*bK))./(bK.^2+x(3).*bK+x(4)))).^2);
end
```

绘制曲面 MATLAB 代码如下：

```
%F15 搜索空间绘图函数
function F15_FunPlot()
    x=-5:0.1:5;   %x 的范围[-5,5]
    y=x; %y 的范围[-5,5]
    L=length(x);
```

```
    for i = 1:L
        for j = 1:L
            f(i,j) = F15_Fun([x(i),y(j),0,0]); %输入[x,y]对应的函数输出值
        end
    end
    surfc(x,y,f,'LineStyle','none');%绘制曲面
    title('F15 space') %图表名称
    xlabel('x_1');%x 轴名称
    ylabel('x_2');%y 轴名称
    grid on
end
```

11.2.16　F16 函数

F16 函数的函数表达式如表 11.17 所示。

表 11.17　F16 函数

名称	函数表达式（function）	维度（dim）	变量范围值（range）	全局最优值（fmin）
F16	$f_{16}(x)=4x_1^2-2.1x_1^4+\frac{1}{3}x_1^6+x_1x_2-4x_2^2+4x_2^4$	2	[-5,5]	-1.3016

当维度为二维时的搜索空间曲面如图 11.16 所示。

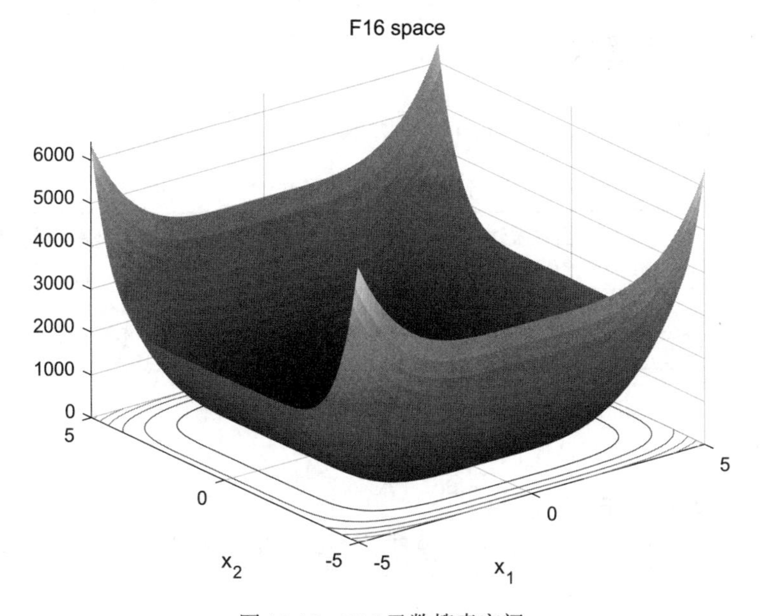

图 11.16　F16 函数搜索空间

函数 F16 的 MATLAB 代码如下：

```
function o = F16_Fun(x)
    o=4*(x(1)^2)-2.1*(x(1)^4)+(x(1)^6)/3+x(1)*x(2)-4*(x(2)^2)+4*(x(2)^4);
end
```

绘制曲面 MATLAB 代码如下：

```
%F16 搜索空间绘图函数
function F16_FunPlot()
    x=-5:0.1:5;   %x 的范围[-5,5]
    y=x; %y 的范围[-5,5]
    L=length(x);
    for i = 1:L
        for j = 1:L
            f(i,j) = F16_Fun([x(i),y(j)]); %输入[x,y]对应的函数输出值
        end
    end
    surfc(x,y,f,'LineStyle','none');%绘制曲面
    title('F16 space') %图表名称
    xlabel('x_1');%x 轴名称
    ylabel('x_2');%y 轴名称
    grid on
end
```

11.2.17　F17 函数

F17 函数的函数表达式如表 11.18 所示。

表 11.18　F17 函数

名称	函数表达式（function）	维度（dim）	变量范围值（range）	全局最优值（fmin）
F17	$f_{17}(x)=\left(x_2-\frac{5.1}{4\pi^2}x_1^2+\frac{5}{\pi}x_1-6\right)^2+10\left(1-\frac{1}{8\pi}\right)\cos x_1+10$	2	[-5,5]	0.398

当维度为二维时的搜索空间曲面如图 11.17 所示。

函数 F17 的 MATLAB 代码如下：

```
function o = F17_Fun(x)
    o=(x(2)-(x(1)^2)*5.1/(4*(pi^2))+5/pi*x(1)-6)^2+10*(1-1/(8*pi))*cos(x(1))+10;
end
```

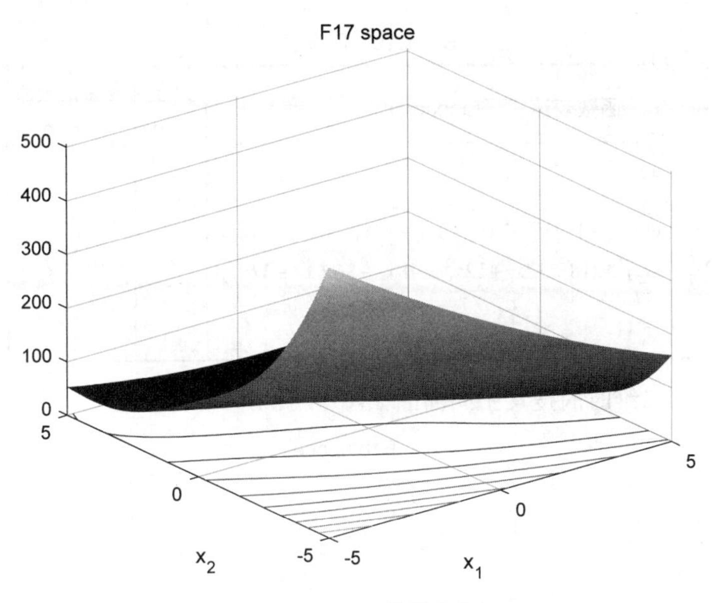

图 11.17　F17 函数搜索空间

绘制曲面 MATLAB 代码如下：

```
%F17 搜索空间绘图函数
function F17_FunPlot()
    x=-5:0.1:5;   %x 的范围[-5,5]
    y=x; %y 的范围[-5,5]
    L=length(x);
    for i = 1:L
        for j = 1:L
            f(i,j) = F17_Fun([x(i),y(j),0,0]); %输入[x,y]对应的函数输出值
        end
    end
    surfc(x,y,f,'LineStyle','none');%绘制曲面
    title('F17 space') %图表名称
    xlabel('x_1');%x 轴名称
    ylabel('x_2');%y 轴名称
    grid on
end
```

11.2.18　F18 函数

F18 函数的函数表达式如表 11.19 所示。

表 11.19　F18 函数

名称	函数表达式（function）	维度（dim）	变量范围值（range）	全局最优值（fmin）
F18	$f_{18}(x)=[1+(x_1+x_2+1)^2(19-14x_1+3x_1^2-14x_2-6x_1x_2+3x_2^2)]$ $\times[30+(2x_1-3x_2)^2\times(18-32x_1+12x_1^2+48x_2-36x_1x_2+27x_2^2)]$	2	[-2,2]	3

当维度为二维时的搜索空间曲面如图 11.18 所示。

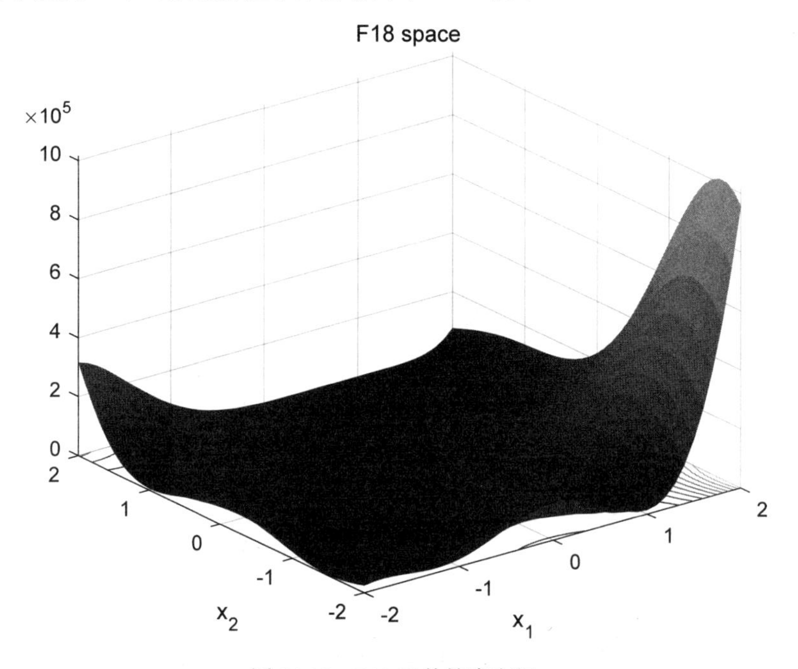

图 11.18　F18 函数搜索空间

函数 F18 的 MATLAB 代码如下：

```
function o = F18_Fun(x)
    o=(1+(x(1)+x(2)+1)^2*(19-14*x(1)+3*(x(1)^2)-14*x(2)+6*x(1)*x(2)+3*x(2)^2))*...
    (30+(2*x(1)-3*x(2))^2*(18-32*x(1)+12*(x(1)^2)+48*x(2)-36*x(1)*x(2)+27*(x(2)^2)));
end
```

绘制曲面 MATLAB 代码如下：

```
%F18 搜索空间绘图函数
function F18_FunPlot()
    x=-2:0.1:2;   %x 的范围[-2,2]
```

```
    y=x; %y 的范围[-2,2]
    L=length(x);
    for i = 1:L
        for j = 1:L
            f(i,j) = F18_Fun([x(i),y(j)]); %输入[x,y]对应的函数输出值
        end
    end
    surfc(x,y,f,'LineStyle','none');%绘制曲面
    title('F18 space') %图表名称
    xlabel('x_1');%x 轴名称
    ylabel('x_2');%y 轴名称
    grid on
end
```

11.2.19　F19 函数

F19 函数的函数表达式如表 11.20 所示。

表 11.20　F19 函数

名称	函数表达式（function）	维度（dim）	变量范围值（range）	全局最优值（fmin）
F19	$f_{19}(x)=-\sum_{i=1}^{4}c_i\exp\left(-\sum_{j=1}^{3}a_{ij}(x_j-p_{ij})^2\right)$	3	[1,3]	-3.86

当维度为二维时的搜索空间曲面如图 11.19 所示。

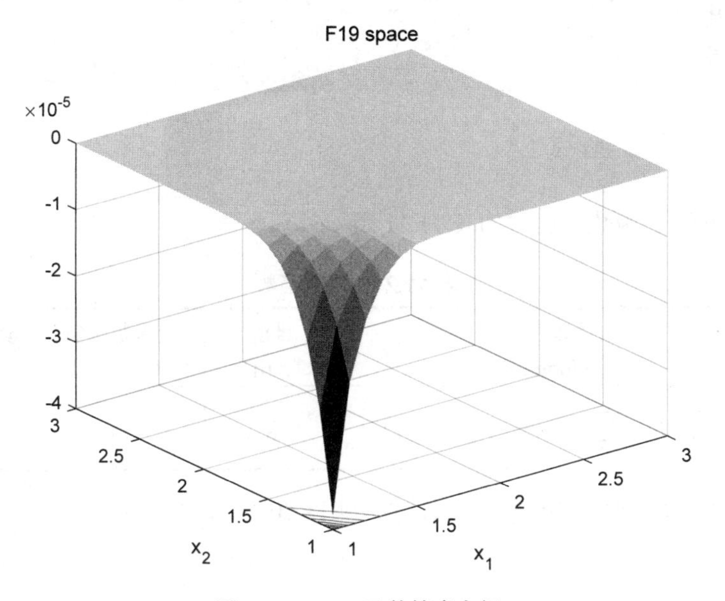

图 11.19　F19 函数搜索空间

函数 F19 的 MATLAB 代码如下：

```
function o = F19_Fun(x)
    aH=[3 10 30;.1 10 35;3 10 30;.1 10 35];cH=[1 1.2 3 3.2];
    pH=[.3689 .117 .2673;.4699 .4387 .747;.1091 .8732 .5547;.03815 .5743 .8828];
    o=0;
    for i=1:4
        o=o-cH(i)*exp(-(sum(aH(i,:).*((x-pH(i,:)).^2))));
    end
end
```

绘制曲面 MATLAB 代码如下：

```
%F19 搜索空间绘图函数
function F19_FunPlot()
    x=1:0.1:3;   %x 的范围[1,3]
    y=x; %y 的范围[1,3]
    L=length(x);
    for i = 1:L
        for j = 1:L
            f(i,j) = F19_Fun([x(i),y(j),0]); %输入[x,y]对应的函数输出值
        end
    end
    surfc(x,y,f,'LineStyle','none');%绘制曲面
    title('F19 space') %图表名称
    xlabel('x_1');%x 轴名称
    ylabel('x_2');%y 轴名称
    grid on
end
```

11.2.20　F20 函数

F20 函数的函数表达式如表 11.21 所示。

表 11.21　F20 函数

名称	函数表达式（function）	维度（dim）	变量范围值（range）	全局最优值（fmin）
F20	$f_{20}(x)=-\sum_{i=1}^{4}c_i\exp\left(-\sum_{j=1}^{6}a_{ij}(x_j-p_{ij})^2\right)$	6	[0,1]	-3.32

当维度为二维时的搜索空间曲面如图 11.20 所示。

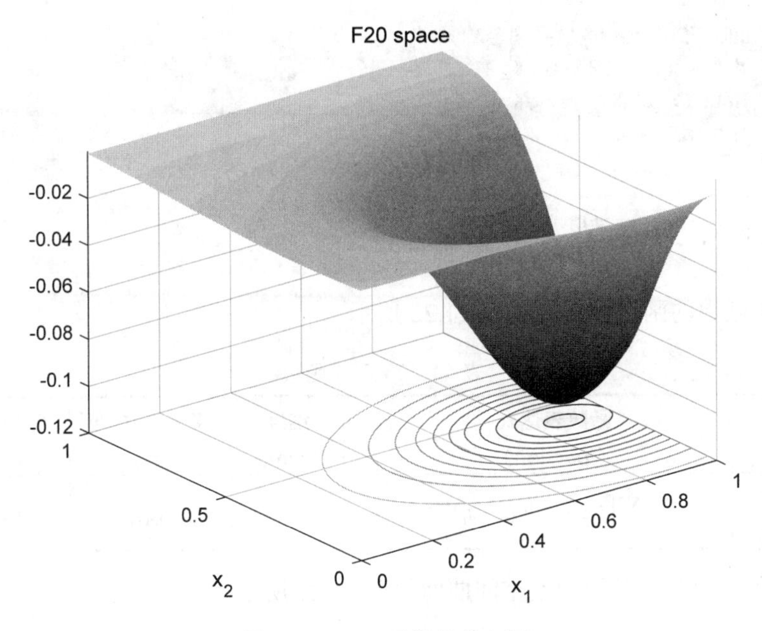

图 11.20　F20 函数搜索空间

函数 F20 的 MATLAB 代码如下：

```
function o = F20_Fun(x)
    aH=[10 3 17 3.5 1.7 8;.05 10 17 .1 8 14;3 3.5 1.7 10 17 8;17 8 .05 10 .1 14];
    cH=[1 1.2 3 3.2];
    pH=[.1312 .1696 .5569 .0124 .8283 .5886;.2329 .4135 .8307 .3736 .1004 .9991;...
    .2348 .1415 .3522 .2883 .3047 .6650;.4047 .8828 .8732 .5743 .1091 .0381];
    o=0;
    for i=1:4
        o=o-cH(i)*exp(-(sum(aH(i,:).*((x-pH(i,:)).^2))));
    end
end
```

绘制曲面 MATLAB 代码如下：

```
%F20 搜索空间绘图函数
function F20_FunPlot()
    x=0:0.01:1;   %x 的范围[0,1]
    y=x; %y 的范围[0,1]
    L=length(x);
    for i = 1:L
        for j = 1:L
            f(i,j) = F20_Fun([x(i),y(j),0,0,0,0]); %输入[x,y]对应的函数输出值
        end
    end
    surfc(x,y,f,'LineStyle','none');%绘制曲面
```

```
    title('F20 space') %图表名称
    xlabel('x_1');%x 轴名称
    ylabel('x_2');%y 轴名称
    grid on
end
```

11.2.21　F21 函数

F21 函数的函数表达式如表 11.22 所示。

表 11.22　F21 函数

名称	函数表达式（function）	维度（dim）	变量范围值（range）	全局最优值（fmin）
F21	$f_{21}(x)=-\sum_{i=1}^{5}\left[(X-a_i)(X-a_i)^T+c_i\right]^{-1}$	4	[0,10]	-10.1532

当维度为二维时的搜索空间曲面如图 11.21 所示。

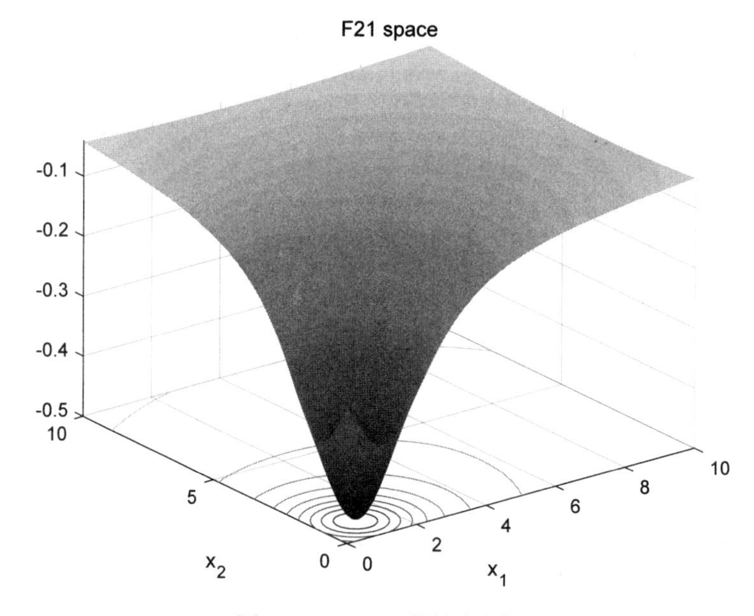

图 11.21　F21 函数搜索空间

函数 F21 的 MATLAB 代码如下：

```
function o = F21_Fun(x)
    aSH=[4 4 4 4;1 1 1 1;8 8 8 8;6 6 6 6;3 7 3 7;2 9 2 9;5 5 3 3;8 1 8 1;6 2 6 2;7 3.6 7 3.6];
    cSH=[.1 .2 .2 .4 .4 .6 .3 .7 .5 .5];

    o=0;
```

```
    for i=1:5
        o=o-((x-aSH(i,:))*(x-aSH(i,:))'+cSH(i))^(-1);
    end
end
```

绘制曲面 MATLAB 代码如下：

```
%F21 搜索空间绘图函数
function F21_FunPlot()
    x=0:0.1:10;  %x 的范围[0,10]
    y=x; %y 的范围[0,10]
    L=length(x);
    for i = 1:L
        for j = 1:L
            f(i,j) = F21_Fun([x(i),y(j),0,0]); %输入[x,y]对应的函数输出值
        end
    end
    surfc(x,y,f,'LineStyle','none');%绘制曲面
    title('F21 space') %图表名称
    xlabel('x_1');%x 轴名称
    ylabel('x_2');%y 轴名称
    grid on
end
```

11.2.22　F22 函数

F22 函数的函数表达式如表 11.23 所示。

表 11.23　F22 函数

名称	函数表达式（function）	维度（dim）	变量范围值（range）	全局最优值（fmin）
F22	$f_{22}(x)=-\sum_{i=1}^{7}\left[(X-a_i)(X-a_i)^T+c_i\right]^{-1}$	4	[0,10]	-10.4028

当维度为二维时的搜索空间曲面如图 11.22 所示。

函数 F22 的 MATLAB 代码如下：

```
function o = F22_Fun(x)
    aSH=[4 4 4 4;1 1 1 1;8 8 8 8;6 6 6 6;3 7 3 7;2 9 2 9;5 5 3 3;8 1 8 1;6 2 6 2;7 3.6 7 3.6];
    cSH=[.1 .2 .2 .4 .4 .6 .3 .7 .5 .5];

    o=0;
    for i=1:7
        o=o-((x-aSH(i,:))*(x-aSH(i,:))'+cSH(i))^(-1);
```

```
    end
end
```

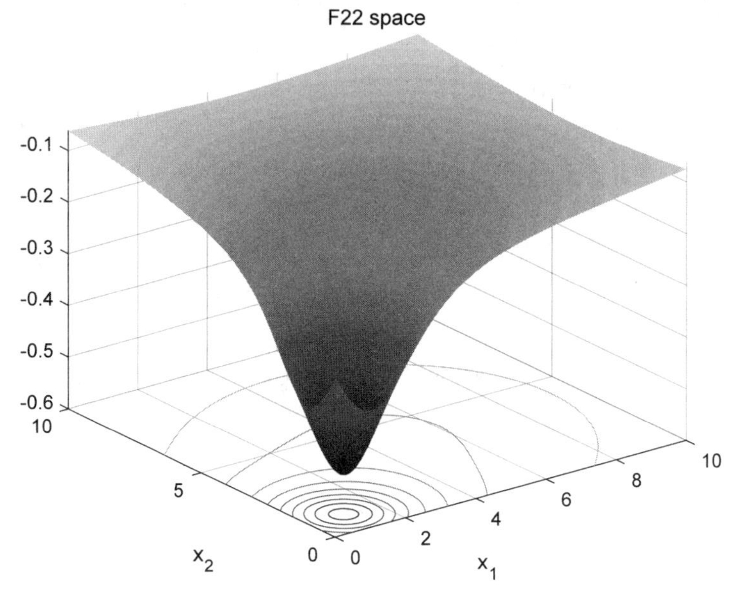

图 11.22　F22 函数搜索空间

绘制曲面 MATLAB 代码如下：

```
%F22 搜索空间绘图函数
function F22_FunPlot()
    x=0:0.1:10;   %x 的范围[0,10]
    y=x; %y 的范围[0,10]
    L=length(x);
    for i = 1:L
        for j = 1:L
            f(i,j) = F22_Fun([x(i),y(j),0,0]); %输入[x,y]对应的函数输出值
        end
    end
    surfc(x,y,f,'LineStyle','none');%绘制曲面
    title('F22 space') %图表名称
    xlabel('x_1');%x 轴名称
    ylabel('x_2');%y 轴名称
    grid on
end
```

11.2.23　F23 函数

F23 函数的函数表达式如表 11.24 所示。

表 11.24　F23 函数

名称	函数表达式（function）	维度（dim）	变量范围值（range）	全局最优值（fmin）
F23	$f_{23}(x)=-\sum_{i=1}^{10}\left[(X-a_i)(X-a_i)^T+c_i\right]^{-1}$	4	[0,10]	-10.5363

当维度为二维时的搜索空间曲面如图 11.23 所示。

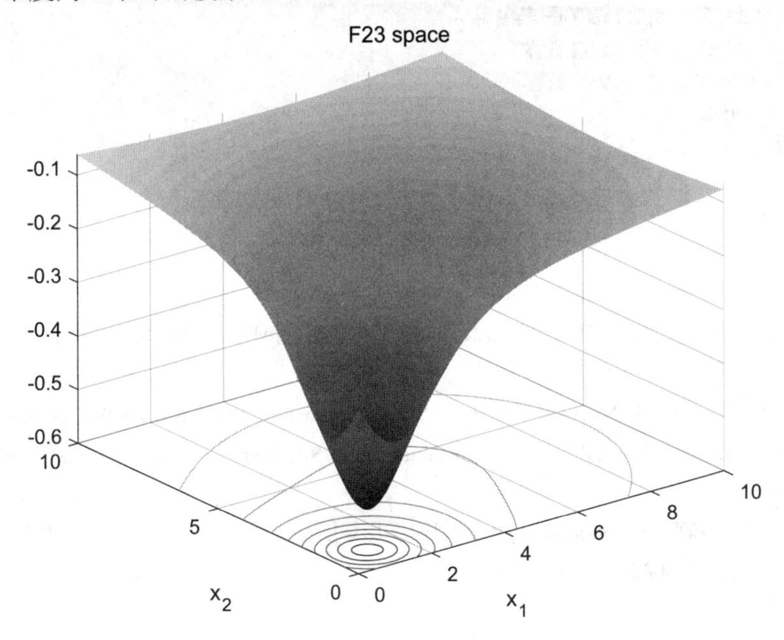

图 11.23　F23 函数搜索空间

函数 F23 的 MATLAB 代码如下：

```
function o = F23_Fun(x)
    aSH=[4 4 4 4;1 1 1 1;8 8 8 8;6 6 6 6;3 7 3 7;2 9 2 9;5 5 3 3;8 1 8 1;6 2 6 2;7 3.6 7 3.6];
    cSH=[.1 .2 .2 .4 .4 .6 .3 .7 .5 .5];

    o=0;
    for i=1:10
        o=o-((x-aSH(i,:))*(x-aSH(i,:))'+cSH(i))^(-1);
    end
end
```

绘制曲面 MATLAB 代码如下：

```
%F23 搜索空间绘图函数
function F23_FunPlot()
    x=0:0.1:10;   %x 的范围[0,10]
```

```
    y=x; %y 的范围[0,10]
    L=length(x);
    for i = 1:L
        for j = 1:L
            f(i,j) = F22_Fun([x(i),y(j),0,0]); %输入[x,y]对应的函数输出值
        end
    end
    surfc(x,y,f,'LineStyle','none');%绘制曲面
    title('F23 space') %图表名称
    xlabel('x_1');%x 轴名称
    ylabel('x_2');%y 轴名称
    grid on
end
```

参 考 文 献

[1] 陈克伟，范旭．智能优化算法及其 MATLAB 实现[M]．北京：电子工业出版社，2021：1-208．

[2] LIANG J, SUGANTHAN P, Deb K. Novel composition test functions for numerical global optimization, in Swarm Intelligence Symposium, 2005. SIS 2005. Proceedings 2005 IEEE, 2005, pp. 68-75.

[3] 范旭，陈克伟，魏曙光．Python 智能优化算法：从原理到代码实现与应用[M]．北京：电子工业出版社，2022：1-269．

第 12 章　智能优化算法性能测试

本章主要介绍智能优化算法的评价指标以及测试方法，并针对基准测试函数，以及工程案例举例说明如何对不同的智能优化算法进行对比。

12.1　智能优化算法评价指标

智能优化算法的对比一般是采用多次实验的结果，统计不同的指标来进行的。之所以进行多次实验是因为智能优化算法涉及随机数问题，对于同一个问题，同一算法几次优化的结果略微不同，因而采用多次实验结果综合评价。

一般而言，对于算法定量的评价，常采用的评价指标为：平均值、标准差、最优值、最差值。同时为了直观观察不同算法对同一问题的寻优过程，也会绘制收敛曲线进行对比。

12.1.1　平均值

平均值是表示一组数据集中趋势的量数，是指在一组数据中所有数据之和除以这组数据的个数。它是反映数据集中趋势的一项指标。其数学表达式如下：

$$AverageX = \frac{\sum_{n=1}^{N} x_n}{N} \tag{12.1}$$

式中，N 代表数据的个数；$AverageX$ 代表数据的平均值；x_n 代表第 n 个数据。设有某一目标函数的最优解为 0，有 A，B 两个算法同时对其进行寻优，多次实验统计，算法 A 寻优最优解的平均值为 0.1，算法 B 寻优最优解的平均值为 0.05。该结果说明算法 B 的整体结果更加接近目标函数的最优解 0，算法 B 的寻优精度更高。

12.1.2　标准差

标准差是离均差平方的算术平均数。标准差也被称为标准偏差，或者实验标准差，常用于概率统计中，作为统计分布程度上的测量依据。标准差能反映一个数据集的离散程度。平均数相同的两组数据，标准差未必相同。标准差的数学表达式如下：

$$\sigma = \sqrt{\frac{\sum_{i=1}^{n}(x_i - \bar{x})}{n}} \tag{12.2}$$

式中，n 代表数据的个数；$\bar{x}$ 代表数据的平均值。标准差越小表明数据越聚集，重复性更好。标准差越大，表明数据越发散，重复性低。

如图 12.1 所示，两组数据 A，B 的均值均为 0。

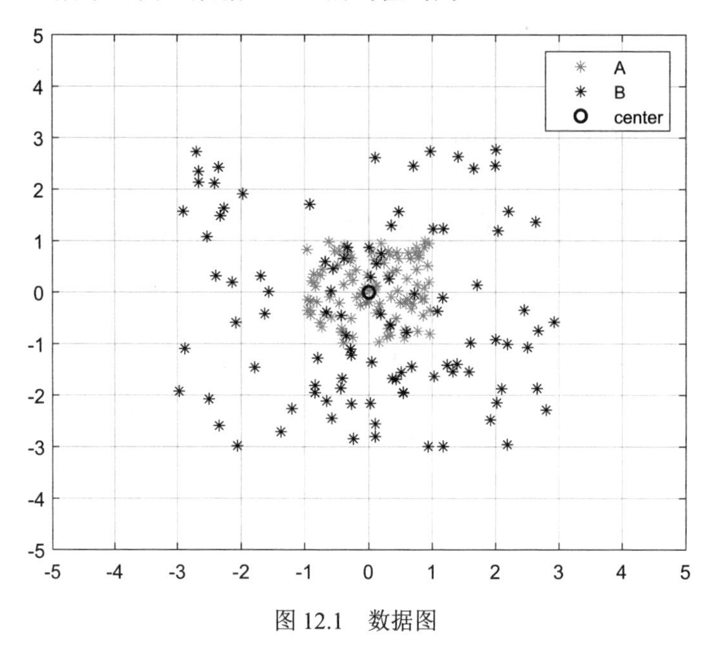

图 12.1　数据图

从数据图上可以看到，虽然 A，B 两组数据的平均值均靠近(0,0)，但是 B 组数据相比 A 组数据明显更加发散。因此如果只用平均值指标进行评价，则两者结果相差不大。但是如果统计标准差，A，B 两组数据的标准差分别为 0.5679、1.6498。从标准差数据上看，明显 B 组数据的标准差更大，数据更发散，结果更差。因此通过标准差能够反映数据的聚集程度，反映到优化算法的结果来看就是优化算法最优结果的聚集程度。

上述标准差 MATLAB 示例程序如下：

```
%产生两组 A，B 数据
A = 2.*rand([100,2]) - 1;
B = 2.*(2.*rand([100,2])-1);
%绘图
figure
plot(A(:,1),A(:,2),'g*');
hold on
plot(B(:,1),B(:,2),'b*');
plot(0,0,'ro','linewidth',1.5)
legend('A','B','center')
axis([-5 5,-5,5])
grid on
```

```
%计算标准差
std(A(:))
std(B(:))
```

12.1.3　最优值和最差值

多次试验的最优值和最差值反映了算法的极限最优和极限最差性能，如果两个算法运行相同的次数，某一算法的最优值相比另一个算法更优，则表明在相同条件下，该算法能够找到更优解。

（1）在寻找极小值的问题中，最优值和最差值定义如下：

$$BestValue = \min\{x_1, x_2, \cdots, x_n\} \tag{12.3}$$

$$WorstValue = \max\{x_1, x_2, \cdots, x_n\} \tag{12.4}$$

（2）在寻找极大值的问题中，最优值和最差值定义如下：

$$BestValue = \max\{x_1, x_2, \cdots, x_n\} \tag{12.5}$$

$$WorstValue = \min\{x_1, x_2, \cdots, x_n\} \tag{12.6}$$

12.1.4　收敛曲线

收敛曲线是一个对比智能优化算法非常直观的方法。算法 A 和算法 B 的收敛曲线对比如图 12.2 所示。

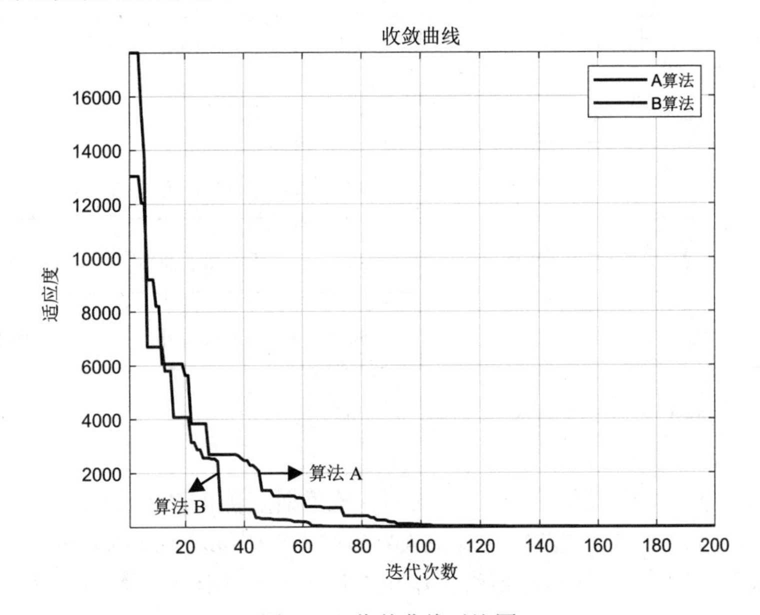

图 12.2　收敛曲线对比图

在本例中，最优适应度为 0。从上面的收敛曲线对比图中可以看到 B 算法下降更快，相比 A 算法，B 算法更快达到最优值 0。这表明在本例中算法 B 的收敛速度更快，寻优能力更强。

12.2　基准测试函数测试

12.2.1　测试函数信息

本测试选取基准测试函数 F1～F8 作为测试函数。基准测试函数及其信息如表 12.1 所示。

表 12.1　基准测试函数 F1～F8 及其信息

名称	函数表达式（function）	维度（dim）	变量范围值（range）	全局最优值（fmin）
F1	$f_1(x)=\sum_{i=1}^{n}x_i^2$	30	[-100,100]	0
F2	$f_2(x)=\sum_{i=1}^{n}\lvert x_i\rvert+\prod_{i=1}^{n}\lvert x_i\rvert$	30	[-10,10]	0
F3	$f_3(x)=\sum_{i=1}^{n}\left(\sum_{j=1}^{i}x_j\right)^2$	30	[-100,100]	0
F4	$f_4(x)=\max_i\left\{\lvert x_i\rvert,1\leqslant i\leqslant n\right\}$	30	[-100,100]	0
F5	$f_5(x)=\sum_{i=1}^{n-1}[100(x_{i+1}-x_i^2)^2+(x_i-1)^2]$	30	[-30,30]	0
F6	$f_6(x)=\sum_{i=1}^{n}[x_i+0.5]^2$	30	[-100,100]	0
F7	$f_7(x)=\sum_{i=1}^{n}ix_i^4+random[0,1)$	30	[-1.28,1.28]	0
F8	$f_8(x)=\sum_{i=1}^{n}-x_i\sin\sqrt{\lvert x_i\rvert}$	30	[-500,500]	-418.9829*dim

12.2.2　测试方法及参数设置

本测试选取蜉蝣优化算法（MOA）、哈里斯鹰优化算法（HHO）、狮群优化算法（LSO）、樽海鞘群算法（SSA）和秃鹰搜索算法（BES）进行测试。每个测试函数均运行 30 次，然后统计结果对比各算法的性能。各算法的参数设置如表 12.2 所示。

表 12.2 各算法的参数设置

算　法	参 数 设 置
蜉蝣优化算法（MOA）	种群数量 *pop* = 50，最大迭代次数 500
哈里斯鹰优化算法（HHO）	种群数量 *pop* = 50，最大迭代次数 500
狮群优化算法（LSO）	种群数量 *pop* = 50，最大迭代次数 500
樽海鞘群算法（SSA）	种群数量 *pop* = 50，最大迭代次数 500
秃鹰搜索算法（BES）	种群数量 *pop* = 50，最大迭代次数 500

从表 12.2 可以看出，为了保证算法比较的公平性，各算法的种群数量和最大迭代次数均相同。

12.2.3 测试结果

F1～F8 函数的测试结果如表 12.3 所示。

表 12.3 F1～F8 函数的测试结果

名　称	算法名称	平均适应度值	标 准 差	最 优 值	最 差 值
F1	MOA	7.32E+00	8.71E-01	5.26E+00	9.04E+00
	HHO	7.25E-158	2.83E-157	3.58E-178	1.32E-156
	LSO	3.08E-10	1.61E-09	0.00E+00	8.85E-09
	SSA	2.13E-08	5.78E-09	1.23E-08	3.87E-08
	BES	0.00E+00	0.00E+00	0.00E+00	0.00E+00
F2	MOA	1.21E+01	8.55E-01	1.03E+01	1.36E+01
	HHO	6.11E-93	1.59E-92	1.64E-100	6.97E-92
	LSO	1.97E-07	1.05E-06	0.00E+00	5.77E-06
	SSA	1.05E+03	8.00E+01	9.11E+02	1.28E+03
	BES	0.00E+00	0.00E+00	0.00E+00	0.00E+00
F3	MOA	2.95E+01	1.69E+01	9.22E+00	6.90E+01
	HHO	2.75E-75	1.50E-74	8.58E-104	8.24E-74
	LSO	5.73E-07	2.92E-06	0.00E+00	1.60E-05
	SSA	8.23E+02	4.49E+02	2.38E+02	2.22E+03
	BES	0.00E+00	0.00E+00	0.00E+00	0.00E+00
F4	MOA	6.55E+00	1.99E+01	9.46E-01	8.00E+01
	HHO	1.45E-49	3.69E-49	6.99E-56	1.81E-48
	LSO	3.75E-04	9.38E-04	0.00E+00	4.23E-03
	SSA	1.04E+01	4.28E+00	3.55E+00	1.81E+01
	BES	0.00E+00	0.00E+00	0.00E+00	0.00E+00

续表

名　　称	算 法 名 称	平均适应度值	标　准　差	最　优　值	最　差　值
F5	MOA	8.98E+02	1.53E+02	4.65E+02	1.20E+03
	HHO	6.54E-03	8.73E-03	2.24E-04	4.69E-02
	LSO	2.80E+01	3.27E-01	2.75E+01	2.89E+01
	SSA	2.85E+02	5.75E+02	2.45E+01	2.65E+03
	BES	2.81E+01	8.52E-01	2.63E+01	2.89E+01
F6	MOA	1.05E+01	1.65E+00	7.54E+00	1.31E+01
	HHO	4.21E-05	4.22E-05	5.36E-07	1.44E-04
	LSO	1.94E-01	5.13E-01	5.13E-05	2.47E+00
	SSA	2.22E-09	8.74E-10	1.33E-09	4.73E-09
	BES	3.33E+00	5.13E-01	2.36E+00	4.08E+00
F7	MOA	1.29E+00	6.42E-02	1.16E+00	1.40E+00
	HHO	1.12E-04	1.46E-04	3.86E-06	7.87E-04
	LSO	7.33E-05	6.30E-05	5.00E-06	2.71E-04
	SSA	1.05E-01	3.49E-02	4.40E-02	1.92E-01
	BES	2.87E-05	2.90E-05	1.12E-06	1.32E-04
F8	MOA	-4.89E+03	5.56E+02	-6.59E+03	-3.97E+03
	HHO	-1.26E+04	2.48E-01	-1.26E+04	-1.26E+04
	LSO	-5.63E+03	3.64E+02	-6.81E+03	-5.42E+03
	SSA	-7.51E+03	6.73E+02	-9.35E+03	-5.60E+03
	BES	-4.26E+03	4.50E+02	-5.39E+03	-3.47E+03

各算法平均收敛曲线图如图 12.3 所示。

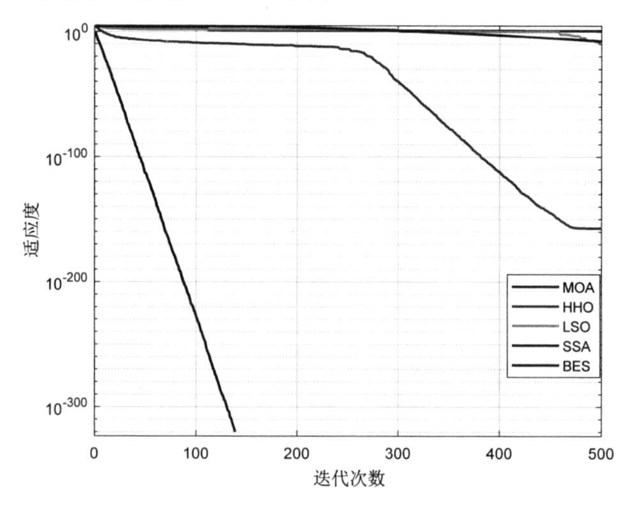

（a）函数 F1 的测试平均收敛曲线

图 12.3　各算法平均收敛曲线图

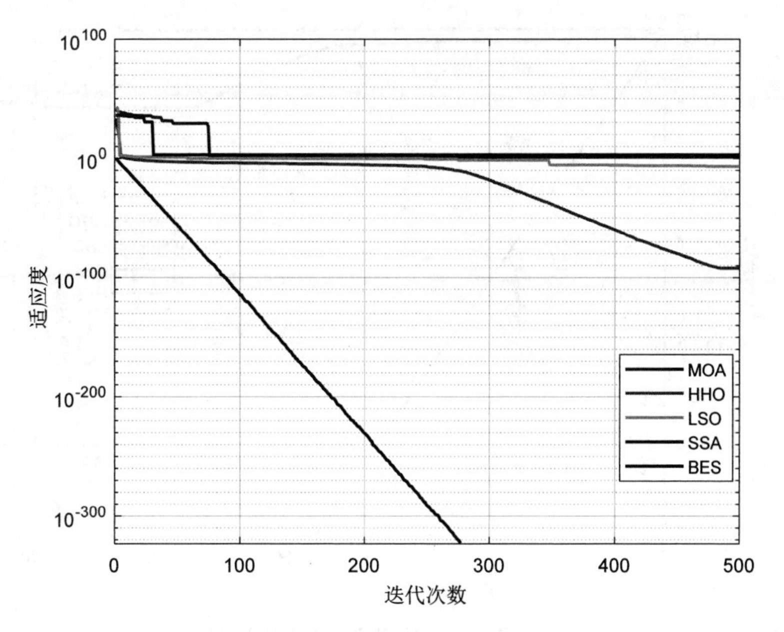

（b）函数 F2 的测试平均收敛曲线

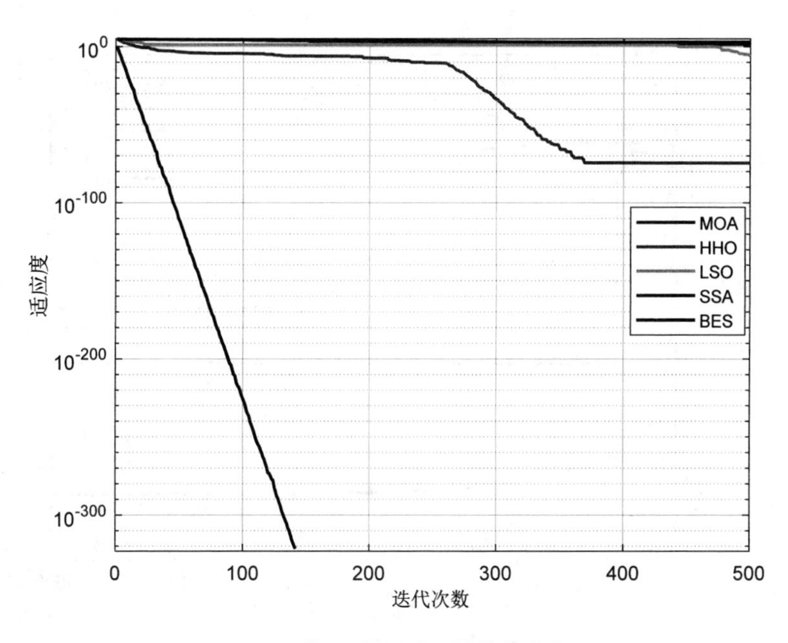

（c）函数 F3 的测试平均收敛曲线

图 12.3　各算法平均收敛曲线图（续）

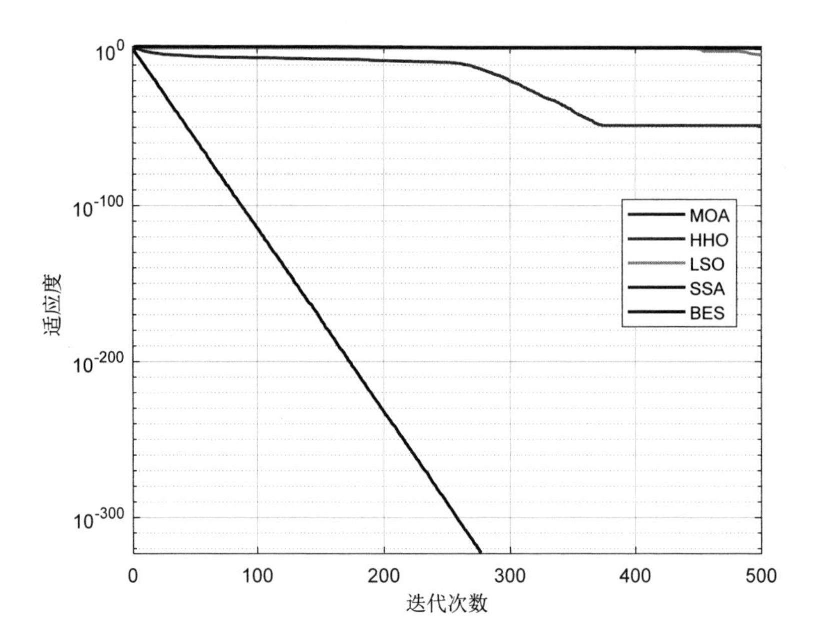

（d）函数 F4 的测试平均收敛曲线

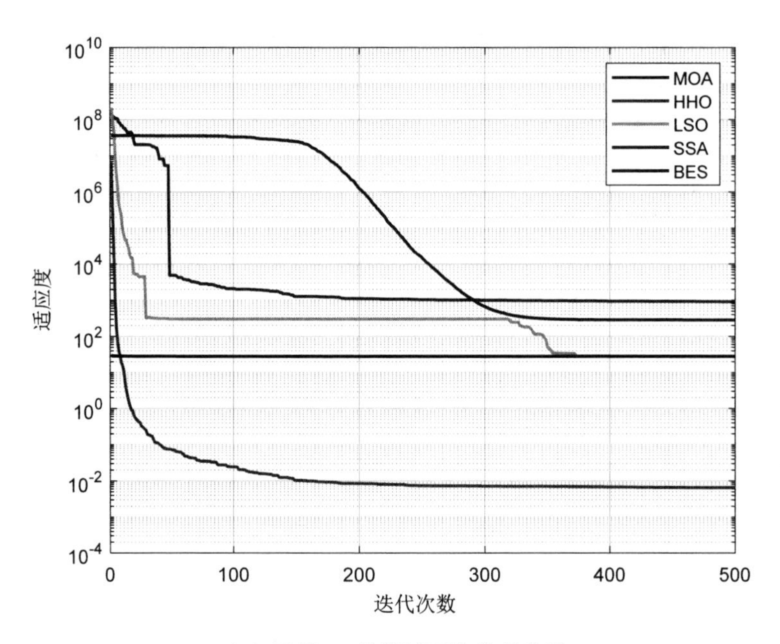

（e）函数 F5 的测试平均收敛曲线

图 12.3　各算法平均收敛曲线图（续）

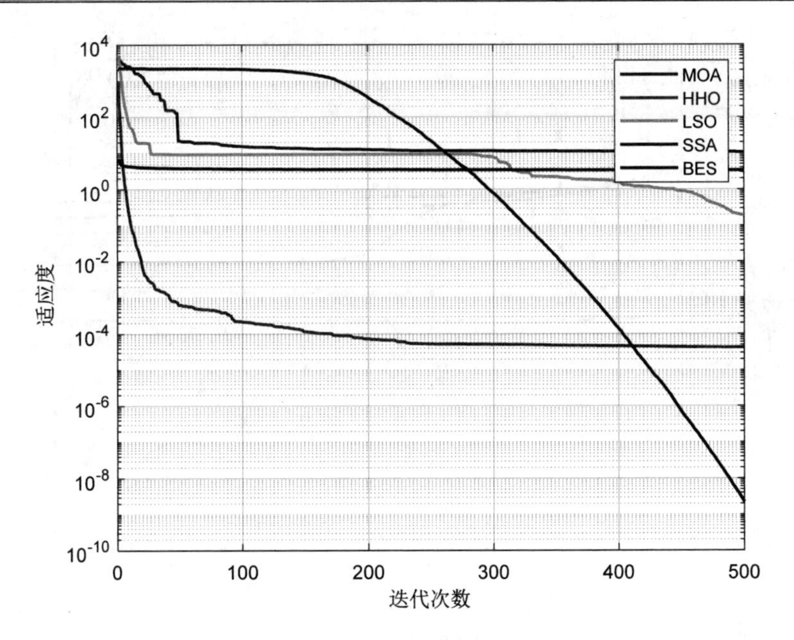

（f）函数 F6 的测试平均收敛曲线

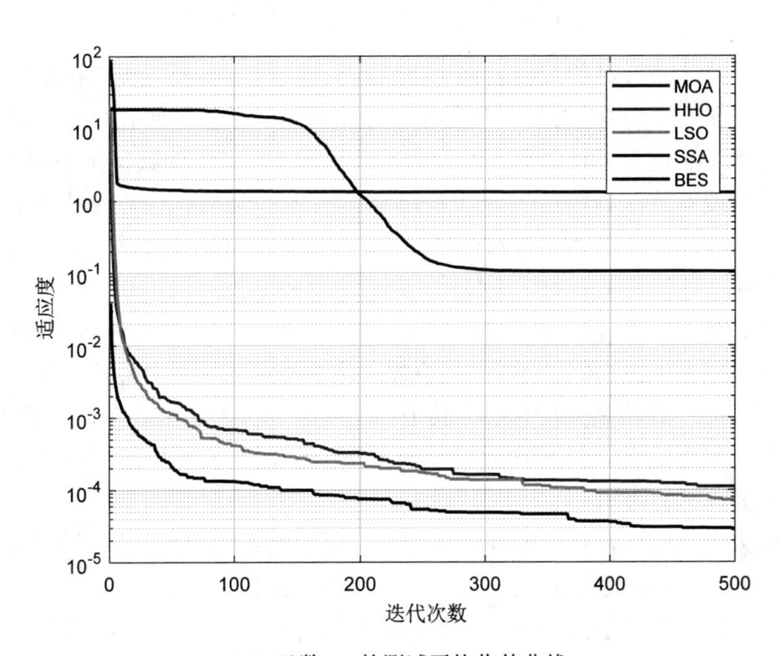

（g）函数 F7 的测试平均收敛曲线

图 12.3　各算法平均收敛曲线图（续）

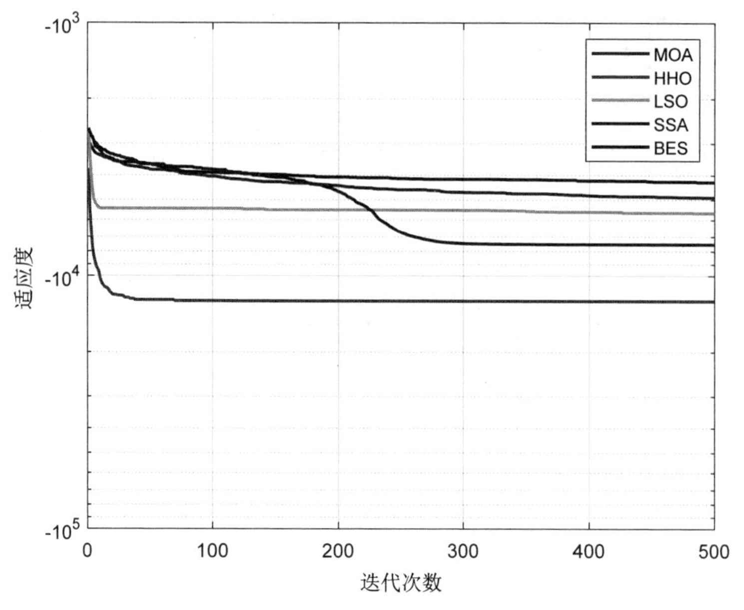

（h）函数 F8 的测试平均收敛曲线

图 12.3　各算法平均收敛曲线图（续）

从收敛曲线和最终的数据表格可以看出，对于 F1 函数，秃鹰搜索算法收敛最快，平均适应度为 0，寻优结果等于理论最优值，哈里斯鹰优化算法次之，其中蜉蝣优化算法过早停止收敛，性能最差。对于 F2～F4 函数，结果与 F1 函数相似，秃鹰搜索算法仍然最佳。对于 F5 函数，哈里斯鹰优化算法结果相比其他算法性能最佳，其平均适应度为 6.54E-03，其次是狮群优化算法，其平均适应度为 2.80E+01，再其次是秃鹰搜索算法，其平均适应度为 2.81E+01。对于 F6 函数，樽海鞘群算法结果更佳，其平均适应度为 2.22E-09，其次是哈里斯鹰优化算法，其平均适应度为 4.21E-05。对于 F7 函数，秃鹰搜索算法结果最佳，其平均适应度为 2.87E-05，其次是狮群算法，其平均适应度为 7.33E-05。对于函数 F8，哈里斯鹰优化算法最佳，其平均适应度为-1.26E+04，其次是樽海鞘群算法，其平均适应度为-7.51E+03。

从结果可以看出，针对不同测试函数，不同函数的表现结果不一样。因此，优化算法的对比一定是针对某一特定的具体问题进行的。某一算法的结果可能在某些问题上比其他算法结果好，但是在某些问题上可能比其他算法更差。因此，针对不同的优化应用，算法的性能需要针对具体问题进行具体分析，以便得出在某个应用上哪个算法更好。因为每个算法都有其独特的特点，在不同的应用上各有优劣。

12.2.4 测试代码

整个测试的 MATLAB 代码如下：

```
%% F1～F8 测试函数，算法对比
clc;clear all;close all;
%参数设定
pop = 50;%种群数量
dim = 30;%变量维度
ub = 500.*ones(1,dim);%边界信息
lb = -500.*ones(1,dim);%边界信息
maxIter = 500;%最大迭代次数
fobj = @F8_Fun;%设置适应度函数为 fun(x); 可切换不同的测试函数

for i = 1:30
    disp(['第',num2str(i),'次实验']);
    %% 蜉蝣优化算法（MOA）
    [Best_Pos1,Best_fitness1,IterCurve1] = MOA(pop,dim,ub,lb,fobj,maxIter);
    %% 哈里斯鹰优化算法（HHO）
    [Best_Pos2,Best_fitness2,IterCurve2] = HHO(pop,dim,ub,lb,fobj,maxIter);
    %% 狮群优化算法（LSO）
    [Best_Pos3,Best_fitness3,IterCurve3] = LSO(pop,dim,ub,lb,fobj,maxIter);
    %% 樽海鞘群算法（SSA）
    [Best_Pos4,Best_fitness4,IterCurve4] = SSA(pop,dim,ub,lb,fobj,maxIter);
    %% 秃鹰搜索算法（BES）
    [Best_Pos5,Best_fitness5,IterCurve5] = BES(pop,dim,ub,lb,fobj,maxIter);
    %记录每次实验最优值
    AllBest1(i) = Best_fitness1;
    AllBest2(i) = Best_fitness2;
    AllBest3(i) = Best_fitness3;
    AllBest4(i) = Best_fitness4;
    AllBest5(i) = Best_fitness5;

    %记录每次实验收敛曲线
    Curve1(i,:) = IterCurve1;
    Curve2(i,:) = IterCurve2;
    Curve3(i,:) = IterCurve3;
    Curve4(i,:) = IterCurve4;
    Curve5(i,:) = IterCurve5;

end
%% 数据分析
%蜉蝣优化算法 30 次实验的平均值，标准差，最优值，最差值
MOAmean = mean(AllBest1);
MOAStd = std(AllBest1);
MOAbest = min(AllBest1);
MOAWorst = max(AllBest1);
```

```
MOAResults = [MOAmean,MOAStd,MOAbest,MOAWorst]

%哈里斯鹰优化算法 30 次实验的平均值，标准差，最优值，最差值
HHOmean = mean(AllBest2);
HHOStd = std(AllBest2);
HHObest = min(AllBest2);
HHOWorst = max(AllBest2);
HHOResults = [HHOmean,HHOStd,HHObest,HHOWorst]

%狮群优化算法 30 次实验的平均值，标准差，最优值，最差值
LSOmean = mean(AllBest3);
LSOStd = std(AllBest3);
LSObest = min(AllBest3);
LSOWorst = max(AllBest3);
LSOResults = [LSOmean,LSOStd,LSObest,LSOWorst]

%樽海鞘群算法 30 次实验的平均值，标准差，最优值，最差值
SSAmean = mean(AllBest4);
SSAStd = std(AllBest4);
SSAbest = min(AllBest4);
SSAWorst = max(AllBest4);
SSAResults = [SSAmean,SSAStd,SSAbest,SSAWorst]

%秃鹰搜索算法 30 次实验的平均值，标准差，最优值，最差值
BESmean = mean(AllBest5);
BESStd = std(AllBest5);
BESbest = min(AllBest5);
BESWorst = max(AllBest5);
BESResults = [BESmean,BESStd,BESbest,BESWorst]

%% 30 次的平均收敛曲线
meanCurve1 = mean(Curve1);
meanCurve2 = mean(Curve2);
meanCurve3 = mean(Curve3);
meanCurve4 = mean(Curve4);
meanCurve5 = mean(Curve5);
figure
semilogy(meanCurve1,'Color','r','linewidth',1.5)
hold on
semilogy(meanCurve2,'Color','y','linewidth',1.5)
semilogy(meanCurve3,'Color','g','linewidth',1.5)
semilogy(meanCurve4,'Color','b','linewidth',1.5)
semilogy(meanCurve5,'Color','black','linewidth',1.5)
legend('MOA','HHO','LSO','SSA','BES')
hold off
grid on;
xlabel('迭代次数')
ylabel('适应度')
title('函数 F8 的测试平均收敛曲线')
ALLR = [MOAResults;HHOResults;LSOResults;SSAResults;BESResults];
```

12.3　工程案例测试

12.3.1　测试案例信息

本测试选取第 1～10 章的工程案例 E1～E10 作为测试对象。各工程案例测试信息如下。

1. E1 减速器设计

在机械系统中，齿轮箱的一个重要部件是减速器，它可用于很对行业。在这个优化问题中，如图 12.4 所示，减速器的质量设计应在 11 个约束条件下最小化。该优化问题一共涉及 7 个变量：齿宽 $b(=x_1)$，齿模 $m(=x_2)$，小齿轮齿数 $z(=x_3)$，轴承之间第一根轴的长度 $l_1(=x_4)$，轴承之间第二轴的长度 $l_2(=x_5)$，第一轴的直径 $d_1(=x_6)$，第二轴的直径 $d_2(=x_7)$。该问题的数学模型表达式如下。

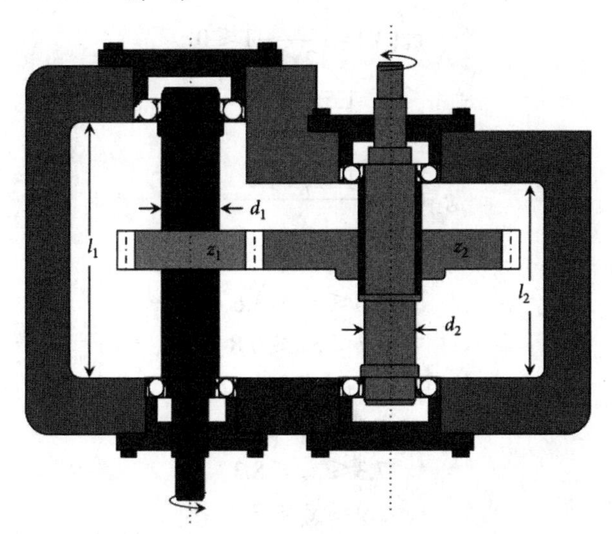

图 12.4　减速器示意图

最小化：

$$f(x) = 0.7854x_1x_2^2(3.3333x_3^2 + 14.9334x_3 - 43.0934) \\ -1.508x_1(x_6^2 + x_7^2) + 7.4777(x_6^3 + x_7^3) + 0.7854(x_4x_6^2 + x_5x_7^2)$$

约束：

$$g_1(X) = \frac{27}{x_1x_2^2x_3} - 1 \leqslant 0$$

$$g_2(X)=\frac{397.5}{x_1x_2^2x_3^2}-1\leqslant 0$$

$$g_3(X)=\frac{1.93x_4^3}{x_2x_6^4x_3}-1\leqslant 0$$

$$g_4(X)=\frac{1.93x_5^3}{x_2x_7^4x_3}-1\leqslant 0$$

$$g_5(X)=\frac{\sqrt{(745x_4/x_2x_3)^2+16.9\times 10^6}}{110x_6^3}-1\leqslant 0$$

$$g_6(X)=\frac{\sqrt{(745x_5/x_2x_3)^2+157.5\times 10^6}}{85x_7^3}-1\leqslant 0$$

$$g_7(X)=\frac{x_2x_3}{40}-1\leqslant 0$$

$$g_8(X)=\frac{5x_2}{x_1}-1\leqslant 0$$

$$g_9(X)=\frac{x_1}{12x_2}-1\leqslant 0$$

$$g_{10}(X)=\frac{1.5x_6+1.9}{x_4}-1\leqslant 0$$

$$g_{11}(X)=\frac{1.1x_7+1.9}{x_5}-1\leqslant 0$$

变量范围：

$$2.6\leqslant x_1\leqslant 3.6$$

$$0.7\leqslant x_2\leqslant 0.8$$

$$x_3\in\{17,18,19,\cdots,28\}$$

$$7.3\leqslant x_4\leqslant 8.3$$

$$7.3\leqslant x_5\leqslant 8.3$$

$$2.9\leqslant x_6\leqslant 3.9$$

$$5\leqslant x_7\leqslant 5.5$$

基于轮齿的弯曲应力、表面应力、轴的横向偏转、轴的应力考虑，这个工程问题包括 11 个约束，其中 7 个非线性约束，4 个位线性不等式约束。

2. E2 拉伸/压缩弹簧设计

如图 12.5 所示，拉伸/压缩弹簧设计问题的目的是在满足最小挠度、震动频率和剪应力的约束下，最小化拉压弹簧的质量。该问题由 3 个连续的决策变量组成，即弹簧线圈直径（d 或 x_1）、弹簧簧圈直径（D 或 x_2）和绕线圈数（P 或 x_3）。数学模型表达式如下。

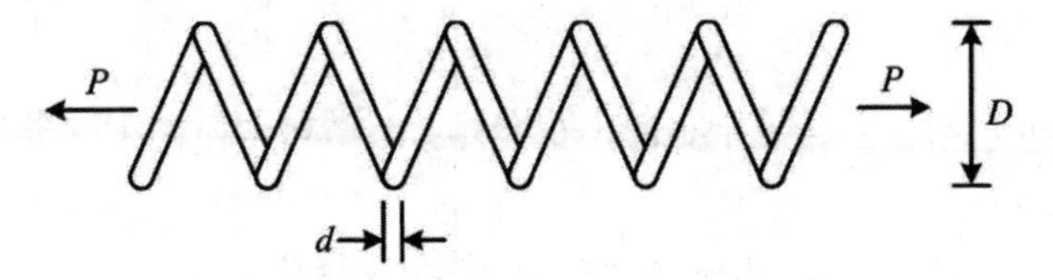

图 12.5　拉伸/压缩压弹簧设计问题示意图

最小化：

$$\min f(x)(x_3+2)x_2x_1^2$$

约束条件为：

$$g_1(x)=1-\frac{x_2^3x_3}{71785x_1^4}\leqslant 0$$

$$g_2(x)=\frac{4x_2^2-x_1x_2}{12566(x_2x_1^3-x_1^4)}+\frac{1}{5108x_1^2}-1\leqslant 0$$

$$g_3(x)=1-\frac{140.45x_1}{x_2^2x_3}\leqslant 0$$

$$g_4(x)=\frac{x_1+x_2}{1.5}-1\leqslant 0$$

变量范围：

$$0.05\leqslant x_1\leqslant 2$$

$$0.25\leqslant x_2\leqslant 1.3$$

$$2\leqslant x_3\leqslant 15$$

3. E3 压力容器设计

压力容器设计问题的目标是使压力容器制作（配对、成型和焊接）成本最低，压力容器示意图如图 12.6 所示，压力容器的两端都由封盖封住，头部一端的封盖为半球状。L 是不考虑头部的圆柱体部分的截面长度，R 是圆柱体的内壁半径，T_s 和 T_h 分别表示圆柱体的壁厚和头部的壁厚，L、R、T_s 和 T_h 即为压力容器设计问题的 4 个优化变量，分别用 x_1，x_2，x_3，x_4 代表。该问题的数学模型表达式如下。

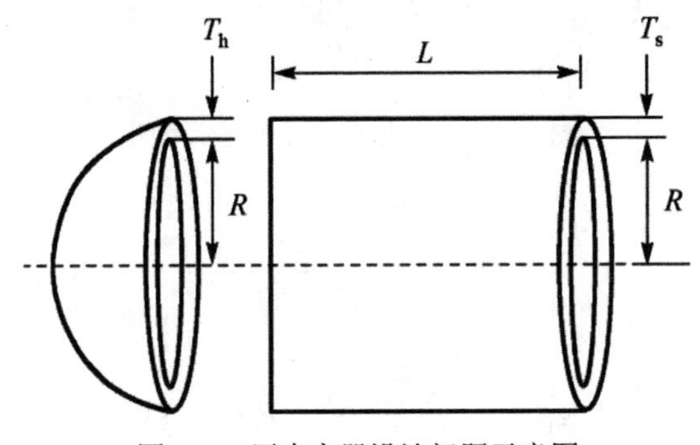

图 12.6　压力容器设计问题示意图

最小化：

$$\min f(x)=0.6224x_1x_3x_4+1.7781x_2x_3^2+3.1661x_1^2x_4+19.84x_1^2x_3$$

约束条件为：

$$g_1(x)=-x_1+0.0193x_3\leqslant 0$$
$$g_2(x)=-x_2+0.00954x_3\leqslant 0$$
$$g_3(x)=-\pi x_3^2-4\pi x_3^3/3+129600\leqslant 0$$
$$g_4(x)=x_4-240\leqslant 0$$

变量范围：

$$0\leqslant x_1\leqslant 100$$
$$0\leqslant x_2\leqslant 100$$
$$10\leqslant x_3\leqslant 100$$
$$10\leqslant x_4\leqslant 100$$

4. E4 三杆桁架

三杆桁架设计问题的目的是通过调整横截面积 (x_1,x_2) 最小化三杆桁架的体积。该三杆桁架在每个桁架构件上受到应力 σ 的约束，如图 12.7 所示。该优化问题具有一个非线性适应度函数、3 个非线性不等式约束和 2 个连续决策变量，如图 12.7 所示。该问题的数学模型表达式如下。

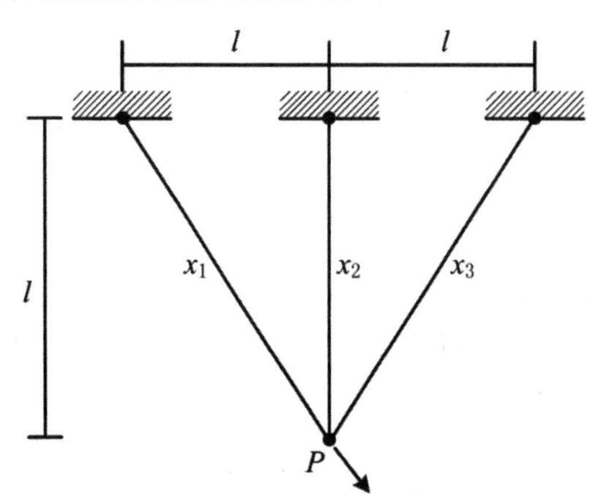

图 12.7　三杆桁架设计问题示意图

最小化：

$$\min f(x)=(2\sqrt{2}x_1+x_2)l$$

约束条件为：

$$g_1(x)=\frac{\sqrt{2}x_1+x_2}{\sqrt{2}x_1^2+2x_1x_2}P_r-\sigma\leqslant 0$$

$$g_2(x)=\frac{x_2}{\sqrt{2}x_1^2+2x_1x_2}P_r-\sigma\leqslant 0$$

$$g_3(x)=\frac{1}{\sqrt{2}x_2+x_1}P_r-\sigma\leqslant 0$$

变量范围：

$$0.001\leqslant x_1\leqslant 1$$
$$0.001\leqslant x_2\leqslant 1$$

其中，$l=100\text{cm}$，$P_r=2\text{kN/cm}^2$，$\sigma=2\text{kN/cm}^2$。

5. E5 齿轮传动系设计

齿轮传动系设计问题是机械工程中的一个无约束离散设计问题。如图 12.8 所示为齿轮传动示意图 A，B，C，D 四个齿轮，该基准任务的目的是最小化齿轮比，该齿轮比定义为输出轴角速度与输入轴角速度的比。齿轮 A，B，C，D 的齿数 $n_A(=x_1)$，$n_B(=x_2)$，$n_C(=x_3)$和 $n_D(=x_4)$为设计变量。该问题的数学模型表达式如下。

图 12.8　齿轮传动示意图

最小化：

$$\min f(x)=\left(\frac{1}{6.931}-\frac{x_3x_2}{x_1x_4}\right)^2$$

变量范围：

$$x_1\in\{12,13,14,\cdots,60\}$$
$$x_2\in\{12,13,14,\cdots,60\}$$
$$x_3\in\{12,13,14,\cdots,60\}$$
$$x_4\in\{12,13,14,\cdots,60\}$$

6. E6 悬臂梁设计

这是一个结构工程设计实例，与方形截面悬臂梁的质量优化有关。如图 12.9 所示，梁一端是刚性支撑的，垂直力作用于悬臂的自由节点上。梁由 5 个厚度恒定的空心方形块组成，其高度（或宽度）为决策变量，厚度保持不变（此处为 2/3）。该问题的数学模型表达式如下。

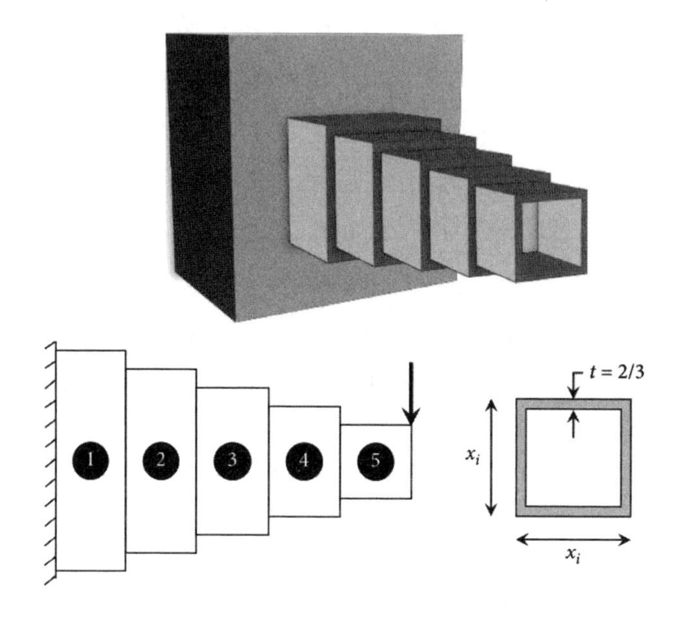

图 12.9　悬臂梁设计问题示意图

最小化：

$$\min f(x) = 0.0624(x_1 + x_2 + x_3 + x_4 + x_5)$$

约束条件为：

$$g_1(x) = \frac{61}{x_1^3} + \frac{37}{x_2^3} + \frac{19}{x_3^3} + \frac{7}{x_4^3} + \frac{1}{x_5^3} - 1 \leqslant 0$$

变量范围：

$$0.01 \leqslant x_1 \leqslant 100$$
$$0.01 \leqslant x_2 \leqslant 100$$
$$0.01 \leqslant x_3 \leqslant 100$$
$$0.01 \leqslant x_4 \leqslant 100$$

7. E7 管状柱设计

这个问题是关于一个设计均匀的管状截面柱可以以最小成本承载的压缩载荷。如图 12.10 所示，该问题有两个设计变量，一个是柱子的平均厚度 $d(=x_1)$，一个是管厚度 $t(=x_2)$。柱由具有屈服应力 $\sigma_y = 500\text{kgf/cm}^2$ 和弹性模量为 $E = 0.85 \times 10^6\text{kgf/cm}^2$ 的材料制成。该问题的数学模型表达式如下。

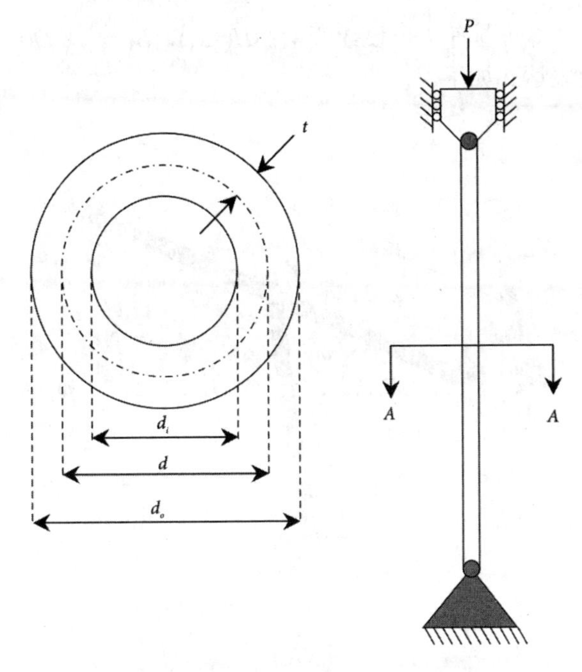

图 12.10　管状柱设计问题示意图

最小化：

$$\min f(x) = 9.8x_1x_2 + 2x_1$$

约束条件为：

$$g_1(X) = 1.59 - x_1x_2 \leqslant 0$$
$$g_2(X) = 47.4 - x_1x_2(x_1^2 + x_2^2) \leqslant 0$$
$$g_3(X) = \frac{2.0}{x_1} - 1 \leqslant 0$$
$$g_4(X) = \frac{x_1}{14} - 1 \leqslant 0$$
$$g_5(X) = \frac{0.2}{x_2} - 1 \leqslant 0$$
$$g_6(X) = \frac{x_2}{8} - 1 \leqslant 0$$

变量范围：

$$2 \leqslant x_1 \leqslant 14$$
$$0.2 \leqslant x_2 \leqslant 0.8$$

8．E8 活塞杆设计

此问题是关于将活塞杆从 0° ～45° 抬起时的油量最小化。设计活塞的部件如图 12.11 所示。该问题有 4 个设计变量：$H(=x_1)$，$B(=x_2)$，$D(=x_3)$，$X(=x_4)$。该问题的数学模型表达式如下。

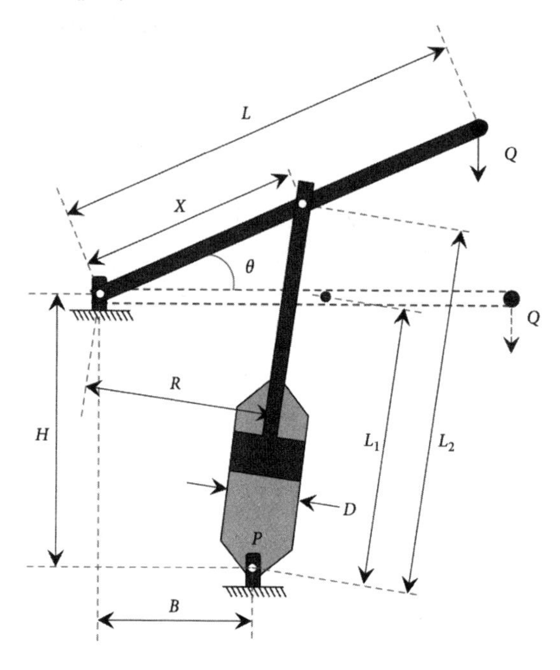

图 12.11　活塞杆设计问题示意图

最小化：

$$\min f(x) = \frac{1}{4}\pi x_3^2 (L_2 - L_1)$$

约束条件为：

$$g_1(X) = QL\cos\theta - R \times F \leqslant 0$$
$$g_2(X) = Q(L - x_4) - M_{\max}$$
$$g_3(X) = 1.2(L_2 - L_1) - L_1 \leqslant 0$$
$$g_4(X) = \frac{x_3}{2} - x_2 \leqslant 0$$

式中：

$$R = \frac{\left| -x_4(x_4 \sin\theta + x_1) + x_1(x_2 - x_4\cos\theta) \right|}{\sqrt{(x_4 - x_2)^2 + x_1^2}}$$
$$F = \frac{\pi P x_3^2}{4}$$
$$L_1 = \sqrt{(x_4 - x_2)^2 + x_1^2}$$
$$L_2 = \sqrt{(x_4 \sin\theta + x_1)^2 + (x_2 - x_4\cos\theta)^2}$$

$$\theta = 45^\circ$$
$$Q = 10000 \text{ lbs}$$
$$L = 240 \text{ in}$$
$$M_{\max} = 18 \times 10^6 \text{ lbs in}$$
$$P = 1500 \text{ psi}$$

变量范围：

$$0.05 \leqslant x_1 \leqslant 500$$
$$0.05 \leqslant x_2 \leqslant 500$$
$$0.05 \leqslant x_3 \leqslant 500$$
$$0.05 \leqslant x_4 \leqslant 120$$

9. E9 焊接梁设计

如图 12.12 所示，横梁受到垂直力。该问题的目标是找到焊接梁的最小制造成本。该问题受应力、挠度、焊接和几何形状等的 7 个约束，寻优变量为焊缝厚度 $h(=x_1)$，高度 $l(=x_2)$，长度 $t(=x_3)$，钢筋厚度 $b(=x_4)$。该问题的数学模型表达式如下。

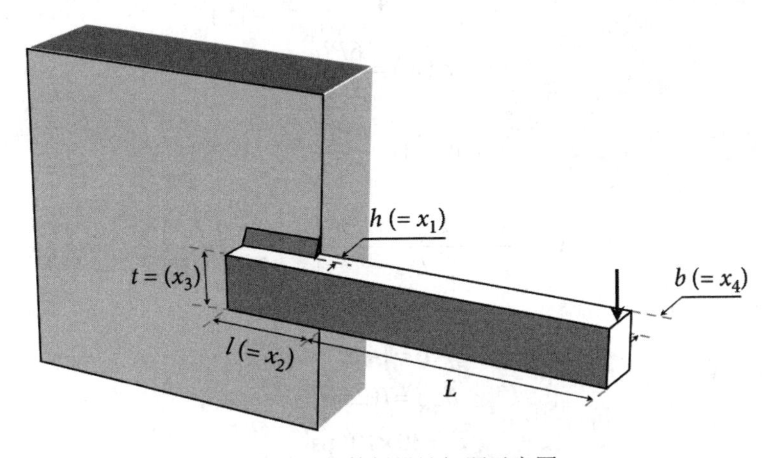

图 12.12　焊接梁设计问题示意图

最小化：

$$\min f(x) = 1.10471 x_1^2 x_2 + 0.04811 x_3 x_4 (14.0 + x_2)$$

约束条件为：

$$g_1(X) = \tau(X) - \tau_{\max} \leqslant 0$$
$$g_2(X) = \sigma(X) - \sigma_{\max} \leqslant 0$$
$$g_3(X) = \delta(X) - \delta_{\max} \leqslant 0$$
$$g_4(X) = x_1 - x_4 \leqslant 0$$

$$g_5(X) = P - P_c(X) \leqslant 0$$

$$g_6(X) = 0.125 - x_1 \leqslant 0$$

$$g_7(X) = 1.10471x_1^2 + 0.04811x_3x_4(14.0 + x_2) - 5.0 \leqslant 0$$

式中：

$$\tau(X) = \sqrt{(\tau')^2 + 2\tau'\tau''\frac{x_2}{2R} + (\tau'')^2}$$

$$\tau' = \frac{P}{\sqrt{2}x_1x_2}$$

$$\tau'' = \frac{MR}{J}$$

$$M = P\left(L + \frac{x_2}{2}\right)$$

$$R = \sqrt{\frac{x_2^2}{4} + \left(\frac{x_1 + x_3}{2}\right)^2}$$

$$J = 2\left\{\sqrt{2}x_1x_2\left[\frac{x_2^2}{4} + \left(\frac{x_1 + x_3}{2}\right)^2\right]\right\}$$

$$\sigma(\vec{X}) = \frac{6PL}{x_4x_3^2}$$

$$\delta(\vec{X}) = \frac{6PL^3}{Ex_3^2x_4}$$

$$P_c(\vec{X}) = \frac{4.013E\sqrt{x_3^2x_4^6/36}}{L^2}\left(1 - \frac{x_3}{2L}\sqrt{\frac{E}{4G}}\right)$$

$$P = 6000\ \text{lb}$$

$$L = 14\ \text{in}$$

$$\delta_{\max} = 0.25\ \text{in}$$

$$E = 30 \times 10^6\ \text{psi}$$

$$G = 12 \times 10^6\ \text{psi}$$

$$\tau_{\max} = 13600\ \text{psi}$$

$$\sigma_{\max} = 30000\ \text{psi}$$

变量范围：

$$0.1 \leqslant x_1 \leqslant 2$$

$$0.1 \leqslant x_2 \leqslant 10$$

$$0.1 \leqslant x_3 \leqslant 10$$

$$0.1 \leqslant x_4 \leqslant 2$$

10．E10 钢筋混凝土梁设计

一个简化的钢筋混凝土梁设计如图 12.13 所示。假定梁的跨度为 30ft（英尺，1 英尺=0.3048 米），并承受 2000lbf（磅力，1 磅力=0.45 千克）的活荷载和 1000lbf（磅力）的恒荷载（包括梁的质量）。混凝土抗压强度（σ_c）为 5ksi（千磅力/平方英寸，1ksi=6.895Mpa），钢筋屈服应力（σ_y）为 50ksi。混凝土成本为 0.02$/in^2/liner ft（0.02 美元/每立方英尺），钢材成本为 1.0$/in^2/liner ft（1 美元/每立方英尺）。优化目标为：结构的总成本最小化。优化参数为：钢筋面积 $As(x_1)$，梁的宽度 $b(x_2)$，梁的深度 $h(x_3)$。该问题的数学模型表达式如下。

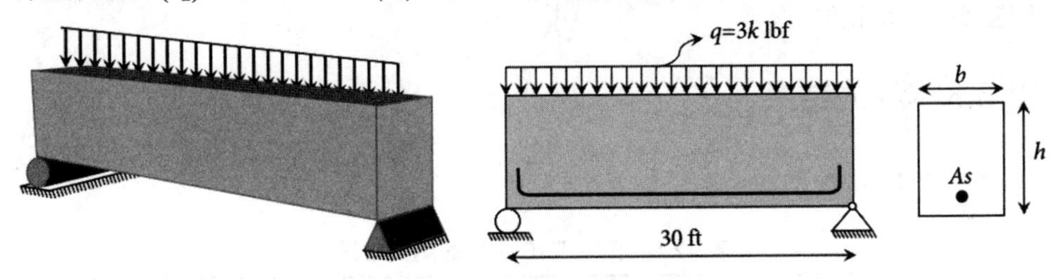

图 12.13　钢筋混凝土梁设计问题示意图

最小化：

$$\min f(x) = 2.9x_1 + 0.6x_2x_3$$

约束条件为：

$$g_1(X) = \frac{x_2}{x_3} - 4 \leqslant 0$$

$$g_2(X) = 180 + 7.375\frac{x_1^2}{x_3} - x_1x_2 \leqslant 0$$

变量范围：

$$x_1 \in \{6, 6.16, 6.32, 6.6, 7, 7.11, 7.2, 7.8, 7.9, 8, 8.4\}$$

$$x_2 \in \{28, 29, 30, \cdots, 40\}$$

$$5 \leqslant x_3 \leqslant 10$$

12.3.2　测试方法及参数设置

本测试选取乌燕鸥优化算法（STOA）、平衡优化器算法（EO）、海洋捕食者算法（MPA）、算术优化算法（AOA）和蝠鲼觅食优化算法（MRFO）进行测试。每个测试函数均运行 30 次，然后根据统计结果对比各算法的性能。各算法的参数设置如表 12.4 所示。

表 12.4　各算法参数设置

算　法	参 数 设 置
乌燕鸥优化算法（STOA）	种群数量 $pop = 50$，最大迭代次数 500
平衡优化器算法（EO）	种群数量 $pop = 50$，最大迭代次数 500
海洋捕食者算法（MPA）	种群数量 $pop = 50$，最大迭代次数 500
算术优化算法（AOA）	种群数量 $pop = 50$，最大迭代次数 500
蝠鲼觅食优化算法（MRFO）	种群数量 $pop = 50$，最大迭代次数 500

从表 12.4 可以看出，为了保证算法比较的公平性，各算法的种群数量和最大迭代次数均相同。

12.3.3　测试结果

E1～E10 函数的测试结果如表 12.5 所示。

表 12.5　E1～E10 函数的测试结果

名　称	算法名称	平均适应度值	标准差	最优值	最差值
E1	STOA	3.22E+03	9.25E+01	3.06E+03	3.42E+03
	EO	3.21E+03	8.74E+01	3.06E+03	3.36E+03
	MPA	3.05E+03	1.05E+02	2.99E+03	3.36E+03
	AOA	3.27E+03	1.30E+02	3.10E+03	3.61E+03
	MRFO	5.36E+04	5.04E+04	3.29E+03	1.03E+05
E2	STOA	1.43E-02	7.43E-04	1.30E-02	1.57E-02
	EO	1.38E-02	4.81E-04	1.27E-02	1.48E-02
	MPA	1.31E-02	6.57E-04	1.27E-02	1.53E-02
	AOA	1.60E-02	1.45E-03	1.32E-02	1.96E-02
	MRFO	3.33E+03	1.83E+04	1.42E-02	1.00E+05
E3	STOA	1.96E+04	3.78E+03	1.26E+04	2.83E+04
	EO	1.16E+04	8.03E+02	1.02E+04	1.33E+04
	MPA	8.89E+03	6.45E+02	8.05E+03	1.04E+04
	AOA	1.33E+04	2.59E+03	9.75E+03	2.17E+04
	MRFO	7.92E+04	2.73E+04	2.38E+04	1.02E+05
E4	STOA	2.64E+02	1.28E-01	2.64E+02	2.65E+02
	EO	2.64E+02	1.30E-01	2.64E+02	2.64E+02
	MPA	2.64E+02	1.87E-02	2.64E+02	2.64E+02
	AOA	2.64E+02	1.17E-01	2.64E+02	2.64E+02
	MRFO	2.65E+02	6.52E-01	2.64E+02	2.66E+02

续表

名　称	算法名称	平均适应度值	标准差	最优值	最差值
E5	STOA	1.10E-08	2.98E-08	3.07E-10	1.62E-07
	EO	2.24E-07	4.90E-07	1.18E-09	1.90E-06
	MPA	3.62E-09	6.89E-09	2.31E-11	2.73E-08
	AOA	2.31E-09	2.86E-09	2.31E-11	1.31E-08
	MRFO	6.36E-07	2.20E-06	1.18E-09	1.19E-05
E6	STOA	2.82E+00	4.81E-01	1.92E+00	3.89E+00
	EO	1.39E+00	1.43E-02	1.36E+00	1.41E+00
	MPA	1.34E+00	3.77E-03	1.34E+00	1.35E+00
	AOA	1.57E+00	1.49E-01	1.38E+00	2.04E+00
	MRFO	3.09E+00	1.21E+00	1.51E+00	5.33E+00
E7	STOA	2.67E+01	8.54E-02	2.65E+01	2.68E+01
	EO	2.65E+01	2.25E-02	2.65E+01	2.66E+01
	MPA	2.65E+01	3.21E-07	2.65E+01	2.65E+01
	AOA	2.66E+01	6.52E-02	2.65E+01	2.68E+01
	MRFO	2.73E+01	6.33E-01	2.65E+01	2.88E+01
E8	STOA	1.00E+05	4.76E+02	9.75E+04	1.00E+05
	EO	8.49E+04	2.22E+04	2.40E+04	1.00E+05
	MPA	1.00E+05	3.38E+01	1.00E+05	1.00E+05
	AOA	1.00E+05	5.84E+02	1.00E+05	1.03E+05
	MRFO	1.37E+05	4.29E+04	7.98E+04	2.00E+05
E9	STOA	2.00E+00	8.77E-02	1.82E+00	2.25E+00
	EO	2.16E+00	1.82E-01	1.82E+00	2.62E+00
	MPA	1.75E+00	3.86E-02	1.72E+00	1.90E+00
	AOA	2.14E+00	1.14E-01	1.95E+00	2.33E+00
	MRFO	3.14E+00	7.60E-01	1.97E+00	5.15E+00
E10	STOA	1.65E+02	4.43E-01	1.65E+02	1.67E+02
	EO	1.65E+02	3.98E-01	1.65E+02	1.66E+02
	MPA	1.65E+02	7.60E-08	1.65E+02	1.65E+02
	AOA	1.65E+02	5.16E-01	1.65E+02	1.67E+02
	MRFO	1.69E+02	2.76E+00	1.66E+02	1.76E+02

各算法平均收敛曲线图如图 12.14 所示。

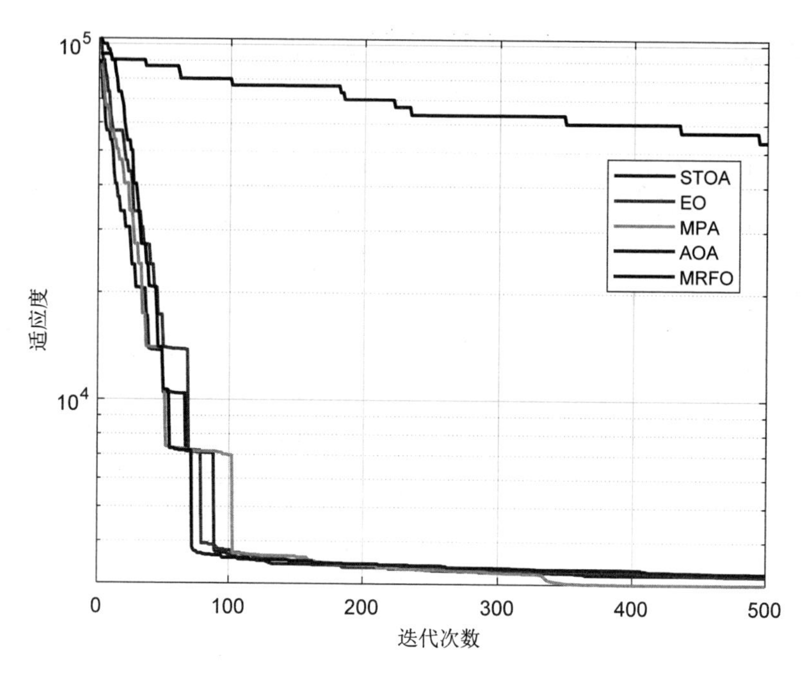

（a）函数 E1 的测试平均收敛曲线

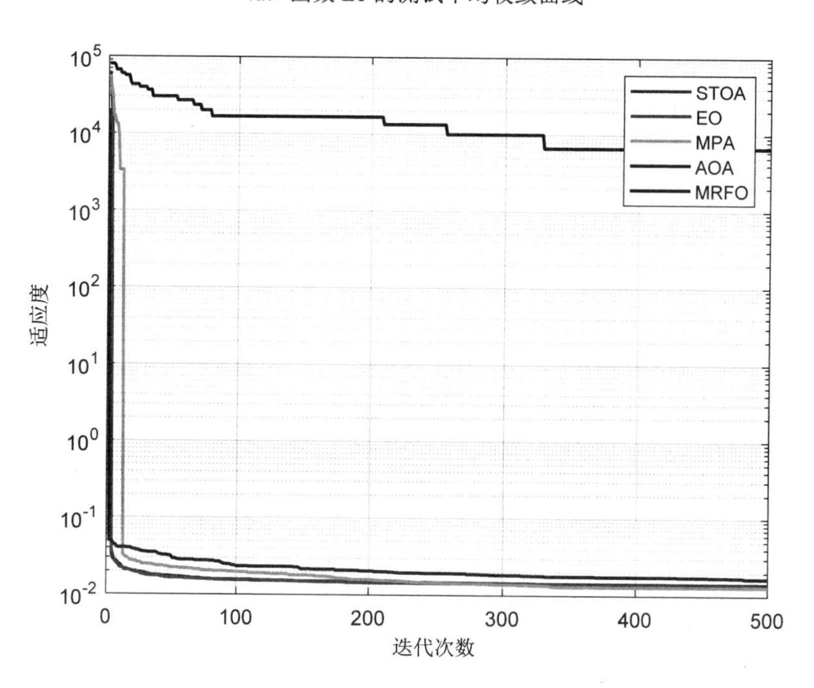

（b）函数 E2 的测试平均收敛曲线

图 12.14　各算法平均收敛曲线图

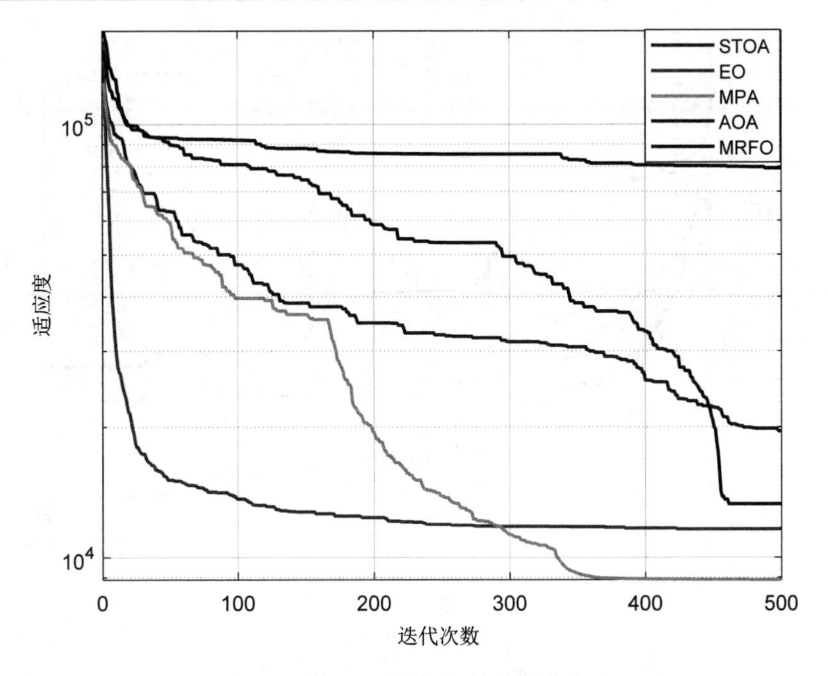

（c）函数 E3 的测试平均收敛曲线

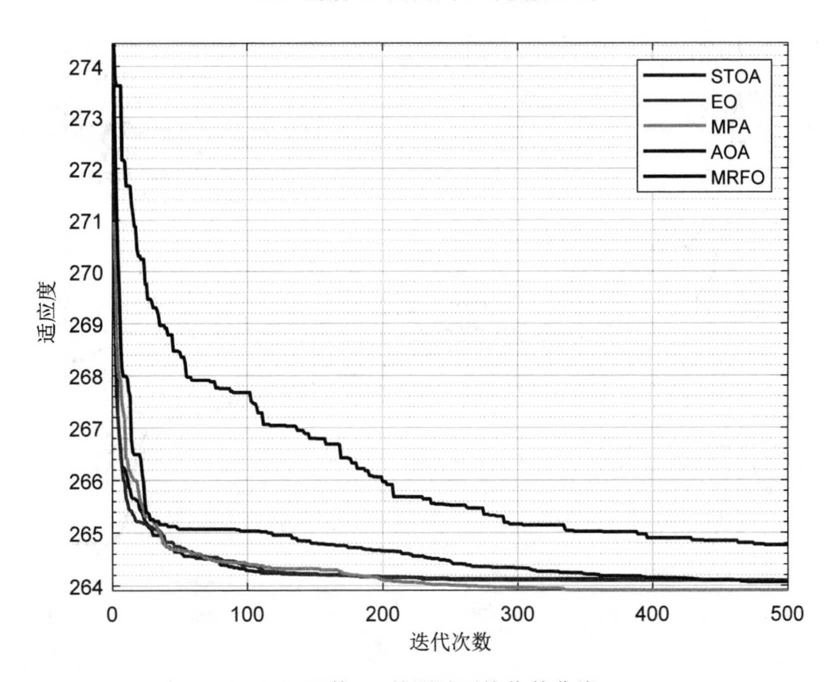

（d）函数 E4 的测试平均收敛曲线

图 12.14　各算法平均收敛曲线图（续）

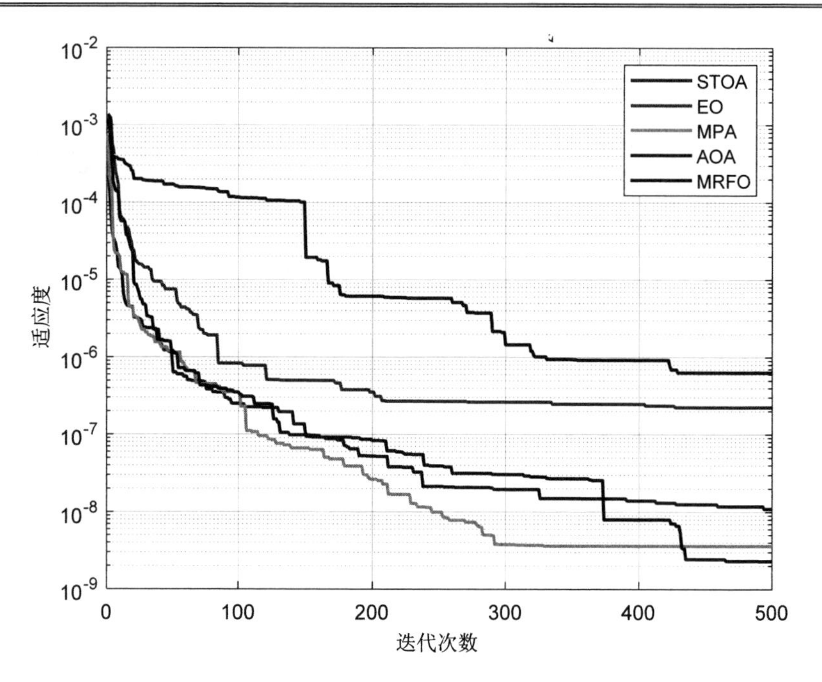

（e）函数 E5 的测试平均收敛曲线

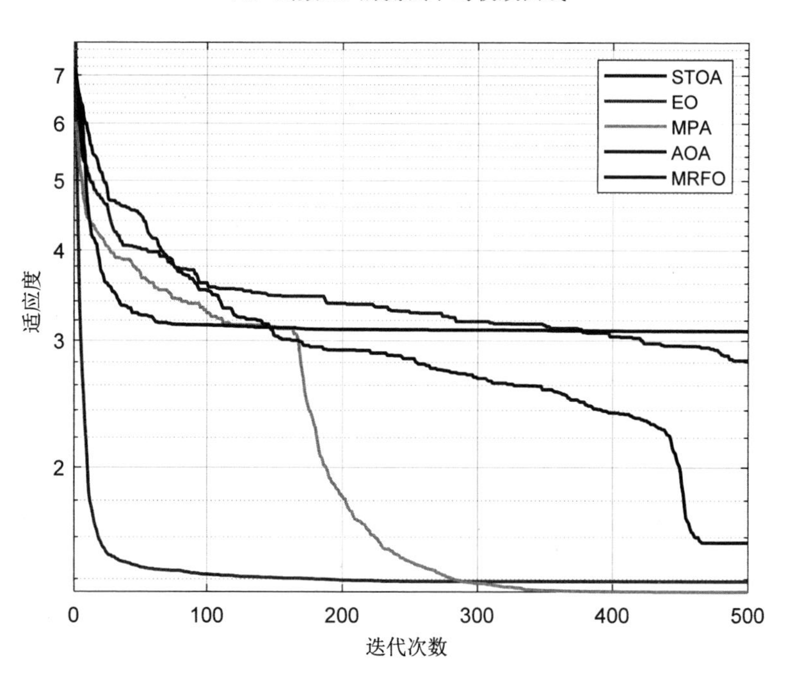

（f）函数 E6 的测试平均收敛曲线

图 12.14　各算法平均收敛曲线图（续）

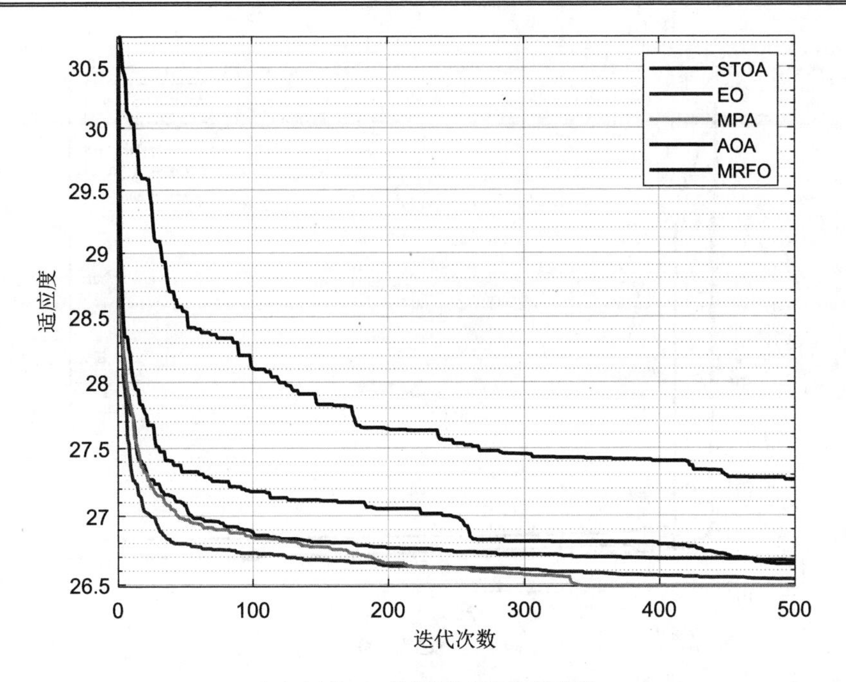

（g）函数 E7 的测试平均收敛曲线

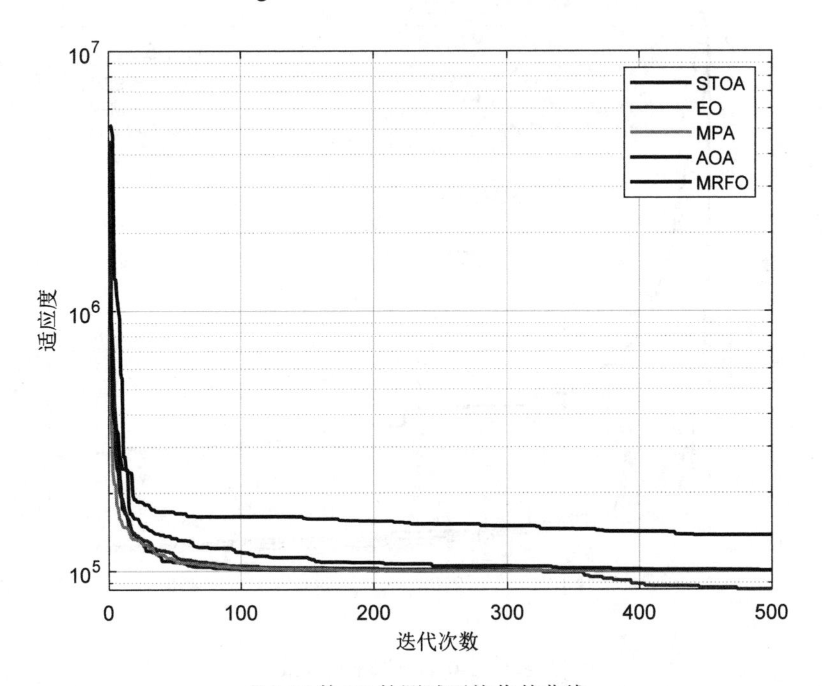

（h）函数 E8 的测试平均收敛曲线

图 12.14　各算法平均收敛曲线图（续）

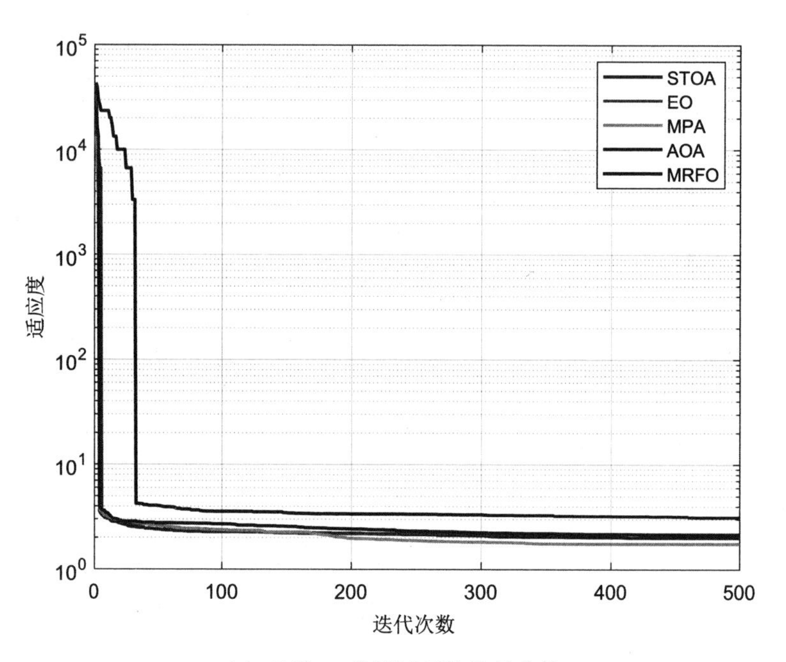

（i）函数 E9 的测试平均收敛曲线

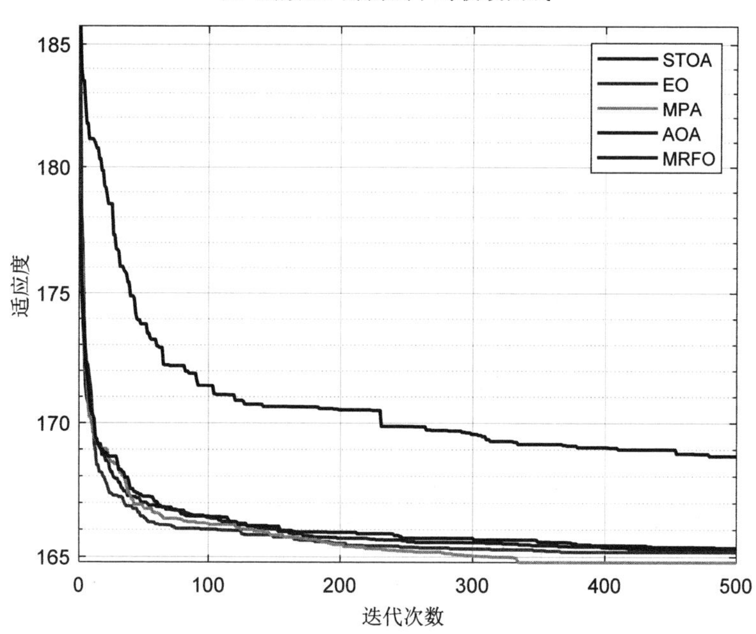

（j）函数 E10 的测试平均收敛曲线

图 12.14　各算法平均收敛曲线图（续）

从收敛曲线和最终的数据表格可以看出，对于函数 E1～E10 的 10 种测试案例，海洋捕食者算法的平均适应度除函数 E3、E5 案例外，始终比其他算法的平均适应度更低，这表明海洋捕食者算法针对工程案例优化，相对其他算法更具有优势。其中蝠鲼觅食优化算法在大部分工程案例测试中，结果最差。

12.3.4 测试代码

由于每个工程案例测试函数的维度和边界均不同，因此定义一个测试信息加载函数 LoadInfo.m。该函数通过名字“E1”～“E10”返回对应的测试案例的边界信息和适应度信息，方便测试调取。

```
%获取工程案例测试函数参数设置
function [ub,lb,fobj,dim,Tag]=LoadInfo(testName)
switch testName
    case 'E1'
        fobj = @E1_Fun;
        dim = 7;%变量维度
        ub = [ 3.6, 0.8, 28, 8.3, 8.3, 3.9, 5.5];%个体上边界信息
        lb = [2.6, 0.7, 17, 7.3, 7.3, 2.9, 5];%个体下边界信息
        Tag='E1';

    case 'E2'
        fobj = @E2_Fun;
        dim = 3;%变量维度
        ub = [ 2,1.3,15];%个体上边界信息
        lb = [0.05,0.25,2];%个体下边界信息
        Tag='E2';

    case 'E3'
        fobj = @E3_Fun;
        dim = 4;%变量维度
        ub = [ 100,100,100,100];%个体上边界信息
        lb = [0,0,10,10];%个体下边界信息
        Tag='E3';

    case 'E4'
        fobj = @E4_Fun;
        dim = 2;%变量维度
        ub = [1,1];%个体上边界信息
        lb = [0.001,0.001];%个体下边界信息
        Tag='E4';

    case 'E5'
        fobj = @E5_Fun;
        dim = 4;%变量维度
```

```
        ub = [60,60,60,60];%个体上边界信息
        lb = [12,12,12,12];%个体下边界信息
        Tag='E5';

    case 'E6'
        fobj = @E6_Fun;
        dim = 5;%变量维度
        ub = [100,100,100,100,100];%个体上边界信息
        lb = [0.01,0.01,0.01,0.01,0.01];%个体下边界信息
        Tag='E6';

    case 'E7'
        fobj = @E7_Fun;
        dim = 2;%变量维度
        ub = [14,0.8];%个体上边界信息
        lb = [2,0.2];%个体下边界信息
        Tag='E7';

    case 'E8'
        fobj = @E8_Fun;
        dim = 4;%变量维度
        ub = [ 500,500,500,120];%个体上边界信息
        lb = [0.05,0.05,0.05,0.05];%个体下边界信息
        Tag='E8';

    case 'E9'
        fobj = @E9_Fun;
        dim = 4;%变量维度
        ub = [ 2,10,10,2];%个体上边界信息
        lb = [0.1,0.1,0.1,0.1];%个体下边界信息
        Tag='E9';

    case 'E10'
        fobj = @E10_Fun;
        dim = 3;%变量维度
        ub = [ 11,40,10];%个体上边界信息
        lb = [1,28,5];%个体下边界信息
        Tag='E10';
end

end
```

测试主函数的 MATLAB 代码如下：

```
%% E1～E10 工程案例测试函数，算法对比
clc;clear all;close all;
```

```
%参数设定
pop = 50;%种群数量
TestName='E1';%可切换不同的测试函数
[ub,lb,fobj,dim,Tag]=LoadInfo(TestName);
maxIter = 500;%最大迭代次数
for i = 1:30
    disp(['第',num2str(i),'次实验']);
    %% 乌燕鸥优化算法（STOA）
    [Best_Pos1,Best_fitness1,IterCurve1] = STOA(pop,dim,ub,lb,fobj,maxIter);
    %% 平衡优化器算法（EO）
    [Best_Pos2,Best_fitness2,IterCurve2] = EO(pop,dim,ub,lb,fobj,maxIter);
    %% 海洋捕食者算法（MPA）
    [Best_Pos3,Best_fitness3,IterCurve3] = MPA(pop,dim,ub,lb,fobj,maxIter);
    %% 算术优化算法（AOA）
    [Best_Pos4,Best_fitness4,IterCurve4] = AOA(pop,dim,ub,lb,fobj,maxIter);
    %% 蝠鲼觅食优化算法（MRFO）
    [Best_Pos5,Best_fitness5,IterCurve5] = MRFO(pop,dim,ub,lb,fobj,maxIter);
    %记录每次实验最优值
    AllBest1(i) = Best_fitness1;
    AllBest2(i) = Best_fitness2;
    AllBest3(i) = Best_fitness3;
    AllBest4(i) = Best_fitness4;
    AllBest5(i) = Best_fitness5;

    %记录每次实验收敛曲线
    Curve1(i,:) = IterCurve1;
    Curve2(i,:) = IterCurve2;
    Curve3(i,:) = IterCurve3;
    Curve4(i,:) = IterCurve4;
    Curve5(i,:) = IterCurve5;


end
%% 数据分析
%蜉蝣优化算法 30 次实验的平均值，标准差，最优值，最差值
STOAmean = mean(AllBest1);
STOAStd = std(AllBest1);
STOAbest = min(AllBest1);
STOAWorst = max(AllBest1);
STOAResults = [STOAmean,STOAStd,STOAbest,STOAWorst]

%哈里斯鹰优化算法 30 次实验的平均值，标准差，最优值，最差值
EOmean = mean(AllBest2);
EOStd = std(AllBest2);
EObest = min(AllBest2);
EOWorst = max(AllBest2);
```

```
EOResults = [EOmean,EOStd,EObest,EOWorst]

%狮群优化算法 30 次实验的平均值，标准差，最优值，最差值
MPAmean = mean(AllBest3);
MPAStd = std(AllBest3);
MPAbest = min(AllBest3);
MPAWorst = max(AllBest3);
MPAResults = [MPAmean,MPAStd,MPAbest,MPAWorst]


%樽海鞘群算法 30 次实验的平均值，标准差，最优值，最差值
AOAmean = mean(AllBest4);
AOAStd = std(AllBest4);
AOAbest = min(AllBest4);
AOAWorst = max(AllBest4);
AOAResults = [AOAmean,AOAStd,AOAbest,AOAWorst]

%秃鹰搜索算法 30 次实验的平均值，标准差，最优值，最差值
BESmean = mean(AllBest5);
BESStd = std(AllBest5);
BESbest = min(AllBest5);
BESWorst = max(AllBest5);
BESResults = [BESmean,BESStd,BESbest,BESWorst]

%% 30 次的平均收敛曲线
meanCurve1 = mean(Curve1);
meanCurve2 = mean(Curve2);
meanCurve3 = mean(Curve3);
meanCurve4 = mean(Curve4);
meanCurve5 = mean(Curve5);
figure
semilogy(meanCurve1,'Color','r','linewidth',1.5)
hold on
semilogy(meanCurve2,'Color','y','linewidth',1.5)
semilogy(meanCurve3,'Color','g','linewidth',1.5)
semilogy(meanCurve4,'Color','b','linewidth',1.5)
semilogy(meanCurve5,'Color','black','linewidth',1.5)
legend('STOA','EO','MPA','AOA','MRFO')
hold off
grid on;
xlabel('迭代次数')
ylabel('适应度')
title([Tag,'的测试平均收敛曲线'])
ALLR = [STOAResults;EOResults;MPAResults;AOAResults;BESResults];
```